"十三五"高等职业教育计算机类专业规划教材

国家骨干高职院校重点建设项目成果

交换机与路由器配置管理教程

（第二版）

张平安　主编

中国铁道出版社有限公司

CHINA RAILWAY PUBLISHING HOUSE CO., LTD.

内 容 简 介

　　本书按照企事业单位一般组网的过程，从局域网到广域网的顺序组织内容，介绍目前市场上占主导地位的思科系统公司的网络产品，即交换机和路由器的配置与管理。本书以Packet Tracer 7.1为背景，在局域网组网技术中，介绍了目前网络应用中最常用和实用的技术，包括交换机初始配置、端口安全、VLAN技术、STP、以太通道、三层交换机技术和无线局域网技术。在广域网组网技术中，介绍了OSI第三层的相关基础知识、路由器初始配置、常用的路由技术、广域网协议、DHCP以及企业网络中常用的安全技术ACL和NAT，新增加了热备份路由协议。为了强化学生自主学习的职业能力培养，在习题中，专门设计了针对本章教学案例内容的拓展练习题。

　　本书适合作为高职院校计算机应用专业和网络技术专业的实训教材，也可以作为思科网络设备配置与管理的自学参考书。同时，对于从事网络管理和维护的技术人员来说，也是一本很实用的技术参考书。

图书在版编目（CIP）数据

　　交换机与路由器配置管理教程/张平安主编. —2版. —北京：
中国铁道出版社，2019.2（2024.6重印）
　　"十三五"高等职业教育计算机类专业规划教材
　　ISBN 978-7-113-25379-0

　　Ⅰ.①交…　Ⅱ.①张…　Ⅲ.①计算机网络-信息交换机-高等
职业教育-教材②计算机网络-路由选择-高等职业教育-教材
Ⅳ.①TN915.05

　　中国版本图书馆CIP数据核字(2019)第005563号

书　　名：交换机与路由器配置管理教程
作　　者：张平安

策　　划：翟玉峰　　　　　　　　　　　编辑部电话：（010）51873135
责任编辑：翟玉峰　冯彩茹
封面设计：付　巍
封面制作：刘　颖
责任校对：张玉华
责任印制：樊启鹏

出版发行：中国铁道出版社有限公司（100054，北京市西城区右安门西街8号）
网　　址：https://www.tdpress.com/51eds/
印　　刷：北京铭成印刷有限公司
版　　次：2015年7月第1版　　2019年2月第2版　　2024年6月第5次印刷
开　　本：787 mm×1 092 mm　1/16　印张：16.75　字数：403千
页　　数：7 501～8 000册
书　　号：ISBN 978-7-113-25379-0
定　　价：46.00元

前言（第二版）

目前，Internet全球化速度已经超乎所有人的想象。社会、商业、政治以及人际交往方式正紧随这一全球性网络的发展而快速演变。人们不断挑战极限，创造旨在利用网络功能的新产品和新服务。Internet的网络互联功能必将在这些产品和服务中扮演越来越重要的角色。

本书秉承培养计算机网络实用型人才的指导思想，把握理论够用、侧重实践的原则，在介绍必要的相关理论知识的基础上，重点介绍网络设备配置的具体应用与操作，注重对学生的实际应用技能和动手能力的培养。

本书的内容以思科公司Packet Tracer 7.1软件为虚拟实训平台，书中所有案例都在该虚拟平台上调试通过。

本书是编者多年教学经验的总结，在教学过程中可实施如下有效的教学策略：一是强化工程设计理念。在课堂上，要特别重视学生的网络设计能力的培养。要求学生必须以图表形式先设计好网络参数，经指导教师审核后，才能开始上机操作。坚决禁止学生不设计就直接进行配置的实践行为。为了防止学生逃避实践，在设计时，要求每个学生所设计的网络参数要体现学生的学号或者姓名等要素。例如，某个案例需要用到192.168.××.0/24网段的IP地址，这里的××就是学生学号的最后2位。二是实施严格的实训过程监控。要求学生独立完成实践学习任务，并提交给教师检查。教师可根据学生提供的设计文档和自主验证文档，用Packet Tracer所提供的发测试包的功能，简化验证过程，提高检查效率。这种过程监控给学生一种可承受的学习"压力"和紧迫感，同时更有强烈的完成学习任务后的"成就感"和"荣誉感"。三是善用虚拟实训平台的功能。在遇到网络通信故障时，善于运用Packet Tracer提供的模拟运行模式，查看数据包在网络中的传输过程，从而结合设计文档，及时找到问题的原因，为学生积累宝贵的网络工程项目调试工作经验找到了一条捷径。四是在教学中先简要介绍本单元的相关知识，之后侧重学习情境的实践，最后在任务实施与验证中体会本章的知识内容。

本书建议教学课时为90学时，教师可根据教学计划适当剪裁学习内容。为保证教学效果，建议按4个学时为一个教学单元编排课表，这样充分保证学生在一个教学单元内能真正贯彻从设计到配置，再到验证检查的各个学习环节，从容完成一个复杂学习情境的学习任务。

本书由深圳信息职业技术学院张平安教授主编。在编写过程中，刘远东、叶建锋、霍红颖、庄建忠、高维春和曹莉老师提出了宝贵的建议；来自企业一线的专家刘保中、高立志、曾文著、韩华和魏秀美提供了有价值的素材。此外，本书还得到了学生白东华、林豪、吴宝城的支持与帮助，在此一并表示衷心的感谢！

由于计算机网络技术发展迅速，加之编者水平有限，书中难免存在疏漏与不足之处，恳请广大读者和专家提出宝贵意见。编者电子邮箱：zhangpa@sziit.edu.cn。

为方便读者学习与教学，读者可用上述联系方式索取本书的电子教案和配套应用软件。

编 者

2018年10月

目 录

第1章　Packet Tracer..........................1

1.1　Packet Tracer简介.....................1

1.2　Packet Tracer 7.1常用功能的使用....2

1.2.1　安装软件.........................2

1.2.2　工作界面介绍.....................2

1.2.3　设备列表.........................7

1.3　搭建办公局域网学习情境...........9

1.4　搭建办公局域网任务计划

与设计...............................11

1.5　搭建办公局域网任务实施

与验证...............................11

1.5.1　配置计算机.....................11

1.5.2　配置Web服务..................14

1.5.3　配置DNS服务..................15

1.5.4　配置打印机.....................16

1.5.5　验证...........................16

习题...16

第2章　交换机初始配置..................... 17

2.1　交换机基础知识...................17

2.1.1　交换机概述.....................17

2.1.2　交换机的主要参数.............18

2.1.3　Cisco IOS.....................20

2.1.4　配置文件.......................20

2.1.5　交换机配置方式...............21

2.2　交换机初始配置常用命令.........21

2.3　交换机初始配置学习情境.........22

2.4　交换机初始配置任务计划

与设计...............................22

2.5　交换机初始配置任务实施

与验证...............................23

2.5.1　搭建配置环境...................23

2.5.2　配置初始交换机...............24

2.5.3　CLI命令模式...................25

2.5.4　Cisco IOS命令行规则..........27

2.5.5　常用的命令行快捷键...........27

2.5.6　验证...........................27

2.5.7　清除配置信息...................28

习题...28

第3章　交换机端口安全......................... 29

3.1　交换技术基础知识.................29

3.1.1　MAC地址表.....................29

3.1.2　交换机转发技术...............30

3.1.3　配置端口安全性...............31

3.2　交换机端口安全配置常用命令.....31

3.3　交换机端口安全配置学习情境.....32

3.4　交换机端口安全配置任务计划

与设计...............................32

3.5　交换机端口安全配置任务实施

与验证...............................33

3.5.1　相关准备工作...................33

3.5.2　配置交换机端口安全...........35

3.5.3　验证...........................35

3.5.4　查看交换机端口安全信息.....35

习题...36

第4章　交换机VLAN.......................... 37

4.1　交换机VLAN基础知识.................37

4.1.1　VLAN简介.....................37

4.1.2　划分VLAN.....................38

4.1.3　VLAN中继.....................38

4.1.4　VTP...........................39

4.2　交换机VLAN配置常用命令.........41

4.3　交换机VLAN配置学习情境.........42

4.4　交换机VLAN配置任务计划

与设计...............................43

4.5　交换机VLAN配置任务实施

与验证...............................43

4.5.1 配置计算机IP地址 43

4.5.2 配置3560交换机VTP 44

4.5.3 创建VLAN..................44

4.5.4 查看VLAN信息..............45

4.5.5 建立交换机的中继链路.......46

4.5.6 划分VLAN..................48

4.5.7 验证VLAN连通性............49

习题..................................49

第5章 生成树协议............... 50

5.1 生成树协议基础知识.........50

5.1.1 广播风暴..................50

5.1.2 STP.......................51

5.2 生成树协议配置常用命令 52

5.3 生成树协议配置学习情境 53

5.4 生成树协议配置任务计划
与设计......................53

5.5 生成树协议配置任务实施
与验证......................53

5.5.1 查看STP信息 53

5.5.2 树状网络结构图.............55

5.5.3 调整网络设备优先权值.......55

5.5.4 指定交换机为根桥..........56

习题..................................57

第6章 以太通道................. 58

6.1 以太通道基础知识...........58

6.2 以太通道配置常用命令 59

6.3 以太通道配置学习情境 59

6.4 以太通道配置任务计划与设计 60

6.5 以太通道配置任务实施与验证 60

6.5.1 3650交换机上电...........60

6.5.2 查看交换机的STP信息..........61

6.5.3 创建以太通道..............61

6.5.4 配置以太通道..............62

6.5.5 配置链路负载均衡方式.......62

6.5.6 配置以太通道的属性.......62

6.5.7 验证......................63

习题..................................63

第7章 三层交换机.............. 64

7.1 三层交换机基础知识.......64

7.2 三层交换机配置常用命令..........65

7.3 三层交换机配置学习情境..........65

7.4 三层交换机配置任务计划
与设计......................66

7.5 三层交换机配置任务实施
与验证......................66

7.5.1 相关准备工作..............66

7.5.2 查看Switch3560端口........68

7.5.3 配置Switch3560三层接口....69

7.5.4 查看路由表................69

7.5.5 验证......................70

习题..................................73

第8章 三层交换机实现VLAN间通信 74

8.1 VLAN间通信的基础知识........74

8.2 三层交换机实现VLAN间通信的
配置常用命令...............74

8.3 三层交换机实现VLAN间通信的
配置学习情境...............75

8.4 三层交换机实现VLAN间通信的
配置任务计划与设计 75

8.5 三层交换机实现VLAN间通信的
配置任务实施与验证 76

8.5.1 相关准备工作..............76

8.5.2 配置VTP域................77

8.5.3 创建VLAN..................78

8.5.4 建立交换机之间的中继链路....78

8.5.5 划分VLAN..................79

8.5.6 配置各个VLAN的网关........80

8.5.7 验证......................81

习题..................................83

第9章 网络设备连接............. 84

9.1 路由器概述.................84

9.2 路由器接口基础知识.........85

9.2.1 识别Cisco 2811路由器......85

9.2.2 路由器接口................86

9.3 添加路由器模块.............87

9.4 路由器连接线缆.............89

9.5 典型网络环境的搭建.........90

习题..................................91

第10章 路由器初始配置......................92
10.1 路由器初始配置基础知识.........92
10.2 路由器初始配置常用命令.........93
10.3 路由器初始配置学习情境.........93
10.4 路由器初始配置任务计划
　　 与设计..............................93
10.5 路由器初始配置任务实施
　　 与验证..............................93
　10.5.1 搭建配置环境................93
　10.5.2 配置初始路由器............94
　10.5.3 CLI命令模式................96
　10.5.4 路由器常用命令............96
　10.5.5 验证............................99
10.6 路由器密码恢复..................100
习题..101

第11章 无线局域网........................ 102
11.1 无线局域网相关知识.............102
　11.1.1 无线局域网简介............102
　11.1.2 无线局域网技术............103
　11.1.3 无线局域网组网模式.........104
　11.1.4 典型无线设备................105
　11.1.5 无线局域网安全............106
11.2 无线局域网配置学习情境.........107
11.3 无线局域网配置任务计划
　　 与设计..............................107
11.4 无线局域网配置任务实施
　　 与验证..............................108
　11.4.1 相关准备工作................108
　11.4.2 配置PPPoE拨号服务器......109
　11.4.3 配置IP共享器................110
　11.4.4 配置无线局域网............111
　11.4.5 验证............................112
习题..113

第12章 路由器的IP配置....................114
12.1 路由器的IP协议配置基础
　　 知识..............................114
　12.1.1 IP地址........................114
　12.1.2 网络前缀......................115
　12.1.3 子网掩码......................115

12.1.4 子网划分......................115
12.1.5 VLSM与CIDR 116
12.2 路由器的IP协议配置常用
　　 命令..............................117
12.3 路由器的IP协议配置学习
　　 情境..............................117
12.4 路由器的IP配置任务计划
　　 与设计..............................117
　12.4.1 IP配置的基本原则 117
　12.4.2 IP地址设计................118
12.5 路由器的IP协议配置实施
　　 与验证..............................119
　12.5.1 配置IP地址................119
　12.5.2 验证............................120
　12.5.3 异常情况......................121
习题..121

第13章 网络环境管理........................ 122
13.1 网络环境管理基础知识.........122
　13.1.1 网络文档化工作............122
　13.1.2 Cisco的IOS................123
　13.1.3 网络管理......................123
　13.1.4 网络排错技巧................125
　13.1.5 网络基线......................125
13.2 网络环境管理常用命令.........126
13.3 网络环境管理学习情境.........126
13.4 网络环境管理任务计划
　　 与设计..............................127
13.5 网络环境管理任务实施
　　 与验证..............................127
　13.5.1 配置IP地址................127
　13.5.2 备份启动配置文件.........129
　13.5.3 查看相邻的网络设备.........129
　13.5.4 更新IOS映像文件.........130
　13.5.5 管理Router2................131
　13.5.6 验证............................133
习题..134

第14章 静态路由............................ 135
14.1 静态路由基础知识.................135
14.2 静态路由配置常用命令.........136

14.3 静态路由配置学习情境 137

14.4 静态路由配置任务计划

    与设计 137

14.5 静态路由配置任务实施

    与验证 138

  14.5.1 相关准备工作 138

  14.5.2 配置默认路由 139

  14.5.3 配置静态路由 140

  14.5.4 验证路由 140

  14.5.5 查看路由信息 141

  习题 141

第15章 路由信息协议（RIP） 142

15.1 RIP基础知识 142

  15.1.1 路由协议 142

  15.1.2 RIP概述 142

  15.1.3 度量 143

  15.1.4 管理距离 144

  15.1.5 路由环路 144

15.2 RIP配置常用命令 144

15.3 RIP配置学习情境 145

15.4 RIP配置任务计划与设计 145

15.5 RIP配置任务实施与验证 146

  15.5.1 配置IP地址 146

  15.5.2 配置RIPv1 147

  15.5.3 配置RIPv2 150

  15.5.4 配置被动接口 151

  习题 151

第16章 OSPF路由协议 152

16.1 OSPF基础知识 152

16.2 OSPF配置常用命令 153

16.3 OSPF配置学习情境 154

16.4 OSPF配置任务计划与设计 155

16.5 OSPF配置任务实施与验证 156

  16.5.1 配置IP地址 156

  16.5.2 配置OSPF 158

  习题 162

第17章 加强型内部网关路由协议

    （EIGRP） 163

17.1 EIGRP基础知识 163

17.2 EIGRP配置常用命令 164

17.3 EIGRP配置学习情境 165

17.4 EIGRP配置任务计划与设计 165

17.5 EIGRP配置任务实施与验证 166

  17.5.1 配置IP地址 166

  17.5.2 配置EIGRP 168

  17.5.3 路由汇总 170

  习题 172

第18章 路由重分布 173

18.1 路由重分布概述 173

18.2 路由重分布配置常用命令 174

18.3 路由重分布配置学习情境 175

18.4 路由重分布配置任务计划

    与设计 175

18.5 路由重分布配置任务实施

    与验证 175

  18.5.1 配置IP地址 175

  18.5.2 配置路由 177

  18.5.3 验证 179

  习题 179

第19章 单臂路由实现VLAN间通信 ... 180

19.1 单臂路由实现VLAN间通信

    基础知识 180

19.2 单臂路由实现VLAN间通信的

    常用命令 181

19.3 单臂路由学习情境 181

19.4 单臂路由实现VLAN间通信的

    任务计划与设计 181

19.5 单臂路由实现VLAN间通信的

    任务实施与验证 182

  19.5.1 相关准备工作 182

  19.5.2 配置VTP 183

  19.5.3 在交换机上划分VLAN 185

  19.5.4 配置路由 187

  19.5.5 验证因特网服务 188

  习题 189

第20章 热备份路由协议（HSRP） 190

20.1 热备份路由协议基础知识 190

20.2 热备份路由协议配置常用

命令...................................191

20.3　热备份路由协议配置学习
情境...................................192

20.4　热备份路由协议配置任务计划
与设计...............................193

20.5　热备份路由协议配置任务实施
与验证...............................194

20.5.1　建立以太通道.............194

20.5.2　创建VLAN..................195

20.5.3　配置STP....................196

20.5.4　配置中继链路............196

20.5.5　划分VLAN..................197

20.5.6　配置IP地址................198

20.5.7　配置路由...................199

20.5.8　配置HSRP..................199

20.5.9　配置网络服务............200

20.5.10　验证........................201

习题...202

第21章　广域网协议HDLC和PPP......203

21.1　HDLC与PPP基础知识.........203

21.2　HDLC与PPP配置常用命令.....205

21.3　HDLC和PPP配置学习情境.......205

21.4　HDLC与PPP配置任务计划
与设计...............................206

21.5　HDLC与PPP配置任务实施
与验证...............................206

21.5.1　配置IP地址................206

21.5.2　配置路由...................208

21.5.3　封装不带认证的PPP.........209

21.5.4　封装带PAP认证的PPP......210

21.5.5　封装带CHAP认证的PPP....211

习题...211

第22章　广域网协议帧中继.............212

22.1　帧中继基础知识.............212

22.2　帧中继协议配置常用命令.....214

22.3　帧中继协议配置学习情境.......215

22.4　帧中继协议配置任务计划
与设计...............................216

22.5　帧中继协议配置任务实施与
验证...................................216

22.5.1　相关准备工作............216

22.5.2　配置路由...................218

22.5.3　配置帧中继协议.........219

22.5.4　测试与验证...............219

22.5.5　查看路由器上帧中继
信息...............................222

习题...223

第23章　动态主机配置协议
（DHCP）...................... 224

23.1　DHCP基础知识................224

23.2　部署路由器为DHCP服务器......225

23.2.1　路由器的DHCP配置常用
命令...............................225

23.2.2　DHCP学习情境一.........226

23.2.3　路由器的DHCP配置任务
计划与设计.....................226

23.2.4　路由器的DHCP配置任务
实施与验证.....................226

23.3　多IP网段的DHCP配置.........228

23.3.1　DHCP学习情境二.........228

23.3.2　多IP网段的DHCP配置任务
计划与设计.....................228

23.3.3　多IP网段的DHCP配置任务
实施与验证.....................228

23.4　DHCP中继.......................230

23.4.1　DHCP中继配置常用命令....230

23.4.2　DHCP学习情境三.........231

23.4.3　DHCP中继配置任务计划
与设计...........................231

23.4.4　DHCP中继配置任务实施
与验证...........................231

习题...234

第24章　访问控制列表.................235

24.1　访问控制列表概述.............235

24.2　标准访问控制列表.............237

24.2.1　标准访问控制列表配置

常用命令...................237

24.2.2 标准访问控制列表配置
学习情境...................237

24.2.3 标准访问控制列表配置
任务计划与设计...........238

24.2.4 标准访问控制列表配置
任务实施与验证...........238

24.3 扩展访问控制列表...........242

24.3.1 扩展访问控制列表配置
常用命令...................242

24.3.2 扩展访问控制列表配置
学习情境...................243

24.3.3 扩展访问控制列表配置
任务计划与设计...........243

24.3.4 扩展访问控制列表配置
任务实施与验证...........244

习题..............................247

第25章 网络地址转换.................248

25.1 网络地址转换基础知识...........248

25.2 静态地址转换...................249

25.2.1 静态地址转换配置常用
命令...................249

25.2.2 静态地址转换配置学习

情境...................249

25.2.3 静态地址转换配置任务
计划与设计...........249

25.2.4 静态地址转换配置任务
实施与验证...........250

25.3 动态地址转换...................253

25.3.1 动态地址转换配置常用
命令...................253

25.3.2 动态地址转换配置学习
情境...................253

25.3.3 动态地址转换配置任务
计划与设计...........254

25.3.4 动态地址转换配置任务
实施与验证...........254

25.4 端口映射...................256

25.4.1 端口映射配置常用命令...256

25.4.2 端口映射配置学习情境...256

25.4.3 端口映射配置任务计划
与设计...................256

25.4.4 端口映射配置任务实施
与验证...................256

习题..............................257

参考文献...................................258

第 **1** 章

Packet Tracer

学习目标

- 了解Packet Tracer 7.1的常用功能。
- 掌握Packet Tracer 7.1的基本操作。
- 掌握小型局域网组网的原理、步骤与方法。
- 巩固复习常用因特网服务的配置方法。

1.1　Packet Tracer简介

实验是计算机网络设备配置与管理课程教学中的一个重要组成部分，然而实验设备是很稀缺的资源，它不仅投资成本高，而且占用场地广，因此在实际教学中有所限制。Packet Tracer是Cisco（思科）公司针对其CCNA认证开发的一个可视化的交互式教学工具，它可以用来模拟设计网络、搭建各种复杂的网络应用环境、配置网络设备和排除网络故障。Packet Tracer 7.1是其较新的版本。该软件提供了一个数据包分组传输的模拟功能，使用者可以方便地观察分组在网络中的传输过程，该软件因此而得名Packet Tracer。

采用Packet Tracer做实验，学生可以花与完成真实实验练习一样多的时间，并可以在课余时间完成实验，从而有效地解决了缺乏实验设备的难题。虽然Packet Tracer不能完全替代真正的网络设备，但它方便学生练习网络设备配置所使用的命令行操作；能模拟真实网络系统功能，排除网络故障；还能积累计算机网络系统中设备配置与管理的工作经验。

Packet Tracer提供了多种类和多型号的虚拟网络设备，如1841、1941、2600、2811和最新的2900系列路由器，2900系列交换机和多层交换机3560，无线网络设备AP和无线路由器，新一代防火墙，以及模拟广域网线路的云（CLOUD）模拟器；提供了丰富的网络终端设备，如计算机、网络打印机和IP电话等；还提供了具备多种常用网络服务功能的服务器。另外，它既提供了真实网络设备配置的操作界面，也提供了方便学习者练习的图形配置界面，用户只须在界面表单中选择和输入网络设备相应的参数，就可以完成与命令行同等功能的配置操作。因此，Packet Tracer非常适合新手学习网络设备的配置与管理。

需要说明的是，在Packet Tracer 7.1版中，还增加了物联网应用的相关虚拟设备与器件，如CGR1240、819、829系列路由器等。本书只涉及传统互联网设备的配置与管理。

1.2　Packet Tracer 7.1常用功能的使用

1.2.1　安装软件

　　Packet Tracer 7.1有两个版本，分别是32位版和64位版，本书的所有案例对这两个版本均适用。由于计算机硬件技术快速发展，目前，一般使用64位版本，因此，本书默认为64位版本。Packet Tracer 7.1 的64位版本只有一个单独的安装文件PacketTracer71_64bit_setup_signed.exe，文件大小约128 MB。

Cisco Packet
Tracer

　　Packet Tracer的安装非常简单，双击运行安装程序，一直单击"下一步"
按钮，即可完成软件的安装，并在计算机桌面上生成一个如图1-1所示的启动
程序的快捷图标，方便用户快速启动软件。

图1-1　启动图标

　　需要说明的是，新版的Packet Tracer安装完成后的第一次启动运行，会出现如图1-2所示的登录界面，用户需要用思科网院的账号登录。如果无思科网院账号，则选择"Guest Login"。

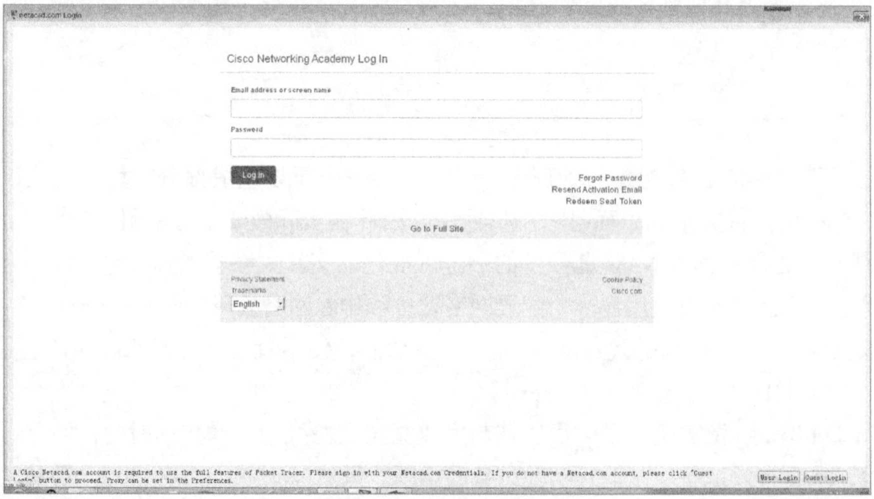

图1-2　Packet Tracer首次运行登录界面

　　当前安装的Packet Tracer是英文版，即运行该软件，其界面提示信息是全英文方式。国内有学者把该软件的英文界面信息进行了相应的汉化，生成了一个文件chinese.ptl，将该文件复制到安装目录（如C:\Program Files\Packet Tracer 7.1\）下的languages中，通过正确的配置，Packet Tracer可变成中文版界面。学习者可根据需要选择相应的版本。本书推荐使用英文版，因为网络设备的配置命令是全英文的，这样可使学习者有统一的学习语境。

1.2.2　工作界面介绍

　　启动Packet Tracer 7.1应用程序，就会显示如图1-3所示的工作界面。从该软件的实际应用功能出发，大致分为6个功能区，分别是应用程序管理区、工作区、设备选择区、设备操作管理区、运行模式切换区和设备连通性信息显示区。下面对这些分区的功能进行简单介绍。

1. 应用程序管理区

　　Packet Tracer本质上是一个Windows平台的应用程序，因此具有一般应用程序所必备的标题栏、菜单栏和工具栏。

　　Packet Tracer可生成Windows操作系统可管理的文件，其文件的扩展名为.pkt。这种文件包括

两部分内容：一是Packet Tracer工作区设计的网络拓扑图；二是拓扑图中每个设备的当前配置文件内容。用户可任意保存、复制、移动、打印和重新装载这种文件。当单击工具栏的"打印"按钮时，用户有5种可选择打印的内容，例如，用户可根据需要选择是打印当前网络拓扑图，还是某个指定设备的配置窗口中所有配置命令的历史记录。打印方式既可以是物理打印机，也可以文件形式打印，其文件打印格式为png图片文档。

图1-3 Packet Tracer界面的功能分区

2. 工作区

工作区是Packet Tracer的核心区域，其他5个区域都是为它服务的。工作区有两种显示方式：一种是逻辑工作区，这是默认方式。这种方式显示的是计算机网络逻辑拓扑结构图，即把网络设备和连接线缆用特定图形符号表示，方便用户根据实际情况搭建计算机网络系统结构。因此，它是一种逻辑图，网络工程师在网络管理工作过程中要了解当前计算机网络结构时，就需要这种逻辑拓扑图。后续章节学习情境也需要用到这种形式的网络拓扑图。另一种是物理工作区，这种方式是按照物理设备的实际物理位置进行连线组网，也可显示当前逻辑拓扑结构图中的物理设备的实际连接。两种工作区可任意切换。

在逻辑工作区模式下，用户可以按需设计各种计算机网络拓扑结构，并对每个设备进行功能配置。设计网络拓扑结构的过程很简单，首先从设备选择区选取所需设备到工作区，然后再选择合适的连接线缆，把所选取的设备连接起来。最后单击设备，即可对每个设备进行具体配置。

3. 设备选择区

计算机网络实验中所需要的各种类型的网络设备就是从设备选择区获取的。Packet Tracer 7.1采用分类列表的方式列出每类设备下的各种设备型号，供用户按需选择。如图1-3所示，设备区分两行展示，上面一行列表是设备大类，分别是网络设备（Network Devices）、终端设备（End Devices）、物联网的组件（Components）、连接线缆（Connections）、杂项（Miscellaneous）和多用户连接器（Multiuser Connection）。其设备选择过程是：先单击选择区左边的设备大类（如网络设备）图标，这时设备类型的英文名称就会显示在设备选择区的矩形框中，并且会在最下面一行显示当前设备大类的分项，如路由器、交换机等。这时，如果单击"路由器"图标，这时设备类型的英文名称就会显示在设备选择区的矩形框中（如Routers）；然后，再单击选择区右边所列出的该类设备的具体型号（如2911）。

每当单击某具体型号的设备后，该设备的图形标示就会变成，将鼠标指针移到工作区时，鼠标指针从手形变成十字形，这时再单击，所选择的设备就会出现在工作区单击的位置，可以非常方便地完成设备的选择任务。图1-4所示就是选择一台2911路由器的示例。工作区中的路由器标识了路由器的型号和路由器的名称。如果网络拓扑结构很复杂、设备很多时，显示每个设备的型号和名称会妨

图1-4 选择2911路由器的示例

碍工程师的视觉，那么用户可选择Options菜单中的Preference，出现如图1-5所示的界面。取消选中图1-5中的"Show Device Model Labels""复选框就会隐藏工作区中所选设备的型号标识。选择

"Show Device Name Labels""复选框，则会显示设备的名称。复选框"Always Show Port Labels in Logical Workspace"决定显示或者隐藏设备的端口标识。用户还可以在"Font"选项卡中设置Packet Tracer中各种不同交互界面信息的字体和大小。

在"Select Language"区域选择"Chinese.ptl"，再单击"Change Language"按钮，最后重启Packet Tracer，就会运行汉化版模式。

1.2.3节中将会详细列出Packet Tracer所能提供的网络设备分类及具体型号。

图1-5 选择工作区设备的显示信息方式的选项界面

4. 设备操作管理区

Packet Tracer提供了7种功能，方便用户对工作区的设备进行操作。这些功能包括选择设备、给设备贴标签、删除设备、查看信息、绘图、图形缩放和发数据包PDU（协议数据单元）。如果要一次性选择多个工作区中的设备，可单击按钮　，然后在工作区拖动鼠标，将会选中鼠标拖动矩形框中的所有设备，并且所选中的设备的颜色会变浅。要给工作区中的设备或网络拓扑图附加说明信息，可单击按钮　，这时，鼠标指针从普通箭头形变成"I"字形，移动鼠标指针至工作区需要标识信息的位置后单击，可在当前弹出的文本框中输入信息。在重新单击新的操作按钮之前，用户将在工作区重复此操作，下面的其它操作与此相同。如果要删除图1-4中的2911路由器，那么单击"删除"按钮✖，这时，鼠标指针从普通箭头形变成✖。移动鼠标指针到工作区，再单击要删除的路由器，这时，路由器将立即被删除。如果误删除了设备，可按快捷键【Ctrl+Z】恢复刚被删除的设备。如果要查看路由器的路由表、ART表或者NAT表等信息，则单击按钮　。这些功能的基本操作步骤相似，先单击要应用的功能，鼠标指针就会变成与所选功能图标一样的图形。然后，再单击工作区中要对其实施功能的设备即可。

为了方便区分用户网络拓扑图中各个逻辑分区的功能，可用不同的图形及填充颜色进行标识。这时可单击按钮●　▼，弹出如图1-6所示的对话框。在该对话框中，可选绘制任意

图1-6 选择绘图工具

形状、椭圆形、矩形和直线等，以及图形边框的颜色（Select Outline Color）和填充颜色（Select Fill Color）。相同功能分区的设备放在一个图形框内。单击按钮 ，退出绘图模式。单击工作区中任一图形，弹出文字编辑框，可输入文字，同时，图形边框会变成虚线，拖动鼠标可方便移动当前图形的位置。单击按钮 ，所有绘制的图形右下角都会出现一个红色小方块，拖动这个红色小方块可改变当前图形的大小。

5. 运行模式切换区

为方便用户学习，Packet Tracer提供了两种网络运行模式：Realtime模式和Simulation模式。这两种模式可随时切换。

默认情况下为Realtime模式，即实时模式。这种模式与配置实际网络设备一样，每发出一道配置命令，就立即在设备中执行。

图1-7所示是由Hub组成的一个简单网络，单击Simulation模式区域后出现的窗口。窗口的右边弹出了一个模拟面板（Simulation Panel）。参考1.5.1节，给计算机配置IP地址（如选取192.168.0.0/24中的2个地址），有多种简单方式测试这2台计算机之间的连通性，并观察测试数据包的运行情况。由于网络中每时每刻都有多种数据包在运行中，默认情况下，所列出的可观察的网络数据包都可见。这时单击按钮"Show All/None"，可观察数据包都不可见。再单击按钮"Edit Filters"，弹出图1-8所示的编辑过滤器对话框。默认情况下，显示IPv4数据包选项。由于选择了所有数据包都不可见，所以这时没有勾选任何数据包。如果选择"ICMP"复选框，那么，系统只观察跟踪ICMP数据包。另外，图1-7的模拟面板中间部分有一个速度控制滑动条，以控制数据包在网络中运行的速度。滑动条从左至右，速度逐步加快。这里建议滑动条往右滑动，以加快数据包运行速度。

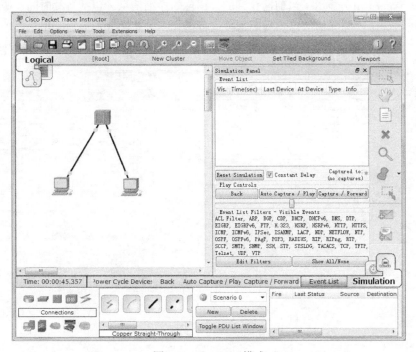

图1-7　Simulation模式

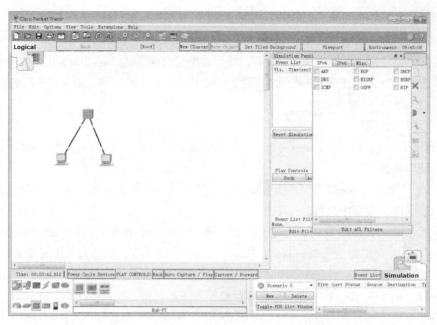

图1-8　编辑过滤器

　　单击设备操作管理区中的按钮 ，然后移动鼠标指针至工作区，并单击其中一台计算机，再单击另一台计算机，那么，第一次单击的计算机就会自动发送ICMP数据包给另一台计算机，以测试计算机之间的连通性。当然也可以在计算机的命令窗口下通过发送ping的命令完成同样的功能（参考1.5.1节）。这时，再单击"Auto Capture/Play"按钮，就会出现图1-9所示的界面。图1-9中的事件列表（Event List）显示了当前捕获到的数据包的详细信息，包括持续时间、源设备、目的设备、协议类型和协议等详细信息。利用这种运行模式，可非常直观地显示出集线器与交换机工作原理上的区别。图1-9表明上面的过滤器发挥了作用，事件列表中只观测了ICMP数据包。

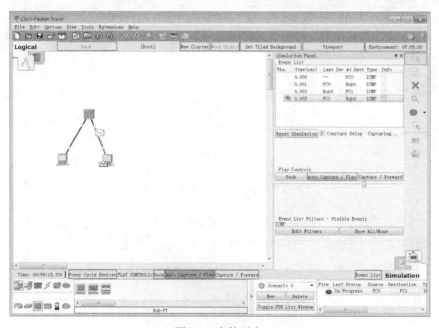

图1-9　事件列表

单击图1-9中事件列表中的第一个颜色方块，或者直接单击工作区中的数据包，就会弹出如图1-10所示的对话框，可分层查看当前数据包中具体的PDU结构。

图1-10　查看数据包结构

6. 设备连通性信息显示区

在任何一种运行模式下，在用户发送简单PDU包测试当前网络设备连通性后，连通性测试信息就会显示在该区域。单击显示区右边的按钮"Toggle PDU List Window"，弹出如图1-11所示的窗口，如果设备连通，则状态栏就显示"Successful"；否则，显示"Fail"。单击显示区右边的"New"按钮，则重新开始测试；单击"Delete"按钮，则删除当前信息显示窗口中的所有信息。

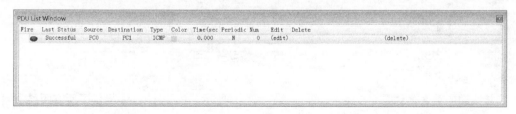

图1-11　查看设备连通性

1.2.3　设备列表

1. 路由器

路由器的英文名称是"Routers"，如图1-12所示。Packet Tracer提供了7种型号的路由器，分别是1841、1941、2620XM、2621XM、2811、2901和2911。所有模块化路由器均为出厂的默认配置，只有局域网接口。实际应用时，需要用户根据需要再添加广域网接口。图1-12中的两款Generic路由器是虚拟的通用路由器，是为方便学习者学习用的，思科产品线中并无这两款路由器。图1-12中其它路由器为物联网用设备，本书不涉及其内容。

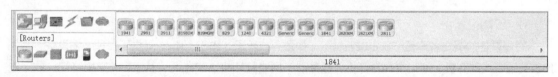

图1-12　路由器

2. 交换机

交换机的英文名称是"Switches"，如图1-13所示。Packet Tracer提供了5种型号的交换机，包括2960、356024PS、365024PS、2950-24和2950T。其中，3560和3650为三层交换机，其余是常用的29系列二层交换机。

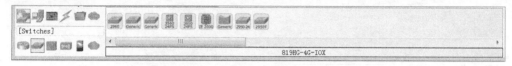

图1-13　交换机

3. 集线器

集线器的英文名称是"Hubs"，如图1-14所示。Packet Tracer提供了两种型号的集线器。两种型号的差别在于端口数和端口种类不同。第三个为同轴电缆分离器，是一种特殊的中继设备。

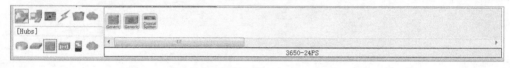

图1-14　集线器

4. 无线设备

无线设备的英文名称是"Wireless Devices"，如图1-15所示。Packet Tracer提供了两类产品，一类是AP，另一类是无线路由器WRT300N。这里AP又有4款产品，其差别在无线接口的通道数不一样，所接入的无线设备数量就会不一样。只要把计算机中的网卡更换为无线网卡（参考1.5.1节），用这两款产品即可方便地搭建一个无线局域网。

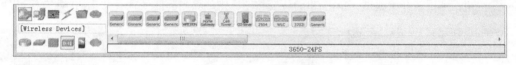

图1-15　无线设备

5. 连接线缆

连接线缆的英文名称是"Connections"，如图1-16所示。Packet Tracer提供了所有网络中要用到的连接线缆。图1-16中的连接线依次是自适应线缆、控制（console）线缆、直连线、交叉线、光纤、电话线、同轴线缆、DCE、DTE线和八爪鱼线。注意，实际应用中是没有自适应线缆的，这里是为了提高学习者学习效率而提供的一种虚拟线缆，这种线缆可连接任何设备，本书不推荐使用这种线缆，因为实际计算机网络管理中，线缆的使用也是网络工程师非常重要的职业能力。因此，在后续的学习中，学习者在连接设备时，要自觉选用合适的线缆连接，否则会导致网络通信故障。

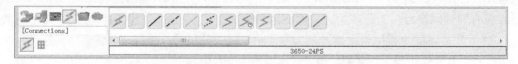

图1-16　连接线缆

6. 终端设备

终端设备的英文名称是"End Devices"，如图1-17所示。Packet Tracer提供了12种终端设备，常用的有普通台式计算机、笔记本式计算机、服务器、网络打印机、IP电话、基于IP的家用终端、数字电话、电视、无线平板计算机、智能终端和通用无线设备。新增加了一款协议跟踪设备Sniffer。

图1-17　终端设备

7. 安全产品

安全产品的英文名称是"Security"，如图1-18所示，目前Packet Tracer只提供了一款安全产品防火墙ASA5505。CISCO ASA5505系列防火墙是一款下一代、全功能的安全设备，适用于小型企业、分支机构和大型企业远程工作人员等环境。

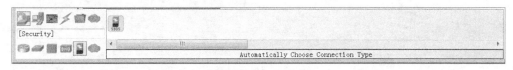

图1-18　安全产品

8. 广域网模拟器

广域网模拟器的英文名称是"WAN Emulation"，如图1-19所示。Packet Tracer提供的广域网模拟器中最常用的是云，用于模拟帧中继线路、DSL线路等。其他的设备还有常用的DSL调制解调器和Cable调制解调器。

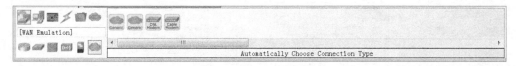

图1-19　广域网模拟器

9. 杂项

杂项的英文名称是"Miscellaneous"，如图1-20所示。Packet Tracer为方便学习者学习，特意定制了三款常用型号的路由器，学习者在使用路由器时一般不用再添加广域网接口。例如1841就添加了广域网模块WIC-2T。最后一个是计算机，它是为了方便选择设备而提供的，因为，此时用计算机时就不必再到终端设备中去选择设备了。

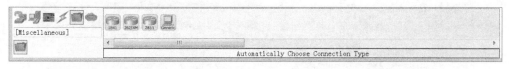

图1-20　杂项

1.3　搭建办公局域网学习情境

深圳市兴隆贸易有限公司是一家专门从事外贸业务的小企业，公司包括管理和业务人员在内共有9个员工，工作中需要使用局域网处理外贸单据业务。公司相关信息通过自己的Web网站发布，公司所有员工都可以访问该网站，公司共用一台打印机。

参照1.2节的内容，我们可以用一台交换机搭建兴隆贸易公司的办公局域网，得到图1-21所示的办公局域网逻辑拓扑图。这里特别用不同的图形和颜色以区分网络中不同的功能区。图中的计算机分别接到交换机的Fa0/1-Fa0/9，打印机接到交换机的Fa0/23，服务器接到交换机的Fa0/24。

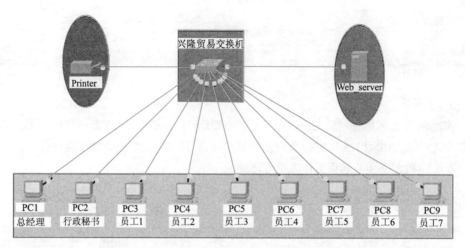

图1-21　兴隆贸易公司办公局域网逻辑拓扑图

当前工作区（见图1-7）左上角显示是Logical（逻辑）标签，那么单击紧邻的Physical（物理）标签，再单击NAVIGATION，弹出图1-22所示的对话框，选择"Main Wiring Closet"，再单击底部的"Jump to Selected Location"按钮，即得到图1-23所示的办公局域网部分设备的物理连接图。

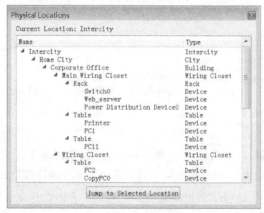

图1-22　对话框

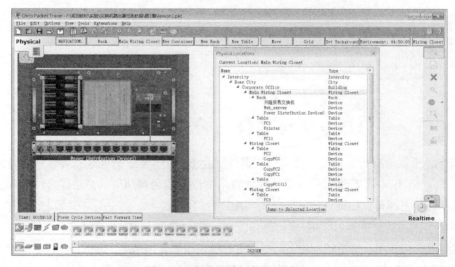

图1-23　办公局域网物理连接图

1.4 搭建办公局域网任务计划与设计

兴隆贸易公司的局域网需要设计的网络参数包括交换机、计算机和服务器的命名，以及IP地址和网站的域名。交换机名称包括显示名称（贴在交换机的表面，用于公司的固定资产管理）和主机名称。主机名称用于配置交换机功能时区分交换机，要用英文名称。因为Cisco交换机的操作系统只支持英文。这里设计交换机的显示名称是"兴隆贸易交换机"，主机名为"xl_switch"。计算机的名称采用PC加序号的法则，分别命名为PC1、PC2、…、PC9。服务器命名为"Web_server"。如图1-21所示，这些设备的名称都用设备操作管理区的标签功能标示出来了。

办公局域网使用192.168.1.0/24网段的地址，表1-1是局域网中设备所分配的IP地址表。

表1-1 IP地址分配表

设备名	IP地址	设备名	IP地址
PC1	192.168.1.1/24	PC7	192.168.1.7/24
PC2	192.168.1.2/24	PC8	192.168.1.8/24
PC3	192.168.1.3/24	PC9	192.168.1.9/24
PC4	192.168.1.4/24	Web_server	192.168.1.254/24
PC5	192.168.1.5/24	Printer	192.168.1.253/24
PC6	192.168.1.6/24		

兴隆贸易公司的Web网站的域名为www.xlmy.com.cn。

1.5 搭建办公局域网任务实施与验证

1.5.1 配置计算机

单击图1-21中的PC9，出现图1-24所示的窗口。该窗口有四个选项卡，分别是"Physical""Config""Desktop""Programming"和"Attitudes"，默认打开的是"Physical"选项卡。图1-24的左边列出了计算机可用的网卡，底部显示了当前网卡的图片及简单介绍，可方便用户更换网卡。中间两个定制按钮"Customize Icon in Physical View""Customize Icon in Logicall View"可分别定制物理计算机外观图片和标识计算机的图片。例如，你喜欢用联想计算机，那么可以下载一个某型号的联想计算机照片，把它定制为Packet Tracer中物理计算机外观照片。与实际计算机更换网卡一样，需要在关闭电源的情况下更换，这里只要单击图中计算机电源开关处，即可关闭计算机电源。然后，必须用鼠标选中计算机中的网卡，并拖动到网卡列表区，否则，将不能移动当前计算机中的网卡。最后，再选取新的网卡，并拖动到计算机网卡槽中即可。单击图中计算机电源开关处即可开启计算机，计算机即可正常工作。

图1-24中的"Config"选项卡是为了方便学习者配置计算机的参数而设计的。如图1-25所示，修改这台计算机的"Display Name"为PC9。注意，当拖动设备组建局域网时，系统会给设备一个默认的名称，序号从0开始。因此，PC9默认的计算机名是PC8。那么修改计算机名时，系统会自动检查计算机名是否重复，如果发现重复，计算机名将修改不成功，所以，这里从最大号计算机开始修改名称。采用同样的方法，可以修改其余的计算机、交换机和服务器的名称。

11

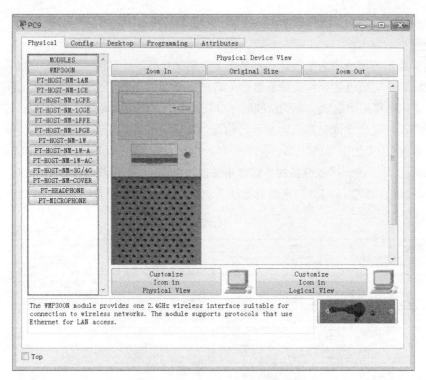

图1-24 "Physical"选项卡

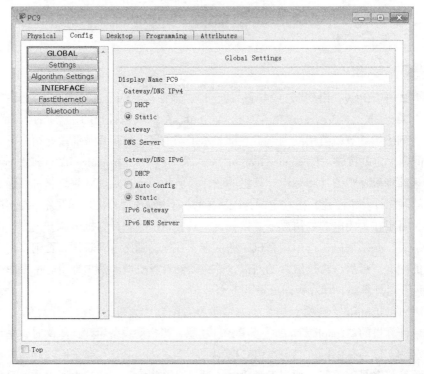

图1-25 修改计算机名

图1-26所示的"Desktop"选项卡提供了各种计算机网络中常用的功能。表1-2列出了计算机桌面上常用的具体功能。单击某个桌面，就执行相应的功能。

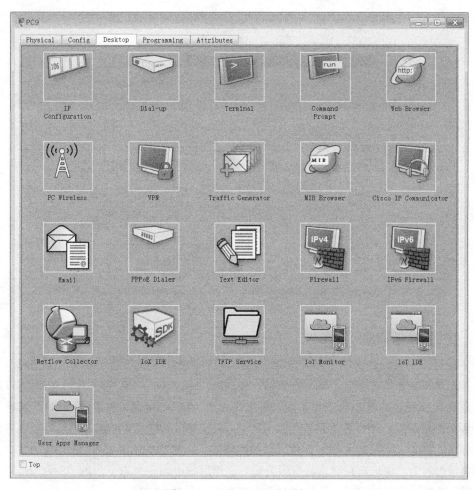

图1-26 "Desktop"选项卡

表1-2 计算机桌面的功能

桌面名称	功 能	桌面名称	功 能
IP Configuration	配置计算机IP地址	Dial-up	配置电话拨号参数
Terminal	终端方式	Command Prompt	命令窗口
Web Browser	Web浏览器	PC Wireless	配置无线网卡
VPN	配置VPN拨号	Traffic Generator	特定数据包发生器
MIB Browser	查看MIB数据库	Cisco IP Communicator	思科IP通话器
E-Mail	发送和接收电子邮件的工具	PPPoE Dialer	PPPoE拨号器
Text Editor	文本编辑器	Firewall	配置IPv4防火墙参数
IPv6 Firewall	配置IPv6防火墙参数	Netflow Collector	网络流收集器

例如，要给PC9配置IP地址，那么单击"IP Configuration"图标，弹出图1-27所示的对话框。注意，Packet Tracer提供了两种IP地址（分别是IPv4和IPv6）配置方式。除非特别说明，本书的IP地址配置均指IPv4。查阅表1-1，配置PC9的IP地址和子网掩码如图1-27所示。参照同样的方法，可分别配置其余计算机的IP地址。

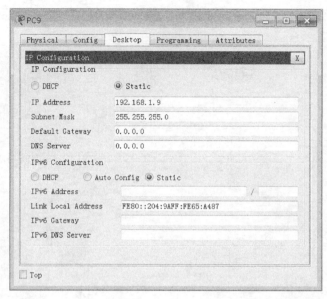

图1-27　配置IP地址

1.5.2　配置Web服务

　　服务器是一种功能强大的特殊计算机，因此，可参考计算机的操作方法，分别修改服务器名称，并配置服务器的IP地址。单击服务器，再选择"Services"选项卡，最后单击"HTTP"按钮，得到图1-28所示的服务器配置界面。再单击图中"index.html"右边的"edit"按钮，弹出图1-29所示的对话框。用户可直接使用Packet Tracer所提供的默认Web网站的内容。也可根据需要修改标题的内容、字符的大小与颜色、页面的内容。但修改的内容要符合HTML语法。这里修改页面显示内容为"深圳市兴隆贸易有限公司"，然后单击图1-29右下角的"Save"按钮，弹出图1-30所示的提示信息对话框，单击"Yes"按钮保存当前修改内容。

图1-28　服务器配置界面

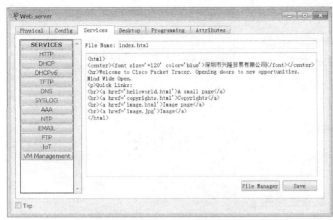

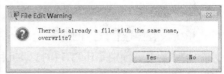

图1-29　编辑Web服务器页面内容　　　　　　图1-30　提示信息对话框

从图1-28中可以看出，Packet Tracer中的服务器提供了12种常用网络服务功能，分别是HTTP、DHCP、DHCPv6、TFTP、DNS、SYSLOG、AAA、NTP、EMAIL、FTP IOT和VM Manage ment。这些服务在实际应用中，有的是网络操作系统自带服务，有些则必须购买特定软件才能提供，但都需要执行复杂的配置步骤才能使服务发挥作用。Packet Tracer所提供的这些服务简化了它们的配置步骤，一般采用表单方式，方便用户填写特定服务所需要的参数，只要参数填写正确，就可以正常使用这些服务功能。读者切记不要简单理解为网络服务配置全都是这样简单，但通过这种简单配置的练习，可熟练掌握配置每种网络服务所需要的参数。

1.5.3　配置DNS服务

单击图1-28中的"DNS"按钮，然后在图1-31中输入域名及对应的IP地址，单击"Add"按钮，完成添加DNS主机记录。如果发现DNS记录有错误，可以单击那条记录，如图1-31所示，这时该主机记录会用蓝色标注，并且内容即域名与IP地址的信息会出现在相应的表单中，方便用户更正错误。确认无误后，再单击"Save"按钮，完成修改DNS主机记录操作。如果单击某条主机记录，然后再按Delete键，就会删除当前主机记录。注意，在新版本的Packet Tracer中，DNS服务默认是关闭的，因此，需要在图1-31中的"DNS Service"中选择"On"，以启动DNS服务。

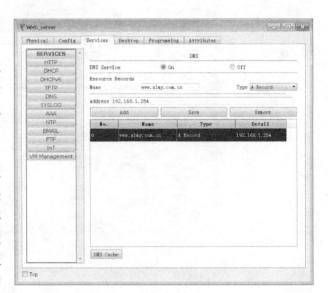

图1-31　配置DNS

为了保证在PC上能用域名访问公司的Web网站，查阅表1-1，然后在图1-27所示的计算机网卡参数中设置正确的DNS服务器IP地址。

1.5.4 配置打印机

在Packet Tracer中，打印机作为一个虚拟的网络终端，只能配置IP地址，做连通性测试。单击图1-21中的打印机，在弹出的对话框中选择"Config"选项卡，再单击"FastEthernet0"按钮，如图1-32所示。查阅表1-1，配置打印机的IP地址和子网掩码。

1.5.5 验证

单击设备操作管理区的按钮，这时，鼠标指针变成信封样式。分别单击PC1和打印机，设备连通性信息显示区就会显示图1-33所示的信息，表明PC1能连通打印机，可以正常使用打印机。单击PC1，选择"Desktop"选项卡，再单击"Web Browser"按钮，如

图1-32 配置打印机

图1-34所示，输入兴隆贸易公司Web网站域名www.xlmy.com.cn，PC1能正常访问公司的Web网站。

图1-33 局域网连通性测试

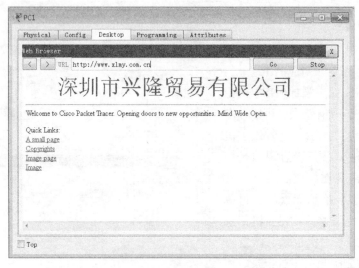

图1-34 成功访问兴隆贸易公司Web网站

习 题

1. 在Packet Tracer搭建一个小型局域网，练习PT的包跟踪功能，查看具体的数据包内容，巩固计算机网络TCP/IP基础知识。

2. 在互联网上查找最新Packet Tracer应用案例。

3. 在本章的学习情境中练习有关FTP服务的配置。

第**2**章
交换机初始配置

学习目标
- 掌握交换机的4种基本配置方法。
- 熟练掌握超级终端方式配置交换机。
- 熟练掌握交换机启动和常规配置的命令与方法。

2.1 交换机基础知识

2.1.1 交换机概述

计算机网络中，交换机起信息中转的作用（本书介绍用于以太网的交换机）。

交换机一般工作在OSI模型的第二层，是目前网络中使用最多的设备。另外，交换机也可工作在OSI模型的第三层及第四层以上，对应的交换机分别称为三层交换机和多层交换机。交换机工作在不同的OSI模型层次，其实质是交换机交换数据包的依据不一样。最常用的二层交换机所用的依据是MAC地址表，而三层交换机的依据是路由表，多层交换机的依据是网络协议或端口号。本章只学习二层交换机的基本配置。

图2-1是思科系统公司推出的最新Cisco Catalyst 2960系列智能以太网交换机，它是一个全新的、固定配置的独立设备系列，提供桌面快速以太网和10/100/1000千兆以太网连接，适用于入门级企业、中型市场和分支机构网络，有助于提供增强LAN服务。

Cisco Catalyst 2960系列包括以下交换机：

① Cisco Catalyst 2960-24TC：24个10/100以太网端口和2个双介质上行链路端口；1机架单元。

图2-1 Cisco 2960系列交换机

② Cisco Catalyst 2960-24TT：24个10/100以太网端口和2个10/100/1000固定以太网上行链路端口；1机架单元。

③ Cisco Catalyst 2960-48TC：48个10/100以太网端口和2个双介质上行链路端口；1机架单元。

④ Cisco Catalyst 2960-48TT：48个10/100以太网端口和2个10/100/1000固定以太网上行链路端口；1机架单元。

⑤ Cisco Catalyst 2960G-24TC：20个10/100/1000以太网端口，其中4个为双介质端口；1机架单元。

思科2960系列交换机前面板有多个RJ-45接口，用于连接计算机或交换机，面板上有反映交换机工作状态的若干LED指示灯。每个端口上的多功能LED可以显示端口状态；半双工和全双工模式；10BASE-T、100BASE-T和1000BASE-T指示，状态LED可以用于显示系统、冗余电源、带宽的利用率，它们可以提供一个全面的、方便的可视管理系统。交换机背面板的串口是交换机的配置口，又称Console口。

交换机的内部主要有以下重要组成部分：

① CPU。交换机使用特殊用途的集成电路芯片ASIC，以实现高速的数据传输。

② RAM/DRAM。主存储器，存储运行配置文件。

③ NVRAM（非易失性RAM）。存储启动配置文件。

④ Flash ROM（快闪存储器）。存储系统软件映像和VLAN数据库文件等。其功能类似于计算机中的硬盘，是可擦除可编程的ROM。

⑤ ROM。存储开机诊断程序、引导程序和简单操作系统软件。

⑥ 交换机各端口的内部电路。

交换机的管理功能是指交换机如何控制用户访问交换机，以及用户对交换机的可视程度如何。通常，交换机厂商都提供管理软件或使用第三方管理软件远程管理交换机。思科交换机有4种管理方式，分别是简单网络管理协议（SNMP）、命令行解释器（CLI）、Web和专门的管理软件，如CiscoWorks网络管理软件。思科交换机和路由器所用的操作系统称为IOS，其内置Web浏览器（视窗）和CLI。新的思科快速设置特性简化了交换机的初始配置。用户可选择通过Web浏览器设置交换机，无须更多复杂的终端模拟程序和命令行界面（CLI）。快速设置允许没有丰富技术知识的人员简单、快速地设置交换机，从而降低了部署成本。CiscoWorks网络管理软件可以提供基于单个端口、单个交换机的管理功能，为思科路由器、交换机和集线器提供一个通用的管理界面。

2.1.2　交换机的主要参数

1. 背板带宽

背板带宽是交换机接口处理器或接口卡和数据总线间所能吞吐的最大数据量。交换机所有的端口间的通信都要通过背板完成，所以背板带宽标志了交换机总的数据交换能力，单位为Gbit/s。背板带宽也叫交换带宽，一般的交换机的背板带宽从几Gbit/s到上百Gbit/s不等。一台交换机的背板带宽越高，所能处理数据的能力就越强，但同时设计成本也会越高。

计算公式是：背板带宽=2×∑端口数量×端口速率。

背板带宽是模块化交换机上的概念，固定端口交换机不存在这个概念，固定端口交换机的背板容量和交换容量大小是相等的。

2. 交换容量

交换容量，指内核CPU与总线的传输容量，一般比背板带宽小。低端交换采用存储转发模式，交换容量 = 缓存位宽×缓存总线频率=96×133=12.8 Gbit/s。而高端交换机，交换容量 = 2×（n×100 Mbit/s+m×1 000 Mbit/s）（n：表示交换机有n个100 MB端口，m：表示交换机有m个1 000 MB端口）。

3. 线速转发

线速转发，即交换机端口线性无阻塞传输。需要满足以下两个条件：

① 交换机背板带宽≥交换容量，可实现全双工无阻塞交换，证明交换机具有发挥最大数据交换性能的条件。

② 交换机最大吞吐量≥端口数量×端口包转发率。

例如，一台64个千兆端口的交换机，其最大吞吐量应达到64 × 1.488 Mpps=95.2 Mpps，才能保证所有端口线速工作时，提供无阻塞的包交换。

4. 包转发率

包转发率通过标定交换机每秒能够处理的数据量来定义交换机的处理能力，因此，在选择交换机时，包转发率是要考虑的重要因素。

包转发率以能够处理最小包长来衡量，对于以太网最小包为64 byte，加上帧开销20 byte。因此最小包为84 byte。

计算方法：

对于一个全双工千兆接口达到线速时要求：包转发率=1 000 Mbit/s（84 × 8）=1.488 Mpps。同理，求得：

万兆以太网，一个线速端口的包转发率为14.88 Mpps。

百兆以太网，一个线速端口的包转发率为0.1488 Mpps。

5. 交换机端口密度

端口密度是指一台交换机上可用的端口数。通常一台固定配置交换机至多支持48个端口。在空间和电源有限的情况下，高端口密度可以更有效地利用这些资源。因为，如果用两台24口交换机，则至多可以支持46台设备，因为每台交换机都至少有一个端口用于将交换机本身连接到网络其他部分。此外，还需要两个电源插座。通过附加多个交换机端口线路卡，模块化交换机可以支持很高的端口密度。例如，Catalyst6500交换机至多可以支持1 000多个交换机端口。如果没有高密度的模块化交换机，网络使用大量的固定配置交换机会占用许多电源插座和大量的配线空间。

6. 交换机端口技术标准

交换机上的端口由于采用不同的技术标准，从而导致端口速率不同，所接传输介质不一样，传输距离也不一样。表2-1列出了不同端口的技术参数。

表2-1　端口技术参数

端 口 类 型	所用传输介质	传输距离/m
10Base_T	双绞线	100
10Base-F	光纤	2 000
100Base-TX	双绞线	100
100Base-FX	62.4 μm多模光纤	2 000
100Base-FX	9 μm单模光纤	10 000
1000Base-T	双绞线	100
1000Base-FX-SX（短波）	62.4 μm多模光纤	260
1000Base-FX-SX	50 μm多模光纤	525
1000Base-FX-LX（长波）	62.4 μm多模光纤	550
1000Base-FX-LX	50 μm多模光纤	550
1000Base-FX-LX	9 μm多模光纤	3 000 ~ 10 000

用户在使用交换机连接设备时，常常不知道使用哪种类型的电缆，例如是交叉还是直通线缆。如果在思科2960系列交换机铜缆端口上安装了某种错误的电缆类型，基于介质的接口交叉技术可以自动地调整发送和接收对，从而更加方便用户维护和管理网络。

Cisco Catalyst 2960系列交换机的SFP千兆以太网端口可安装多种SFP收发器，包括Cisco

1000BASE-SX、1000BASE-LX、1000BASE-BX、1000BASE-ZX、100BASE-FX、100BASE-LX10、100BASE-BX和粗波分多路复用（CWDM）SFP收发器。

交换机的每个端口都是一个冲突域，但所有端口都属于一个广播域。可采用级联或堆叠来增加总的端口数。

交换机端口有两种双工模式，即单工（半双工）模式和全双工模式。交换机的单工端口在某一时刻只能单向传输数据，而交换机全双工端口可以同时发送和接收数据，但这要交换机和所连接的设备都支持全双工工作方式。具有全双工功能的交换机具有以下优点：

① 高吞吐量（Throughput）：两倍于单工模式通信吞吐量。

② 避免碰撞（Collision Avoidance）：没有发送/接收碰撞。

③ 改善长度限制（Improved Distance Limitation）：由于没有碰撞，所以不受CSMA/CD链路长度的限制。通信链路的长度限制只与物理介质有关。

2.1.3　Cisco IOS

Cisco IOS可为设备提供下列网络服务：

① 基本的路由和交换功能。

② 安全可靠地访问网络资源。

③ 网络可扩展性。

IOS的工作细节因具体网络设备的用途和功能集而有所变化。Cisco IOS提供的服务通常通过命令行界面（CLI）来访问。可通过CLI访问的功能取决于IOS版本和设备的类型。

IOS文件本身大小为几兆字节，它存储在Flash ROM（即闪存）中。这种存储器中的内容不会在设备断电时丢失。尽管内容不会丢失，但在需要时可以更改或覆盖。通过使用闪存可以将IOS升级到新版本或为其添加新功能，在交换机和路由器通电时，将IOS复制到内存中，在设备工作过程中，IOS从内存中运行。此功能增强了设备的性能。

2.1.4　配置文件

网络设备依赖下列两类软件才能运行：操作系统和配置文件，与任何一台计算机的操作系统一样，网络设备的操作系统，有助于设备硬件组件的基本运行。配置文件包含Cisco IOS软件命令，这些命令用于自定义Cisco设备的功能。当系统启动时或在配置模式下从CLI输入命令时，就会通过Cisco IOS软件解析（解释并执行）这些命令。

网络管理员通过创建配置文件来定义所需要的Cisco设备功能。通常配置文件的大小为几百到几千字节。

每台Cisco网络设备包含两个配置文件：

① 运行配置文件running configuration：用于设备的当前工作过程中。

② 启动配置文件startup configuration：用作备份配置，在设备启动时加载。

启动配置文件存储在非易失性RAM（NVRAM）中，因为NVRAM具有非易失性，所以当Cisco设备关闭后，文件仍保存完好。每次路由器启动和重新加载时，都会将start-configuration文件加载到内存中。该配置文件一旦加载到内存中，则内存中的配置文件就成为运行配置文件（即running-configuration）。

2.1.5　交换机配置方式

有4种方式配置思科交换机：

① 专门配置口（Console）方式。交换机的配置口是一串行口，将其与计算机的串口通过专用的配置电缆连接起来实现交换机的配置，这是初始交换机必须要使用的一种配置方式。只有通过这种方式配置交换机必要的基本参数后，才可以用交换机的其他配置方式进行配置。

② Telnet方式。把计算机与交换机的某Ethernet端口（通常是10/100 Mbit/s自适应端口，该端口称为管理端口）用RJ-45连接线连接起来。采用这种方式的条件是交换机的管理端口已设置了IP地址。Windows系列操作系统上都有Telnet终端仿真程序。选择"开始"→"运行"命令，在弹出的对话框中输入"telnet ip-address"（交换机的管理端口的IP地址）或"telnet hostname"（交换机的域名或主机名）命令，登录该交换机并对其进行管理和配置。出现的操作界面与通过Console接口以超级终端方式进行连接时完全相同。

③ Web或网管软件对交换机进行远程管理。与Telnet方式一样，这种方式也要求交换机进行IP地址的设置，并且将交换机和管理计算机连接在同一IP网段。运行Web浏览器，在IP地址栏中输入要配置的交换机的IP地址或域名后按Enter键，在弹出的对话框中输入具有最高权限的用户名和密码（对交换机的访问通常必须设置权限）即可进入交换机管理的主Web界面，进行一些基本的配置和管理。使用网管软件（如CiscoWorks）也可对交换机进行管理。

④ 通过TFTP服务器实现对交换机软件系统的保存、升级、配置文件的保存、下载和恢复等，这使得对交换机的管理变得简单和快捷。管理计算机要安装有TFTP（Trivial File Transfer Protocol）服务器软件。

2.2　交换机初始配置常用命令

初始配置交换机的常用命令如下：

① 特权模式下启动交换机的初始配置：

```
setup
```

② 全局配置模式下，设置特权密码，即加密的enable密码：

```
enable secret {密码字}
```

例如，Switch(config)#enable secret cisco，即设置交换机Switch的特权模式密码为cisco。

③ 全局配置模式下，设置主机名：

```
hostname {名字}
```

例如，Switch(config)#hostname s2950-1，即设置交换机的名称为s2950-1。

④ 在端口配置模式下，设置以太网端口速率：

```
speed {10 | 100 | auto}
```

注意：如果在一个10/100 Mbit/s的快速以太网端口上将端口速率设置为auto，那么端口的速率和双工模式都是自动协商的。

⑤ 在端口配置模式下，设置以太网端口的双工模式：

```
duplex {auto | full | half}
```

注意：

① 要先设置速率，然后再设置端口的双工模式。

② 在Cisco IOS命令集中，可使用命令no shutdown激活端口。

③ 应注意双工失配的问题（一边是半双工，一边是全双工），在Hub上只能用半双工模式。

⑥ 退出当前工作模式：

exit

⑦ 显示当前运行配置信息：

show running-config

2.3　交换机初始配置学习情境

A公司刚购买了一批思科29××系列交换机，为了方便对这批交换机进行上机架配置管理，需要对它们进行初始配置。

交换机本身不带输入/输出设备（如键盘、显示器等），只有通过终端设备或普通的计算机来实现对其网络操作系统的访问，从而对其配置和管理。图2-2所示是一般初始配置交换机的结构图。

图2-2　交换机初始配置结构图

2.4　交换机初始配置任务计划与设计

交换机初始配置的主要参数有交换机管理用IP地址、交换机名、交换机特权用户密码、远程登录密码。

这里设计交换机管理用IP网络地址为192.168.100.0/24。交换机名可用多种方式进行命名：一种是以交换机所处物理位置加序号，或者是以交换机所属部门名字命名，还有根据交换机所连接网络的业务命名等。由于设备配置不支持中文，因此，所有设备名称都要用汉语的拼音缩写，长度不超过63个字符，并且以字母开头，不包含空格，以字母和数字结尾，仅由字母、数字和短画线组成。

考虑网络设备资产管理及设备配置的双重需求，可采取如下分级的设备命名方法：AA-BB-XX-YY。

AA：表示该设备所属的部门或地点或业务名称等，通常的规则是取汉字拼音的首字母缩写。

BB：表示设备的厂商名称，如思科公司产品就是Cisco。

XX：表示设备型号，为了简单起见，如S2960、R2911等。

YY：表示如果前三项相同的设备，用阿拉伯数字编号标识。

例如：10C-Cisco-S2960-1表示大楼第10层配线间序号为1的思科2960交换机。

交换机的密码设计遵循常规的密码安全设计原则，特别要符合以下密码复杂性要求：

① 不可包含用户账户名称的全部或部分文字。

② 至少要8个字符。

③ 至少要包含A~Z、a~z、0~9、非字母数字（如!、$、%）4组字符中的3组。

④ 还要定期更换密码。

这里以初始配置一台2960交换机为例，设计其管理用IP地址192.168.100.1/24，交换机名采用简单方式命名为sziit_dca，一般用户密码为cisco_admin，特权用户密码为P@ssword。注意这两个密码不能一样，否则，交换机会强制用户更改为不一样的密码。远程登录密码为abc$1234。

2.5　交换机初始配置任务实施与验证

2.5.1　搭建配置环境

实际初始配置交换机时，要按照以下步骤进行操作：

① 把已安装超级终端程序的计算机（Windows系列操作系统默认已安装该程序）用Console电缆与交换机的Console接口连接起来。

② 选择"开始"→"程序"→"附件"→"通讯"→"超级终端"命令，弹出图2-3所示的对话框。

③ 在其中选取图标并命名（如cisco）后单击"确定"按钮，弹出图2-4所示的对话框，根据实际所用的计算机串口号选择"连接时使用"的端口。

④ 如图2-5所示，单击"还原为默认值"按钮，设置端口每秒位数为9 600、数据位为8、停止位为1、无奇偶校验和无数据流控制。

图2-3　建立超级终端连接　　图2-4　选择连接交换机的串口　　图2-5　设定串口通信参数

⑤ 开启交换机电源开关，接连按Enter键，在计算机屏幕上即可显示交换机初始界面。

⑥ 输入正确的密码并按Enter键，即可登录到交换机，此时可以用CLI（命令行）方式对交换机进行配置和管理。

在用Packet Tracer进行初始配置时，可以模拟上述搭建配置环境的过程。注意在搭建环境过程中，连接交换机和计算机的线缆要选择Console，这根Console线缆一端连接到交换机的Console口，一端连接到计算机的RS-232口。在Packet Tracer界面下，单击"计算机"图标，在所弹出的窗口中选择"Desktop"选项卡，如图2-6所示，然后单击"Terminal"图标，出现图2-7所示的界面，单击"OK"按钮，即可进入图2-8所示的超级终端配置环境。

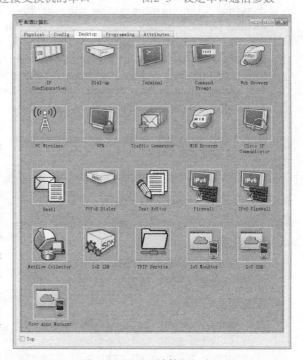

图2-6　"配置计算机"窗口

图2-7　设定串口通信参数　　　　　　图2-8　超级终端配置环境

2.5.2　配置初始交换机

配置初始交换机的方法称为Setup模式，有两种方式可以进入这种模式：第一，可以在特权模式输入Setup命令进入；第二，在NVRAM为空时启动交换机。新买来的交换机，NVRAM为空，交换机没有任何配置文件可用，它会询问控制台用户是否进入Setup模式建立一个初始配置。

下面以Packet Tracer环境为例，采用第一种方式进入交换机的Setup模式。

```
Switch>ena
Switch#setup
        --- System Configuration Dialog ---
Continue with configuration dialog? [yes/no]: yes
At any point you may enter a question mark '?' for help.
Use ctrl-c to abort configuration dialog at any prompt.
Default settings are in square brackets '[]'.
Basic management setup configures only enough connectivity
for management of the system, extended setup will ask you
to configure each interface on the system

Would you like to enter basic management setup? [yes/no]: yes
! 询问是否进入基本的管理设置
```

在每个问题最后的"[ ]"中给出了可选择的答案。如果答案只有一个，并且这个答案正是所需要的，则直接按Enter键，表示选择这个默认的答案。选择答案时，只输入答案最前面且能够区分答案的字母即可。例如[yes/no]，输入y即表示回答yes。任何时候，输入"?"便可得到帮助信息。

配置交换机名：

```
Configuring global parameters:
    Enter host name [Switch]: sziit_dca
```

配置交换机密码：

```
The enable secret is a password used to protect access to
    privileged EXEC and configuration modes. This password, after
    entered, becomes encrypted in the configuration.
```

```
Enter enable secret: P@ssword
 ！输入特权用户密码
The enable password is used when you do not specify an
 enable secret password, with some older software versions, and
 some boot images.
 Enter enable password: cisco_admin
 ！输入一般用户密码
The virtual terminal password is used to protect
 access to the router over a network interface.
 Enter virtual terminal password: abc$1234
 ！输入远程登录密码
```

配置交换机管理用IP地址：

```
Enter interface name used to connect to the
management network from the above interface summary: vlan1
！输入配置IP地址的接口名称，交换机默认的管理接口是vlan1。有关VLAN的知识将在第4章介绍
Configuring interface Vlan1:
 Configure IP on this interface? [yes]: yes
    IP address for this interface: 192.168.100.1
Subnet mask for this interface [255.255.255.0] :
The following configuration command script was created:
hostname sziit_dca
enable secret 5 $1$mERr$hx5rVt7rPNoS4wqbXKX7m0
enable password cisco_admin
line vty 0 4
password cisco
interface Vlan1
 no shutdown
ip address 192.168.100.1 255.255.255.0
interface FastEthernet0/1
 no ip address
```

选择对交换机初始配置进行操作的方式：

```
[0] Go to the IOS command prompt without saving this config.
[1] Return back to the setup without saving this config.
[2] Save this configuration to nvram and exit.
Enter your selection [2]:
Building configuration...
```

　　如果选择0，则不保存初始配置而直接进入IOS命令界面。这个选项的结果就是交换机依然没有任何配置。如果选择1，则表示用户的初始配置有一些错误，所以不保存当前初始配置而重新进入Setup模式。如果选择2，则把当前初始配置保存到NVRAM中，然后退到IOS命令界面。这里直接按Enter键，表示选择默认方式2，保存初始配置并退出。

2.5.3　CLI命令模式

　　为了保护系统的安全，CLI采用多种命令模式。命令行采用分级保护方式，防止未经授权非法侵入，所有命令被分组，每组分属不同的命令模式，某个命令模式下只能执行所属的命令。当然，有的常用命令也出现在多个模式下。由于思科交换机和路由器都使用相同的操作系统IOS，因此有关CLI命令模式提及路由器时，表示按与交换机同样的模式进行操作。

1. 普通用户（User EXEC）模式

交换机（路由器）启动后直接进入普通用户模式，该模式只包含少数几条命令，用于查看交换机或路由器的简单运行状态和统计信息。

```
Cisco Internetwork Operating System Software
IOS (tm) C2950 Software (C2950-I6Q4L2-M), Version 12.1(22)EA4, RELEASE
SOFTWARE(fc1)
Copyright (c) 1986-2005 by cisco Systems, Inc.
Compiled Wed 18-May-05 22:31 by jharirba
Press RETURN to get started!
sziit_dca>
```

2. 特权用户（Privileged EXEC）模式

特权用户模式有密码保护，用户进入该模式后可查看交换机或路由器的全部运行状态和统计信息，并可进行文件管理和系统管理。而且特权用户模式是进入其他用户模式的"关口"，要进入其他用户模式，必须先进入特权用户模式。

在普通用户模式下输入enable命令，即可进入该模式。输入IOS的命令时，只要输入能区分当前模式下命令的字母即可。例如，输入ena，IOS就会识别为enable命令。

```
sziit_dca>
sziit_dca>ena
Password:
! 需要输入特权用户密码，但输入时并不显示输入的内容
sziit_dca#
```

3. 全局配置（Global configuration）模式

在全局配置模式下可配置交换机或路由器的全局参数，如主机名、密码、路由协议等。在特权用户模式下输入config terminal命令，即可进入该模式。

```
sziit_dca#conf t
Enter configuration commands, one per line.  End with CNTL/Z.
sziit_dca(config)#
```

4. 接口配置（Interface configuration）模式

接口配置模式可对交换机或路由器的各种接口进行配置，如配置IP地址、封装网络协议等。

在全局配置模式下输入interface interface-type命令，即可进入接口配置模式，其中interface-type为具体的端口名称，如Fastethernet 0/0。

```
sziit_dca(config)#int f0/1
sziit_dca(config-if)#int vlan1
! 进入vlan1接口
sziit_dca(config-if)#
```

5. 线路配置（Line configuration）模式

在使用终端仿真程序（Telnet访问）配置交换机或路由器时，为VTY线路配置参数。

```
sziit_dca#conf t
Enter configuration commands, one per line.  End with CNTL/Z.
sziit_dca(config)#line vty 0 4
! 允许同时有5个用户分别在0、1、2、3和4号VTY线路上实施Telnet远程登录
sziit_dca(config-line)#exec-timeout 0 0
! 设定Telnet登录后，空闲永不超时
sziit_dca(config-line)#
```

2.5.4 Cisco IOS命令行规则

Cisco IOS命令行规则如下：

① 在任何模式下，只要输入的命令行的关键字能与其他同一模式下的命令完全区分开来即可。例如，interface FastEthernet 0/1完全可以写成int f0/1。

② 在任何模式下，只要输入一个"?"即可以显示该模式下的所有命令。

```
sziit_dca>?
Exec commands:
  <1-99>      Session number to resume
  connect     Open a terminal connection
  disconnect  Disconnect an existing network connection
  enable      Turn on privileged commands
  exit        Exit from the EXEC
  logout      Exit from the EXEC
```

③ 如果不会正确拼写某个命令，可以输入开始的几个字母，在其后紧跟一个问号，交换机或路由器就会提示有什么样的命令与其匹配。例如

```
sziit_dca>tr?
traceroute
```

④ 若不知道命令行后面的参数是什么，可以在该命令的关键字后空一个空格后再输入"?"，路由器即会提示与"?"所对应位置的参数是什么。

```
sziit_dca(config-if)#ip add ?
  A.B.C.D  IP address
  dhcp     IP Address negotiated via DHCP
```

⑤ 要去掉某条配置命令，可在原配置命令前加一个no并空一空格。例如，如果执行过"ip add 192.168.1.1 255.255.255.0"命令，在相同模式下，可以输入no ip add删除已配置的IP地址。

⑥ 要终止某一条正在运行的命令，可按Ctrl+C组合键。

2.5.5 常用的命令行快捷键

表2-2总结了常用的快捷键及编辑功能。

表2-2 常用的命令行快捷键及编辑功能

快捷键	编辑功能
Ctrl+P	按一次Ctrl+P组合键，就会显示历史命令表中的上一条命令
Ctrl+N	按一次Ctrl+N组合键，就会显示历史命令表中的下一条命令
Ctrl+B	在输入命令时，每按一次Ctrl+B组合键，光标就会左进一格
Ctrl+F	在输入命令时，每按一次Ctrl+F组合键，光标就会右进一格
Ctrl+A	在输入命令时，每按一次Ctrl+A组合键，光标会从当前位置进到命令行的首字母
Ctrl+E	在输入命令时，每按一次Ctrl+E组合键，光标会从当前位置回到命令行的末尾
Tab	将命令词补充完整

2.5.6 验证

在特权模式下，命令show running-config可查看初始配置是否正确。

```
sziit_dca#show running-config
Building configuration...
Current configuration : 1054 bytes
```

```
version 12.1
no service password-encryption
hostname sziit_dca
enable secret 5  $1$mERr$mRJN71OixzSS4WDmKbez1.
! 特权用户密码加密显示
enable password cisco_admin
interface FastEthernet0/1
!
interface FastEthernet0/2
!
!这里省略了部分端口信息
!
interface FastEthernet0/24
!
interface Vlan1
 ip address 192.168.100.1 255.255.255.0
line con 0
line vty 0 4
 exec-timeout 0 0
 password abc$1234
 login
end
sziit_dca#
```

2.5.7　清除配置信息

如果准备将用过的交换机转交给客户或其他部门，并且希望交换机重新进行配置，就需要清除配置信息。如果删除了启动配置文件，则当交换机重新启动时，它将自动进入设置程序。

由于删除操作具有不可恢复性，因此进行该项操作时，IOS会提示用户是否确认（confirm）。如果确认，按Enter键即可。

```
sziit_dca#erase startup-config
Erasing the nvram filesystem will remove all configuration files! Continue?
[confirm]
    [OK]
Erase of nvram: complete
```

习　题

1. 新交换机不知道有没有IP地址，应如何配置？
2. 如果忘记或丢失了Cisco IOS交换机的密码，该怎么办？
3. 各种交换机配置方法的应用场合和特点，其要求是什么？
4. 借助词典，认真读懂交换机初始配置界面的中文意义。

第 **3** 章
交换机端口安全

学习目标
- 掌握交换机交换数据的基本原理。
- 掌握交换机端口的安全配置。
- 掌握MAC地址表的建立过程。
- 熟练掌握思科交换机MAC地址表的管理命令。
- 掌握端口安全在网络中的应用。

3.1　交换技术基础知识

3.1.1　MAC地址表

MAC地址又称物理地址、硬件地址或链路地址，由网络设备制造商生产时写在硬件内部。这个地址与网络无关，因此无论将带有这个地址的硬件（如网卡、集线器、路由器等）接入到网络的何处，它都有相同的MAC地址，MAC地址一般不可改变，不能由用户自行设定。现在的MAC地址一般都为6 B即48 bit（在早期还有2 B即16 bit的MAC地址）。通常表示成12个十六进制数，每2个十六进制数之间用冒号隔开，如08:00:20:0A:8C:6D就是一个MAC地址，其中前6位十六进制数08:00:20代表网络硬件制造商的编号，它由IEEE（Institute of Electrical and Electronics Engineers，电气电子工程师学会）分配，而后6位十六进制数0A:8C:6D代表该制造商所制造的某个网络产品（如网卡）的系列号。每个网络制造商必须确保它所制造的每个以太网设备都具有相同的前3个字节及不同的后3个字节，这样就可保证世界上每个以太网设备都具有唯一的MAC地址，并可用作唯一标识设备的地址。

交换机是局域网中最重要的设备，它是基于收到的数据帧中的源MAC地址和目的MAC地址在低层实现通信寻址。在交换式网络中，各主机的MAC地址是存储在交换机的MAC地址表（又称MAC地址数据库）中的。交换机在工作过程中，会向MAC地址表不断写入新学到的MAC地址。当某个特定端口上的某个特定结点的MAC地址记录到MAC地址表后，交换机就可以知道在后续传输中应将目的地为该特定结点的流量从与该结点对应的端口上发出。一旦交换机断电或重新启动后，其内部的MAC地址表会被自动清空或清空后又重新建立。

交换机MAC地址表的建立过程为：源计算机先向目标计算机主机发送查询目标MAC地址信息，此时该信息会首先发送到本地交换机。本地交换机在收到查询信息后，会先将信息帧内的源MAC地址记录在自己的MAC地址表中（第一条记录），然后再向其他所有端口发送查询信息。目标主机接收到该信息后，会通过交换机直接对源地址主机进行响应。此时，交换机就将目标主机的MAC地址也记录在其MAC地址表中，两台主机就可以通过交换机进行点对点的连接通信。如果两台主机在一定时间内未进行通信，交换机将会定时刷新数据库中的地址记录。

当交换机接收到一个数据帧时，它会首先检查数据帧中的MAC地址，如果该地址未缓存在MAC地址表中，交换机就向不包括接收该数据帧端口的所有其他端口发送查询信息；如果该地址已缓存在MAC地址表中，交换机就会按照表中的地址进行转发，而不会发送到其他端口，这样就可以减少对资源的占用，能显著提高信息的交换速率，这就是交换机的MAC地址表的缓存过滤功能。此外，交换机还能检测帧并对出错的帧进行过滤。

所谓MAC地址数量，是指交换机的MAC地址表中可以最多存储的MAC地址数量，存储的MAC地址数量越多，数据转发的速度和效率也就越高。但是，不同档次的交换机每个端口所能够支持的MAC数量不同。在交换机的每个端口，都需要足够的缓存来记忆这些MAC地址，所以Buffer（缓存）容量的大小就决定了相应交换机所能记忆的MAC地址数的多少。通常交换机只要能够记忆1 024个MAC地址即可。

交换机的MAC地址表包含动态地址和静态地址。动态地址是交换机获得的源MAC地址，而且当这些地址不使用时，交换机将其老化。交换机默认的老化时间为300 s，但可以更改MAC地址的老化时间。注意，如果老化时间设置过短，可能造成地址过早地从表中移除，造成不必要的泛洪，从而影响交换性能。

网络管理员可以为某些端口专门分配静态MAC地址。静态地址不会老化，并且交换机总知道应把指定MAC地址的流量发出到哪个端口。因此，不需要重新获知或刷新MAC地址连接到哪个端口。实施静态MAC地址的原因之一是便于网络管理员完全控制对网络的访问。只有网络管理员知道的那些设备才能连接到网络。

3.1.2　交换机转发技术

转发技术是指交换机转发数据包所采用的转发机制。局域网交换机在传送数据时，采用帧交换（Frame Switching），该技术包括3种主要的交换方式，即存储转发（Store and Forward）、直通（Cut Through）和自由分段（Fragment Free）。

采用存储转发方式时，交换机将复制整个帧到它的缓冲区中，然后计算CRC。帧的长短可能不一样，所以延时根据帧的长短而变化。如果CRC不正确，帧将被丢弃；如果正确，交换机将查找硬件目标地址然后转发它们。如果所接收到的数据帧存在错误、太短（小于64 B）或太长（大于1 518 B），最终都会被抛弃。由于要检查整个帧，并且交换机需要解读数据帧的目的地址与源地址，在MAC地址列表中进行适当的过滤，所以采用这种转发方式的交换机在接收数据帧时延迟较大，且越大的数据帧延迟时间越长。

采用直通方式时，为减少延时，交换机只读取到帧的目标地址为止。显然这种方式不适合错误率高的网络。交换机在减少传输延迟的同时也削减了对数据帧的错误检测能力。

自由分段方式在转发数据之前，过滤有包错误的冲突分段（长度为64 B）。这是因为通常认为数据帧的错误总是发生在刚开始的64 B内。显然，该方式的错误检测级别要高于直通交换方式。

图3-1所示是用图形方式对交换机的上述3种交换方式进行的比较。

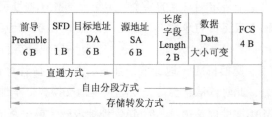

图3-1　交换机的3种交换方式示意图

交换机延时是指从交换机接收到数据包到开始向目的端口复制数据包之间的时间间隔。有许多因素会影响延时大小，最关键的是转发技术。采用直通转发技术的交换机有固定的延时。因为直通式交换机不管数据包的整体大小，而只根据目的地址来决定转发方向。所以，它的延时是固定的，取决于交换机解读数据包前6个字节中目的地址的解读速率。采用存储转发技术的交换机由于必须要接收完整的数据包才开始转发数据包，所以它的延时与数据包大小有关。数据包大，则延时大；数据包小，则延时小。

3.1.3 配置端口安全性

端口安全性可根据与以太网端口相连的设备的MAC地址，来限制以太网端口上的访问。它也可用于限制插入一个交换机端口的总设备数目，从而可使交换机免遭MAC泛洪攻击，降低了恶意无线接入点或集线器接入的风险。

未提供端口安全性的交换机将使攻击者轻易连接到交换机未使用且已启用的端口，并执行信息收集或攻击。因此，在部署交换机之前，应保护所有交换机端口。端口安全性将限制端口上所允许的有效MAC地址的数量。如果为安全端口分配了安全的MAC地址，那么当数据包的源地址不是已定义地址组中的地址时，端口就不会转发这些数据包。

如果将安全MAC地址的数量限制为一个，并只为该端口分配一个安全MAC地址，那么连接该端口的计算机将确保获得端口的全部带宽，并且只有地址为该特定安全MAC地址的计算机才能成功连接到该交换机端口。

如果端口已配置安全端口，并且安全MAC地址的数量已达到最大值，那么当尝试访问该端口的计算机的MAC地址不同于任何已确定的安全MAC地址时，则会发生安全违规。在交换机中可以配置发生安全违规时对端口所采取的安全动作。

综上所述，在交换机所有端口上实施安全措施，可以实现以下目的：

① 在端口上指定一组允许的有效MAC地址。

② 在任一时刻只允许指定个数的MAC地址访问端口。

③ 指定端口在检测到未经授权的MAC地址时将自动关闭。

端口安全仅仅配置在静态Access端口（用于连接计算机的端口）；在Trunk端口（用于交换机之间连接的端口）、快速以太通道、吉比特以太通道端口组或者被动态划给一个VLAN的端口上不能配置端口安全功能；不能基于每VLAN设置端口安全。

3.2 交换机端口安全配置常用命令

下面的命令除非特别说明，都要在端口配置模式下运行：

① 设置某端口的安全性：

```
switchport port-security
```

② 给某端口设置安全MAC地址：

```
switchport port-security mac-address {MAC地址}
```

例如，Switch1(config-if)#switchport port-security mac-address 00D0.BC49.D378，即设置了某端口的安全MAC地址是00D0.BC49.D378。

③ 设置某端口允许最多的MAC地址数量：

```
switchport port-security maximum {允许的最多MAC地址数量}
```

一个端口可以有1～132个安全MAC地址。如果手工设置的安全MAC地址数没有达到允许的最大MAC地址数，其他的安全MAC地址将会被动态学习到。

例如，Switch1(config-if)#switchport port-security maximum 1，即设置该端口只允许1个安全MAC地址。

④ 设置端口发生安全违规时的措施

`switchport port-security violation {shutdown |restrict|protect}`

如果交换机某端口出现了违反端口安全性设置的情况，该命令可设置该端口采取的措施有：

- shutdown，立即关闭该端口。此模式为默认模式，需要先输入shutdown，再输入noshutdown接口配置命令可使其脱离关闭状态。
- restrict，当达到允许的最大MAC地址数时，丢弃所有来自未知MAC地址的信息包，并发送一个消息给网管计算机。
- protect，当达到允许的最大MAC地址数时，丢弃所有来自未知MAC地址的信息包。

各种安全违规模式的影响如表3-1所示。

表3-1　端口安全违规模式

违规模式	转发流量	发出SNMP陷阱	发出SYSLOG消息	显示错误消息	增加违规计数器计数	关闭端口
保护	否	否	否	否	否	否
限制	否	是	是	否	是	否
关闭	否	是	是	否	是	是

⑤ 在特权模式下，查看某端口安全信息：

`show port-security interface {端口名}`

例如，Switch1#show port-security int f0/1，即查看Fa0/1端口的安全信息。

⑥ 在特权模式下，查看交换机的MAC地址表：

`show mac-address-table`

3.3　交换机端口安全配置学习情境

如图3-2所示，一般企业和网络用户都希望采用一台交换机一个端口下面挂着一台集线器（Hub），并在Hub上连接多台主机，这样大家可以共享上网。但是这样的网络模型是网络管理员或者管理者最不愿意看到的情况，尤其是对于那些处理运营状态的管理者，因为这涉及利益的损失。

解决方案就是进行端口安全设置，静态配置一个端口允许访问的主机。

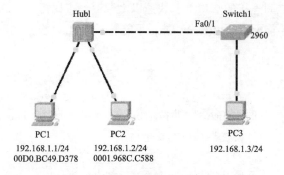

图3-2　网络拓扑结构图

3.4　交换机端口安全配置任务计划与设计

设计局域网中的计算机配置192.168.1.0/24网段的地址，图3-2标出了每台计算机的具体IP地址，交换机的名称为Switch1。

设计交换机的Fa0/1端口只允许PC1通过。

在Packet Tracer中单击PC1，在弹出的窗口中单击"Config"选项卡下的"FastEthernet"按钮，显示的界面如图3-3所示，图中有计算机PC1网卡的MAC地址。用这种方法分别找出PC2网卡和PC3网卡的MAC地址，并记录下来，后续的配置过程中将会用到该参数。

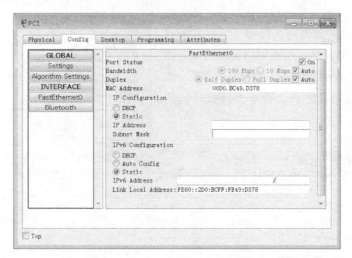

图3-3 获取计算机PC1的MAC地址

3.5 交换机端口安全配置任务实施与验证

3.5.1 相关准备工作

1. 配置计算机的IP地址

在Packet Tracer中单击PC1，在弹出的窗口中单击"Desktop"选项卡下的"IP Configuration"按钮，如图3-4所示，在该窗口下配置PC1的IP地址。用同样的方法，分别配置好计算机PC2和PC3的IP地址。由于所有计算机工作在同一网段，因此这里没有配置网关地址。

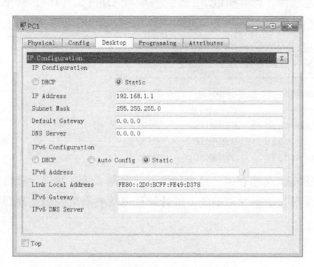

图3-4 配置计算机PC1的IP地址

2. 查看交换机的MAC地址表

在配置完IP地址后，单击图3-2中的交换机，在弹出的窗口中选择"CLI"选项卡，如图3-5所示。需要说明的是，这个配置命令界面是Packet Tracer为了方便工程师配置网络设备而专门设计的功能，在实际的交换机或路由器配置过程中还需要按照第2章所介绍的配置方法进行操作。在本书后续内容中，为了方便起见，所有网络设备的配置都在Packet Tracer所提供的配置命令界面中进行。

在计算机没有通信之前，查看交换机当前的MAC地址表：

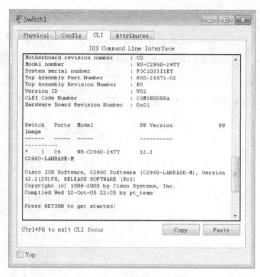

图3-5　交换机配置命令界面

```
Switch1>ena
Switch1#show mac-address-table
          Mac Address Table
-------------------------------------------

Vlan    Mac Address       Type        Ports
----    -----------       --------    -----
```

这时交换机的MAC地址表是空的。

3. 验证网络的连通性

配置完计算机IP地址后，即可采用第1章所介绍的发送简单PDU的方式验证图3-2中的PC3与PC1和PC2的连通性。如图3-6所示，PC3与另外两台计算机是连通的。

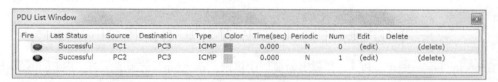

图3-6　测试网络连通性

由于验证网络的连通性，计算机PC1、PC2分别与PC3进行了通信，接下来，再查看交换机当前的MAC地址表。

```
Switch1#show mac-address-table
          Mac Address Table
-------------------------------------------
Vlan    Mac Address       Type        Ports
----    -----------       --------    -----
   1    0001.64eb.d81b    DYNAMIC     Fa0/2
   1    0001.968c.c588    DYNAMIC     Fa0/1
   1    00d0.bc49.d378    DYNAMIC     Fa0/1
```

显然交换机当前的MAC地址表中已经自动学习并保存了所有通信计算机的MAC地址。注意，这里的MAC地址表记录都是动态学习到的，即计算机可从交换机的当前端口换到另一个端口时，其记录也会做相应的改变。

3.5.2 配置交换机端口安全

在交换机Switch1上配置其端口安全功能：

```
Switch1>ena
Switch1#conf t
Switch1(config)#int f0/1
Switch1(config-if)#shutdown
Switch1(config-if)#switchport mode access
Switch1(config-if)#switchport port-security
Switch1(config-if)#switchport port-security maximum 1
Switch1(config-if)#switchport port-security violation shutdown
Switch1(config-if)#switchport port-security mac-address 00D0.BC49.D378
！设定PC1的安全MAC地址
Switch1(config-if)#no shut
```

3.5.3 验证

图3-7说明在配置交换机端口安全功能后，PC2不能与PC3通信，而PC1还能继续与PC3通信。并且由于在PC3上ping PC2时，违反了交换机端口1的安全规则，所以交换机按照事先配置的处置违反规则的措施，关闭了交换机的1号端口。这时显示交换机端口状态的小实心圆变成了红色。如果要重新开启交换机的1号端口，必须要求管理员在Fa0/1号端口模式下，先运行命令shutdown，再运行命令no shutdown。

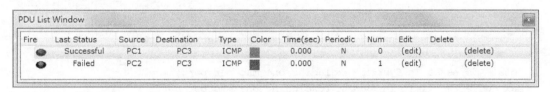

图3-7　测试网络连通性

3.5.4 查看交换机端口安全信息

在配置完交换机端口安全功能后，查看交换机当前的MAC地址表有什么变化：

```
Switch1#show mac-address-table
          Mac Address Table
-------------------------------------------
Vlan    Mac Address       Type        Ports
----    -----------       --------    -----
   1    0001.64eb.d81b    DYNAMIC     Fa0/2
   1    00d0.bc49.d378    STATIC      Fa0/1
```

交换机当前的MAC地址表中只有PC1和PC3，并且交换机1号端口的MAC地址记录变成静态的MAC地址，其意义就是这个端口只允许通过指定的MAC地址设备的数据包，但不能理解为这时的计算机PC1接到交换机的其他端口就不能再通信。因为当前交换机的其他端口的MAC地址记录处于动态学习状态，并没有限制。

要显示交换机指定端口的端口安全性设置，可使用show port-security interface interface-id命令：

```
Switch1#show port-security int f0/1
Port Security               : Enabled
Port Status                 : Secure-shutdown
Violation Mode              : Shutdown
```

```
Aging Time                 : 0 mins
Aging Type                 : Absolute
SecureStatic Address Aging : Disabled
Maximum MAC Addresses      : 1
Total MAC Addresses        : 1
Configured MAC Addresses   : 1
Sticky MAC Addresses       : 0
Last Source Address:Vlan   : 0001.968C.C588:1
Security Violation Count   : 1
```

上述加框显示内容的意义依次为

① 是否启用端口安全。

② 违反安全规定的措施。

③ 本端口允许的安全MAC地址的最大数量。

④ 本端口上现有的安全MAC地址的数量。

⑤ 本端口已经发生的安全违规的次数。

要显示交换机某个指定端口上配置的所有安全MAC地址，并附带每个地址的老化信息，可使用命令show port-security address。

```
Switch1#show port-security address
                Secure Mac Address Table
Vlan    Mac Address    Type             Ports           Remaining Age (mins)

----    -----------    ----             -----           --------------
1       00D0.BC49.D378 SecureConfigured FastEthernet0/1      -
-------------------------------------------------------------------------------
Total Addresses in System (excluding one mac per port)     : 0
Max Addresses limit in System (excluding one mac per port) : 1024
```

注意，Packet Tracer终究是一个模拟系统，所以上面没有显示老化的时间信息，但实际交换机会有这方面的信息。

习　题

1. 简述MAC地址表建立的过程。

2. 局域网的3种帧交换方式各自的特点是什么？

3. 交换机的某个端口是否只允许一个MAC地址？为什么？

4. 如果在配置交换机端口安全后，由于交换机的1号端口只允许PC1通过，那么把图3-2所示的Hub连接到交换机的2号端口，试问这时PC3能否和PC1、PC2通信？请用Packet Tracer进行验证。

第4章
交换机VLAN

学习目标

- 了解二层交换机的缺陷。
- 掌握什么是交换机的VLAN，其应用场合、工作原理和优点。
- 掌握两种常用的VLAN中继技术。
- 熟练掌握配置跨交换机VLAN的步骤及相关命令。

4.1 交换机VLAN基础知识

4.1.1 VLAN简介

第二层交换式网络存在很多缺陷。例如，全网属于一个广播域，极易引起广播碰撞和广播风暴等问题，必然会造成网络带宽资源的极大浪费；网络安全性不高，所有用户都可以监听到服务器及其他设备端口发出的数据包；蠕虫病毒泛滥，如果不对局域网进行有效的广播域隔离，一旦病毒发起泛洪广播攻击，将会很快占用完网络的带宽，导致网络阻塞和瘫痪。

如图4-1所示，虚拟局域网（VLAN）允许一组不限物理位置的用户群共享一个独立的广播域，可在一个物理网络中划分多个VLAN，即可以使不同的用户群属于不同的广播域。这样，通过划分用户群、控制广播范围等方式，VLAN技术能够从根本上解决网络效率与安全性等问题。

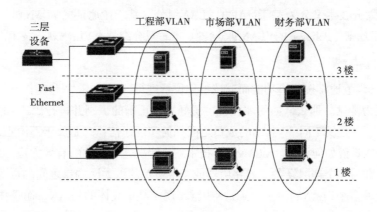

图4-1 VLAN原理图

采用VLAN技术能让网络以更加灵活的方式对业务目标予以支持，具有以下优点：

① 安全。含有敏感数据的用户组可与网络的其他部分隔离，从而降低泄露机密信息的可

能性。

② 性能提高。将第二层平面网络划分为多个逻辑工作组（广播域），可以减少网络上不必要的流量并提高性能。

③ 防范广播风暴。将网络划分为多个VLAN，可减少参与广播风暴的设备数量。

④ 提高IT员工效率。VLAN为管理网络带来了方便，因为有相似网络需求的用户将共享同一个VLAN。当为特定VLAN准备一台新交换机时，之前为该VLAN配置的所有策略和规程均可在指定新交换机端口后应用到端口上。另外，通过为VLAN设置一个适当的名称，IT员工很容易了解该VLAN的功能。

⑤ 简化项目管理或应用管理。VLAN将用户和网络设备聚合到一起，以支持商业需求或地域上的需求。通过职能划分，项目管理或特殊应用的处理变得十分方便。此外，也很容易确定升级网络服务的影响范围。

4.1.2 划分VLAN

VLAN对广播域的划分是通过交换机软件完成的，它通过对用户分类来规划自己的用户群，如按项目组、部门或管理权限等进行VLAN划分。划分VLAN时能够超越地域的界限，做到真正意义上的逻辑分组。在划分VLAN的交换机上，每个端口都能被赋予一个VLAN号，只有相同VLAN号的用户才属于同一个独立的广播域。广播被限制在各自的VLAN之内，因此VLAN能够最大限度地控制广播的影响范围和减少由于共享介质所造成的安全隐患。

VLAN划分技术包括静态VLAN划分和动态VLAN划分。

静态VLAN也就是基于端口的VLAN。这是一种最简单的VLAN创建方式，易于建立与监控。在划分时，既可把同一交换机的不同端口划分为同一虚拟局域网，也可把不同交换机的端口划分为同一虚拟局域网。这样就可以把位于不同物理位置、连接在不同交换机上的用户按照一定的逻辑功能和安全策略进行分组，根据需要将其划分为相同或不同的VLAN。

静态VLAN通常使用网络管理软件来配置和维护端口，如果需要改变端口的属性，就必须人工重新配置，因而具有较好的安全性。这种VLAN的划分方式应用最多，几乎所有支持VLAN的交换机都支持该方式。

动态VLAN划分技术又分为基于MAC的VLAN划分、基于IP地址的VLAN划分、基于组播的VLAN划分和基于规则（Policy）的VLAN划分4种。本章只介绍静态VLAN划分技术。

4.1.3 VLAN中继

由于VLAN的设置通常按逻辑功能而非按物理位置进行，同一VLAN跨越任意物理位置的多个交换机的情况更为常见。那么，如何才能使主机间完成正确的识别并进行VLAN的内部通信？这里包含两层意思：一是属于同一VLAN的成员之间如何实现通信；二是属于不同VLAN的数据帧在交换时如何区分或者说如何标识。VLAN中继技术就是解决这个问题的有效方法。VLAN中继是以太网交换机端口和另一个连网设备（如路由器或交换机）的以太网端口之间的点对点链路，负责在单个链路上传输多个VLAN的流量。VLAN中继不属于某个具体的VLAN，而是作为交换机之间传输VLAN信息的管道。

目前，常用的支持VLAN中继的网络技术有两种：一种是Cisco的自有标准ISL（Inter-Switch Link），它在原有的帧上重新加了一个帧头，并重新生成帧校验序列（FCS）。目前，除Catalyst 29××系列交换机之外的所有Cisco Catalyst交换机都支持该协议。另一种是IEEE 802.1Q，该标准是由IEEE建立的通用连接标准，它在每个数据帧中的源MAC地址字段后插入标记字段，同时用新的FCS字段代替原有的FCS字段，从而进行VLAN的识别。IEEE 802.1Q属于通用型标准，被许多厂商广泛采纳，国产交换机多采用此标准。Cisco交换机与其他厂商的交换机相连时，不能采用Cisco的ISL标准，而应该采用IEEE 802.1Q标准。

尽管大多数Cisco交换机可配置为支持IEEE 802.1Q和ISL两种中继端口，但如今广泛使用的只有IEEE 802.1Q。这两种中继端口的区别是：

① IEEE 802.1Q中继端口同时支持有标记流量和无标记流量。

② 在ISL中继端口上，所有收到的数据包都应该封装有ISL帧头，并且所有发送数据包也都有ISL帧头。从ISL中继端口收到的无标记帧会被丢弃。ISL是不再建议使用的一种中继端口模式。

③ ISL只支持1～1005，而IEEE 802.1Q则支持所有的VLAN号。

在中继链路上把数据重新封装，将直接导致帧头变大，从而影响效率，这时可以在中继链路上指定一个本征VLAN（Native VLAN），默认是VLAN 1。任何来自本征VLAN的数据帧通过中继链路时将不重新封装，而以原有的帧传输。当然，中继链路两端指定的本征VLAN一定要一致，否则将导致数据从一个VLAN传播到另一个VLAN的错误。

管理员可以手动指定交换机间的链路是否形成中继，交换机也可以采用DTP（Dynamic Trunk Protocol）协议自动协商形成中继链路。DTP有4种协商形成中继链路的模式：Negotiate模式强制把交换机接口置于中继模式，并会主动发送协商包或者响应对方的协商包；Desirable模式希望把交换机接口置于中继模式，并会主动发送协商包或者响应对方的协商包，只要对方能响应协商包，则交换机之间的接口会成功协商成中继模式；Auto模式不会主动发送协商包，但会响应对方的协商包，如果对方主动发送了协商包，则会成功协商成中继模式；Nonegotiate模式把接口强制置于中继模式，但不会主动发送协商包，也不响应对方的协商包，除非对方也已经把接口强制置于中继模式，否则交换机之间的接口无法形成中继链路。表4-1所示是交换机之间接口能否形成中继链路的汇总表。√表示两台交换机之间的接口能形成中继链路，×表示不能形成。

表4-1　DTP协商模式汇总表

分 类	Negotiate	Desirable	Auto	Nonegotiate
Negotiate	√	√	√	√
Desirable	√	√	√	×
Auto	√	√	×	×
Nonegotiate	√	×	×	√

4.1.4　VTP

随着中小型企业网络中交换机数量的增加，全局统筹管理网络中的多个VLAN和中继成为一个难题。Cisco开发了一种能帮助网络管理员自动完成VLAN的创建、删除和同步等工作的技术，即虚拟局域网中继协议（VLAN Trunk Protocol，VTP）。

VTP的主要优点如下：

① 使用VTP可以减少配置的工作量，减少配置错误的概率，减少配置的不一致性。

② VTP是用来通告VLAN信息的。

③ VTP的作用仅仅是在一个管理域内（可以自行设置哪些交换机属于管理域）。

④ VTP只在Trunk端口上传播，普通的Access端口上是不会传播VTP信息的。

VTP用来管理和配置整个VLAN交换网络。它允许网络管理员添加、删除或重新配置交换网络，并同时提供对多种网络介质的支持，能够准确、及时地跟踪和监测VLAN信息，动态地向所有的网络交换机报告当前的网络状况，如VLAN的添加或删除等。这些新增的VLAN还具有即插即用的特性，允许管理员在同一个域内管理多个VLAN。域中所有交换机通过VTP通告共享VLAN配置的详细信息，VTP域包括一台交换机或者共享相同VTP域名的多台互连交换机，一台交换机每次只能成为一个VTP域的成员。配置VTP域的好处是，如果发生配置更改错误，它可以限制该错误在网络中的传播范围。

Cisco的IOS提供了3种VTP工作模式，分别是服务器模式（Server Mode）、客户机模式（Client Mode）和透明模式（Transparent Mode）。交换机可以工作在任意一种模式下，但同一时间只能处于其中一种模式。

对于Cisco Catalyst交换机来说，服务器模式是默认的模式。工作在服务器模式下，交换机才能对本VTP域内的VLAN进行添加、删除和创建等工作。也只有在该模式下，交换机才能更改VTP的相关信息，更改后的信息将会广播到整个VTP域内的所有设备。同时，可以发送和转发VLAN的升级信息，VLAN信息更新过程则通过信息版本号来识别完成。配置完成后，相关的VLAN信息应存储在NVRAM中，以便交换机重新启动时调用。

VTP协议工作在OSI参考模型中的数据链路层。由VTP服务器所维护、广播的VLAN信息以及完成客户机间同步的工作都必须在相同的工作域内进行。

要成功配置VTP服务器，需要遵循以下原则：

① VTP域名是交换机上设置的关键参数。错误配置的VTP域名将影响交换机之间的VLAN同步。为此，建议只在一台VTP服务器交换机上设置域名。

② 在第一台交换机上配置VTP域后，VTP将开始通告VLAN信息。其他通过中继链路相连的交换机会自动接收VTP通告中的VTP域信息。

③ 确保VTP域名称精确匹配。特别注意，VTP域名区分大小写。

④ 如果要配置VTP密码，要确保对域内需要交换VTP信息的所有交换机设置相同的密码，没有密码或密码错误的交换机将拒绝VTP通告。例如，在全局配置模式下输入vtp password cisco后，则要求在这个VTP域内的其他所有交换机都执行这条命令。

⑤ 在VTP服务器上启用VTP后，再创建VLAN。在启用前所创建的VLAN会被自动删除。

工作在客户机模式下，交换机可以收到来自本工作域的VTP服务器的信息，并使用组播方式向同一工作域内的其他交换机传送VLAN信息，但无法对VLAN进行添加、删除或创建等工作。在客户机模式下，交换机的VLAN信息无法保存在NVRAM中，而只能存储在交换机的RAM中。重启后，这些信息就会丢失。

工作在透明模式下，网络交换机可以转发来自其他交换机的VTP信息，但无法接收并升级这些更新信息，同时也无法向VTP域内的其他交换机广播自己的信息。因此它并不能与VTP域中的其他交换机取得同步，但是它具有对VLAN进行添加、删除或创建的权限。另外，相关的VLAN信息均存储在NVRAM中。工作在这种方式下的交换机只属于一种本地交换机，具有很多局限性。

VTP协议遵循客户机/服务器结构模式，使该协议可以自动清理一些不正确的配置信息，如不正确的VLAN类型或名称等。在每一个升级信息发出时，它的信息版本号都会自动加1。这样，任何一台交换机在收到这些更新信息后，都会去比较其自身的版本号。如果更新版本号高于自己的当前配置便会直接对信息进行升级，反之则将信息丢弃。

当向一个已有VTP域的网络中加入一台新的交换机时，一定要保证这台新增加的交换机的VTP模式为Client模式，以免新加入的交换机向网络中通告不正确的信息。

VTP修剪的作用是防止不需要的广播信息从一个VLAN泛洪到VTP域中所有的中继链路，从而增加网络的可用带宽。VTP修剪允许交换机协商哪些VLAN分配到中继另一端的端口，因此剪除未分配到远程交换机端口的VLAN。VTP修剪功能默认设置为禁用，可以使用vtp pruning全局配置命令启用VTP修剪。只需要在域内一台VTP服务器交换机上启用修剪功能。

4.2　交换机VLAN配置常用命令

配置交换机VLAN的常用命令如下：

① 设置VTP域名：

```
vtp domain {域名}
```

例如，命令Switch3560(vlan)#vtp domain sziit就是设置VTP的域名为sziit。

② 进入VLAN数据库：

```
vlan database
```

③ 创建VLAN：

```
vlan {vlan ID} [name  {vlan 名}]
```

交换机 VLAN ID数量是由其长度决定的，VLAN ID的长度为12位，故交换机最大支持2^{12}=4 096个VLAN，即0～4 095，但VLAN ID的0和4 095是保留给系统用的，所以最大VLAN ID为4094。VLAN的ID在数字上分为普通范围和扩展范围。普通范围的VLAN用于中小型商业网络和企业网络，ID范围为1～1 005。其中1 002～1 005的ID保留供令牌环VLAN和FDDI VLAN使用。VLAN 1为默认VLAN，它和1 002～1 005是自动创建的，不能删除。VLAN信息存储在名为vlan.dat的VLAN数据库文件中，vlan.dat文件则位于交换机的闪存中，用于管理交换机之间VLAN配置的VTP只能识别普通范围的VLAN，并将它们存储到VLAN数据库文件中，而扩展范围的VLAN可让服务提供商扩展自己的基础架构以适应更多的客户。某些跨国企业的规模很大，从而需要使用扩展范围的VLAN ID。其范围为1006～4094。支持的VLAN功能比普通范围的VLAN更少，信息保存在运行配置文件中。

一台Cisco Catalyst 2960交换机最多可支持255个普通范围与扩展范围的VLAN，配置VLAN数量的多少会影响交换机硬件的性能。

例如，命令Switch3560(vlan)#vlan 10 name dca_sziit，即创建名为dca_sziit、ID为10的VLAN。

注意：不要手工删除vlan.dat 文件，可能造成VLAN的不完整。若要删除VLAN，则需要在特权模式下执行delete flash:vlan.dat命令。

④ 设置端口为存取模式：

```
switchport mode access
```

⑤ 将端口添加到指定VLAN ID的VLAN中：

```
switchport access vlan {vlan ID}
```

例如，命令Switch1(config-if)#switchport access vlan 20，即把当前端口划分到VLAN 20中。

⑥ 将当前端口置为永久中继模式：

`switchport mode trunk`

⑦ 把交换机的接口主动变为中继模式：

`switchport mode dynamic desirable`

例如，Cisco Catalyst 3560交换机的接口默认是Auto模式，如果另一端的交换机接口不是Nonegotiate中继协商模式，那么进入端口模式，采用此命令就可以把当前端口主动协商成中继模式。

⑧ 设置交换机VTP工作模式：

`vtp mode {server|client|transparent}`

例如，命令Switch1(config)#vtp mode client就是设置交换机工作在VTP客户端模式。

⑨ 显示VLAN信息：

`show vlan`

⑩ 显示VTP状态：

`show vtp status`

⑪ 显示端口的交换端口信息：

`show {端口名} switchport`

例如，命令show interface f0/24 switchport可查看交换机的f0/24口是否处于中继状态，DTP协商中继模式等信息。

4.3 交换机VLAN配置学习情境

图4-2是某学院校园网的拓扑结构。学院的信息中心拟按照学院行政部门把校园网划分成3个VLAN，校园网的计算机按部门分为3组，分别属于不同的VLAN。计算机的分组情况是：第一组计算机PC11、PC12和PC13属于学院计算机应用系，划分到第一个VLAN（不是VLAN ID，下同）；第二组计算机PC21、PC22和PC23属于学院软件系，划分到第二个VLAN；第三组计算机PC31、PC32和PC33属于学院通信系，划分到第三个VLAN。

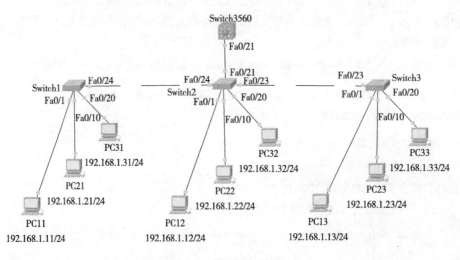

图4-2　校园网拓扑图

校园网由1台3560交换机和3台2960交换机组成。为了更好地理解VLAN中继的原理与作用，图4-2中的三层交换机只与Switch2连接。实际校园网应该是三层交换机分别连接二层交换机Switch1、Switch2和Swicth3。

4.4　交换机VLAN配置任务计划与设计

设计校园网的VLAN由VTP域sziit进行管理。3560交换机工作在VTP服务器模式，其余3台2960交换机工作在VTP客户模式。

为了便于理解和验证交换机VLAN的功能，处于不同VLAN的计算机，即使使用相同网段的IP地址，也不能通信。因此，这里设计校园网所有主机的IP地址都使用192.168.1.0/24中的地址。表4-2给出了每台计算机的详细设计参数。

表4-2　计算机的网络参数设计表

计算机名	IP 地址	VLAN ID	VLAN名
PC11	192.168.1.11/24	10	dca_sziit
PC12	192.168.1.12/24	10	dca_sziit
PC13	192.168.1.13/24	10	dca_sziit
PC21	192.168.1.21/24	20	soft_sziit
PC22	192.168.1.22/24	20	soft_sziit
PC23	192.168.1.23/24	20	soft_sziit
PC31	192.168.1.31/24	30	comm_sziit
PC32	192.168.1.32/24	30	comm_sziit
PC33	192.168.1.33/24	30	comm_sziit

4.5　交换机VLAN配置任务实施与验证

4.5.1　配置计算机IP地址

在Packet Tracer中单击PC11，在弹出的界面中选择"Desktop"选项卡下的"IP Configuration"选项，如图4-3所示，配置PC11的IP地址。按照同样的方法，分别配置好图4-2所示网络中的其他计算机的IP地址。由于所有计算机工作在同一网络地址，因此这里没有配置网关地址。

在配置完所有计算机的IP地址后，可以测试网络连通性，以验证IP地址配置是否正确。图4-4是在计算机PC11上分别ping另外两组计算机的情况，结果表明计算机之间通信正常。

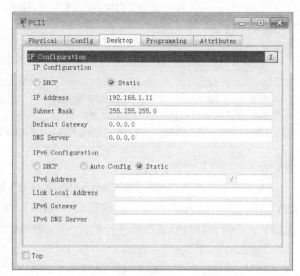

图4-3　配置PC11的IP地址

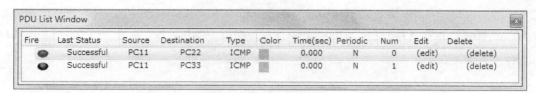

图4-4　测试网络连通性

4.5.2　配置3560交换机VTP

按照设计，为了划分VLAN，需要在3560交换机上配置VTP域名：

```
Switch3560#vlan database
Switch3560(vlan)#vtp domain sziit
Domain name already set to sziit.
Switch3560(vlan)#exit
APPLY completed.
Exiting...
Switch3560#
```

用命令show vtp status查看当前3560交换机的VTP信息可知，Switch3560工作在VTP服务器模式，域名为sziit。

```
Switch3560#show vtp status
VTP Version                   : 2
Configuration Revision        : 0
Maximum VLANs supported locally : 1005
Number of existing VLANs      : 5
VTP Operating Mode            : Server
VTP Domain Name               : sziit
VTP Pruning Mode              : Disabled
VTP V2 Mode                   : Disabled
VTP Traps Generation          : Disabled
MD5 digest                    : 0x0C 0xC9 0x72 0x90 0x97 0x3D 0xC3 0xCA
Configuration last modified by 0.0.0.0 at 0-0-00 00:00:00
Local updater ID is 0.0.0.0 (no valid interface found)
```

下面以Switch1为例设置VTP的域名和工作模式。可按照同样的命令设置Switch2和Switch3的VTP相关参数。

```
Switch1>ena
Switch1#conf t
Switch1(config)#vtp mode client
Setting device to VTP CLIENT mode.
Switch1(config)#vtp domain sziit
Changing VTP domain name from NULL to sziit
```

4.5.3　创建VLAN

由于在当前的网络中，只有Switch3560工作在VTP服务器模式，所以在Switch3560上创建校园的VLAN。Cisco的IOS既可以在特权模式下创建VLAN，也可以在全局模式下创建VLAN，但推荐全局模式。这里以特权模式为例进行配置，第8章再介绍在全局模式下创建VLAN。

```
Switch3560#vlan database
Switch3560(vlan)#vlan 10 name dca_sziit
VLAN 10 added:
```

```
          Name: dca_sziit
Switch3560(vlan)#vlan 20 name soft_sziit
Switch3560(vlan)#vlan 30 name comm_sziit
```

4.5.4 查看VLAN信息

查看Switch3560创建VLAN后的最新VLAN信息，结果表明3个VLAN已经创建好，并保存到Switch3560的VLAN数据库中，Switch3560上没有任何端口添加到新增加的VLAN中。

```
Switch3560#show vlan
VLAN Name                             Status     Ports
---- -------------------------------- ---------  --------------------------------
1    default                          active     Fa0/1, Fa0/2, Fa0/3, Fa0/4
                                                 Fa0/5, Fa0/6, Fa0/7, Fa0/8
                                                 Fa0/9, Fa0/10, Fa0/11, Fa0/12
                                                 Fa0/13, Fa0/14, Fa0/15, Fa0/16
                                                 Fa0/17, Fa0/18, Fa0/19, Fa0/20
                                                 Fa0/22, Fa0/23, Fa0/24, Gig0/1
                                                 Gig0/2
10   dca_sziit                        active
20   soft_sziit                       active
30   comm_sziit                       active
1002 fddi-default                     active
1003 token-ring-default               active
1004 fddinet-default                  active
1005 trnet-default                    active
```

用同样的命令查看Switch1的VLAN信息，如图4-5所示，Switch1只有默认的VLAN，Switch3560所创建的VLAN信息并没有传播到Switch1。这是因为交换机的级联端口没有配置VLAN中继，Switch3560的VLAN信息无法及时传播到下层交换机Switch1中。

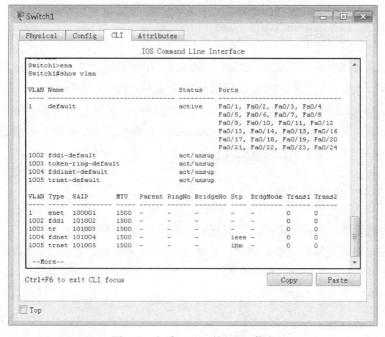

图4-5　查看Switch1的VLAN信息

4.5.5 建立交换机的中继链路

1. 建立Switch3560和Switch2之间的中继链路

由于交换机的级联端口承担识别网络中所有不同的VLAN信息，因此，要将交换机的这些端口配置成中继模式。首先分别查看Switch3560和Switch2级联端口的DTP协商模式。这里以Switch3560为例。

```
Switch3560#show interface f0/21 switchport
Name: Fa0/21
Switchport: Enabled
Administrative Mode: dynamic auto
Operational Mode: static access
Administrative Trunking Encapsulation: dot1q
Operational Trunking Encapsulation: native
Negotiation of Trunking: On
Access Mode VLAN: 1 (default)
Trunking Native Mode VLAN: 1 (default)
Voice VLAN: none
Administrative private-vlan host-association: none
Administrative private-vlan mapping: none
Administrative private-vlan trunk native VLAN: none
Administrative private-vlan trunk encapsulation: dot1q
Administrative private-vlan trunk normal VLANs: none
Administrative private-vlan trunk private VLANs: none
Operational private-vlan: none
Trunking VLANs Enabled: All
Pruning VLANs Enabled: 2-1001
Capture Mode Disabled
Capture VLANs Allowed: ALL
Protected: false
Unknown unicast blocked: disabled
Unknown multicast blocked: disabled
Appliance trust: none
```

上述加框信息表明思科3560交换机的端口默认的DTP协商模式是dynamic auto，在Switch2上执行同样的命令，也会得到思科2960交换机的端口默认的DTP协商模式也是dynamic auto。根据表4-1，当前情况下Switch3560和Switch2之间无法自动形成中继链路。只有将这两个交换机中任何一台交换机的DTP协商模式修改为"dynamic desirable"，即可自动协商建立中继链路。这里修改Switch3560的级联端口Fa0/21的DTP协商模式。

```
Switch3560#configure terminal
Switch3560(config)#interface f0/21
Switch3560(config-if)# switchport mode dynamic desirable
```

根据DTP协商原理，交换机之间的接口只要能协商自动形成中继链路，那么交换机的另一端就不必再执行建立中继链路的命令。因此，这时Switch3560和Switch2之间应该自动协商建立中继链路。此时再查看Switch2级联端口的信息如下：

```
Switch3560#show interface f0/21 switchport
Name: Fa0/21
Switchport: Enabled
Administrative Mode: dynamic desirable
```

```
Operational Mode: trunk
Administrative Trunking Encapsulation: dot1q
Operational Trunking Encapsulation: dot1q
Negotiation of Trunking: On
Access Mode VLAN: 1 (default)
Trunking Native Mode VLAN: 1 (default)
Voice VLAN: none
Administrative private-vlan host-association: none
Administrative private-vlan mapping: none
Administrative private-vlan trunk native VLAN: none
Administrative private-vlan trunk encapsulation: dot1q
Administrative private-vlan trunk normal VLANs: none
Administrative private-vlan trunk private VLANs: none
Operational private-vlan: none
Trunking VLANs Enabled: All
Pruning VLANs Enabled: 2-1001
Capture Mode Disabled
Capture VLANs Allowed: ALL
Protected: false
Unknown unicast blocked: disabled
Unknown multicast blocked: disabled
Appliance trust: none
```

上述加框信息表明，这时Switch3560和Switch2之间确实已经自动协商建立了中继链路。

也可以在Switch2上运行下面的命令，使得Switch3560和Switch2之间自动协商形成中继链路。

```
Switch2>ena
Switch2#conf t
Switch2(config)#int f0/21
Switch2(config-if)#switchport mode trunk
```

2. 建立Switch1和Switch2、Switch3和Switch2之间的中继链路

```
Switch2>ena
Switch2#conf t
Switch2(config)#int range f0/23 — f0/24
!对交换机多个号码连续的端口配置相同功能的命令

Switch2(config-if-range)# switchport mode trunk
Switch2(config-if-range)#exit
```

执行上述命令后，Switch1和Switch2、Switch3和Switch2之间会自动形成中继链路。

也可分别在Switch1的Fa0/24和Switch3的Fa0/23上运行switchport mode dynamic desirable或switchport mode trunk命令中的任何一个来分别建立中继链路。

3. 查看VLAN信息

图4-6表明，给所有交换机的级联端口配置VLAN中继后，Switch3560的VLAN信息就可以及时传播到下层的交换机。

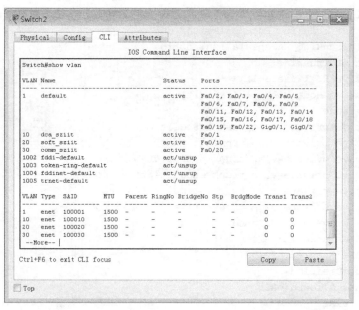

图4-6　查看Switch2的VLAN信息

4.5.6　划分VLAN

1. 在Switch1上划分VLAN

交换机Switch1有了VTP域sziit所管理的VLAN信息，就可以根据设计需要把交换机的端口划分到相应的VLAN中。

```
Switch1(config)#interface f0/1
Switch1(config-if)#switchport mode access
Switch1(config-if)#switchport access vlan 10
Switch1(config)#interface f0/10
Switch1(config-if)#switchport mode access
Switch1(config-if)#switchport access vlan 20
Switch1(config)#interface f0/20
Switch1(config-if)#switchport mode access
Switch1(config-if)#switchport access vlan 30
```

从图4-2所示的网络结构中可以看出，Switch1、Switch2和Switch3所接计算机的接口相同，这些接口所划分的VLAN也相同，因此只需要在Switch2和Switch3上输入上述同样的命令，就可以完成交换机Switch2和Switch3划分VLAN的任务。这里不再赘述。

2. 查看Switch1上的VLAN信息

查看交换机Switch1上的VLAN信息，说明已经按照设计要求，将相应的端口划分到各自的VLAN中。

```
Switch1#show vlan
VLAN Name                             Status    Ports
---- ------------------------------   --------- -------------------------------
1    default                          active    Fa0/2, Fa0/3, Fa0/4, Fa0/5
                                                Fa0/6, Fa0/7, Fa0/8, Fa0/9
                                                Fa0/11, Fa0/12, Fa0/13, Fa0/14
                                                Fa0/15, Fa0/16, Fa0/17, Fa0/18
                                                Fa0/19, Fa0/21, Fa0/22, Fa0/23
```

10	dca_sziit	active	Fa0/1
20	soft_sziit	active	Fa0/10
30	comm_sziit	active	Fa0/20
1002	fddi-default	active	
1003	token-ring-default	active	
1004	fddinet-default	active	
1005	trnet-default	active	

静态接入端口只能拥有一个VLAN。使用Cisco IOS软件不需要先将端口从某个特定VLAN中删除，即可改变其VLAN成员。当将静态接入端口重新分配给现有的VLAN时，该端口自动从以前的VLAN中删除。

4.5.7　验证VLAN连通性

完成上述配置后，计算机就按照设计要求分成3组划分到不同的VLAN中。图4-7的结果表明，相同VLAN中的计算机PC11和PC13之间可以正常通信，而处于不同VLAN中的计算机PC11和PC33即使使用相同的网段的IP地址，也不能通信。必须要使用三层网络设备才能实现不同VLAN间的主机通信，相关内容将分别在第8章和第17章进行介绍。

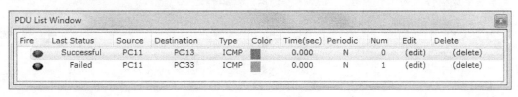

图4-7　测试连通性

习　　题

1. 支持VLAN中继的网络技术有哪些？
2. VTP协议的作用是什么？
3. VTP的工作模式及各自的特点是什么？
4. 如图4-8所示，有3台2950交换机串接组网，请在Packet Tracer中配置Switch0为VTP服务器模式，并创建VLAN；配置Switch1为VTP透明模式；Switch2为VTP客户机模式。验证用户在Switch0上所创建的VLAN在Switch2上可见，而在Switch1上不可见。

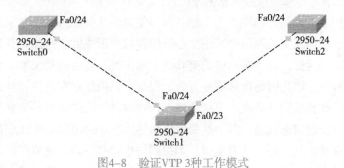

图4-8　验证VTP 3种工作模式

第**5**章

生成树协议

学习目标

- 理解交换机建立冗余线路的作用和应用。
- 了解广播风暴的形成过程。
- 掌握网络广播的作用和特点。
- 掌握抑制广播风暴的方法。
- 掌握生成树协议的工作原理，理解根桥的概念和工作过程。
- 了解STP端口的不同工作状态。

5.1 生成树协议基础知识

5.1.1 广播风暴

网络中，一台设备能够将数据包转发给网络中所有其他站点的技术称为广播。广播能够穿越由普通网桥或交换机连接的多个局域网段，几乎所有局域网的网络协议都优先使用广播方式来进行管理与操作。

在一些较大型的网络中，当大量广播流（如MAC地址查询信息等）同时在网络中传播时，便会发生数据包的碰撞。随后网络试图缓解这些碰撞，并重传更多的数据包，结果导致全网的可用带宽阻塞并最终使网络瘫痪，这一过程就被称为广播风暴。应用程序与协议的广播是引起广播风暴的主要原因。但在正常的网络环境中，网络广播无所不在。例如，MAC地址查询、路由协议通信、ICMP控制报文及大量的服务通告等信息都属于网络中正常的广播。因此需要在保证网络正常使用广播的情况下，有效地减少广播风暴的发生。

在许多交换机组成的网络环境中，为保证各种网络终端（如服务器）与别的设备间的正常通信，绝大多数情况下都会在交换网络中采用多条链路连接，形成冗余链路来保证线路上的单点故障不会影响正常的网络通信，以提高网络的健壮性和稳定性。备份连接又称备份链路、冗余链路等。虽然使用冗余备份能够为网络带来许多好处，但是它使网络存在环路，从而导致多个广播帧副本和网络风暴，使计算机网络瘫痪、主机死机。产生这种情况的原因是交换机对网络中的广播帧或组播帧不会进行任何数据过滤，因为这些地址帧的信息不会出现在MAC层的源地址字段中。交换机总是直接将这些信息广播到所有端口，如果网络中存在环路，这些广播信息将在网络中不停地转发，直至导致交换机出现超负荷运转（如CPU使用过度、内存耗尽等），最终耗尽所有带宽资源、阻塞全网通信。

所以环路问题是备份连接所面临的所有负面影响中最为严重的问题之一。要建立网络的备份连接，就必须解决环路问题。生成树协议（Spanning Tree Protocol，STP）即IEEE 802.1d协议就是为了解决由于备份连接所产生的环路问题而制定的协议。STP协议运行一套复杂的算法，使得当网络中存在备份链路时，只允许主链路激活，故意阻塞可能导致环路的冗余路径，以确保网络中所有目的地之间只有一条逻辑路径。如果主链路因故障而被断开后，备用链路才会被打开。

5.1.2　STP

学习计算机网络的人一定对树状网络结构不陌生，它的最大特点就是没有环路。STP的基本做法是把有环路的网络结构进行修剪，生成一个没有环路的树状网络结构。在修剪过程中有两个问题要引起特别关注：一是不能将冗余链路真正断开，否则就失去了备份作用；二是要确定阻塞哪条链路，只有选择正确才能提高工作效率。经过STP修剪完的树状结构中，只存在一个唯一的树根（Root），该树根可以是一台网桥或一台交换机，称为根桥，由它作为核心基础来构成网络的主干与其他分支结构。

根据参数设置不同，不同的交换机会被选为根桥，但任意时刻只能有一个根桥。由根桥开始，逐级形成一棵树，根桥交换机定时发送配置数据包，非根交换机接收配置数据包并转发，如果某台交换机能够从两个以上的端口接收到配置数据包，则说明从该交换机到根的路径不只一条，这样便构成了循环回路。此时交换机就根据端口的配置选出一个端口并把其他端口阻塞，以消除循环。当某个端口长时间不能接收到配置数据包时，交换机就认为该端口配置超时，网络拓扑可能已经改变。此时就需要重新计算网络拓扑，重新生成一棵树。

要实现上述功能，交换机之间必须要进行一些信息的交流，STP协议的信息发送是通过在网络中发送和接收桥协议数据单元（Bridge Protocol Data Unit，BPDU）帧来进行网络调整的，BPDU是一种二层报文，在网络中以组播的方式传播，目的MAC是多播地址01:80:C2:00:00:00。之所以用到多播而不是广播，是因为这些数据只对参与构建树的交换机有用，对于连接在交换机上的各终端，处理这些信息完全没有必要。

BPDU帧包含12个不同的字段，如表5-1所示，这些字段涵盖了STP确定根桥及到根桥路径所需要的信息。它们可分成3个部分：第一部分是前4个字段，主要标识协议、版本、消息类型和状态标识；第二部分是接下来的4个字段，用于标识根桥及到根桥的路径开销；第三部分是最后4个字段，全是计数器字段，用于确定BPDU消息的发送频率及通过BPDU过程收到信息保留的时间。

表5-1　BPDU字段

字　节　数	字　　段	字　节　数	字　　段
2	协议ID	8	网桥ID
1	版本	2	端口ID
1	消息类型	2	消息老化时间
1	标识	2	最大老化时间
8	根ID	2	Hello时间
4	路径开销	2	转发延迟

选举根桥的原则是：根桥必须具有最低的优先权ID与MAC地址。思科交换机优先权ID值的范围是0～61 440，以4 096为步长增加。Cisco交换机默认的ID值为32 768。在优先权数值相等时，将由MAC地址大小来决定哪个MAC地址值低就由其作为根设备。

STP确定从根桥出来的"最佳"路径之后，它会将交换机端口配置为不同的端口角色。端口角色描述了网络中端口与根桥的关系，以及端口是否能转发流量。这些端口角色有根端口、已分配端口与未分配端口3种类型。

最靠近根桥的交换机端口就是根端口。

已分配端口是网络中获准转发流量的、除根端口之外的所有端口。由于根设备的所有端口是构成主干网络的基础，因此根设备的所有端口类型都将处于已分配状态，而其他位置的设备端口状态要由STP算法决定。每个端口都有一个关于路径长度的默认值，可以手动进行调整或是依据STP算法自动生成一个路径长度值。该处路径的长度值越小，它的效率就越高，也就会成为最优路径，此时这个端口就会被激活而处于已分配状态。

未分配端口是为防止环路而被置于阻塞状态的所有端口，这些端口实际上处于备份状态。这些端口由于具有较大的路径长度值而被STP算法关闭，使其处于未分配状态。当端口处于未分配状态时，这些端口的链路便不会进行数据传输。只有当某一已分配的端口发生故障时，端口类型才会由未分配类型自动变成已分配类型。

当交换机完成初始化后，为避免形成环路，STP会使一些端口（备份链路的端口）直接进入阻塞状态。当网络中主链路发生故障时，网络的拓扑结构即会发生变化，处于阻塞状态的端口就会通过BPDU了解（侦听）到这些变化，端口的状态就会立刻从阻塞状态转变到学习状态，完成MAC地址表的建立后成转发状态，并在转变过程中经历侦听与学习两个状态，最终转为正常的工作模式。表5-2给出了STP下交换机端口的不同状态及属性。

表5-2　STP下端口的不同状态及属性

状　　态	属　　　　　　性
禁用（Disabled）	不能接收BPDU信息，不能转发数据，不能获取地址
阻塞（Blocking）	可接收BPDU信息，不能转发数据，不能获取地址
侦听（Listening）	可监听和接收BPDU信息，不能转发数据，不能获取地址
学习（Learning）	可接收和发送BPDU信息，能获取地址建立MAC地址表，不能转发数据
转发（Forwarding）	可与其他交换机交换BPDU信息，可转发数据，能获取地址

当在交换机的端口上新接入一台计算机时，较长时间后端口的指示灯才由橙色变为绿色（转发状态），这是因为默认设置下，生成树协议运行在交换机的所有端口上，而生成树算法使每个端口在数据被允许通过它发送之前要等待50 s，这个时间就是端口的转换时间。这可能会给某些协议和应用如DHCP、DNS等带来一些不必要的麻烦。其实，连接计算机或服务器的交换机端口不是交换架构的一部分，可以不用运行生成树协议。在实际交换机的端口模式下，运行命令spanning-tree portfast可使计算机一接入，就直接从阻塞状态转换到转发状态，绕过常规的STP侦听和学习状态。PortFast是Cisco独有的技术。

STP的缺陷表现在收敛速度慢。快速生成树协议（RSTP）为根端口和指定端口设置了快速切换用的替换端口和备份端口两种角色，当根端口/指定端口失效的情况下，替换端口/备份端口就会无时延进入转发状态。

5.2　生成树协议配置常用命令

配置生成树协议的常用命令如下：

① 查看当前有关生成树协议运行的一些信息：

```
show spanning-tree
```

② 修改设备的优先权值:

`spanning-tree vlan 1 priority {优先权值}`

其值为4 096的倍数,也可为0。

例如,Switch(config)#spanning-tree vlan 1 priority 4096。

③ 指定当前设备为某个VLAN的根桥:

`Spanning-tree vlan {vlan_ID} root priority`

例如,命令Switch(config)#spanning-tree vlan 1 root priority指定当前设备为VLAN 1的根桥。

5.3 生成树协议配置学习情境

A公司拟组建一个局域网,为使局域网稳定运行,公司的网络工程师费尽心思搭建了图5-1所示的环状结构的网络。现在要分析该网络运行状态,确保三层交换机Switch3560处于核心地位,以发挥其核心交换机的功能。

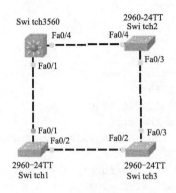

图5-1 环状结构网络图

5.4 生成树协议配置任务计划与设计

由于Cisco交换机默认打开了STP协议,因此可以借助查看STP运行状态信息来分析图5-1所示的网络结构。用图形显示该网络实际的运行架构,如果发现Switch3560不是根桥,那么它就未处于网络核心。这时可通过修改STP相关参数,使Switch3560成为根桥。

5.5 生成树协议配置任务实施与验证

5.5.1 查看STP信息

1. Switch3560

查看Switch3560的STP信息,可知当前网络根桥的MAC地址和端口号等重要信息。从下面显示的信息可知两个MAC地址值不一样,就知道Switch3560不是根桥,但它的Fa0/4是根端口,以连接根桥设备。这样可知交换机Switch2是当前网络中的根桥。

`Switch3560#show spanning-tree`

```
VLAN0001
  Spanning tree enabled protocol ieee
  Root ID    Priority    32769
             Address     0001.420C.92DB
             Cost        19
             Port        4(FastEthernet0/4)
             Hello Time  2 sec  Max Age 20 sec  Forward Delay 15 sec

  Bridge ID  Priority    32769  (priority 32768 sys-id-ext 1)
             Address     0030.F266.22DA
             Hello Time  2 sec  Max Age 20 sec  Forward Delay 15 sec
             Aging Time  20

Interface         Role Sts Cost         Prio.Nbr Type
----------------- ---- --- ----------   -------- --------------------------------
Fa0/1             Desg FWD 19           128.1    P2p
Fa0/4             Root FWD 19           128.4    P2p
```

2. Switch2

查看Switch2的STP信息，验证上述分析：

```
Switch2#show spanning-tree
VLAN0001
  Spanning tree enabled protocol ieee
  Root ID    Priority    32769
             Address     0001.420C.92DB
             This bridge is the root
             Hello Time  2 sec  Max Age 20 sec  Forward Delay 15 sec

  Bridge ID  Priority    32769  (priority 32768 sys-id-ext 1)
             Address     0001.420C.92DB
             Hello Time  2 sec  Max Age 20 sec  Forward Delay 15 sec
             Aging Time  20

Interface         Role Sts Cost         Prio.Nbr Type
----------------- ---- --- ----------   -------- --------------------------------
Fa0/3             Desg FWD 19           128.3    P2p
Fa0/4             Desg FWD 19           128.4    P2p
```

3. Switch1

查看Switch1的STP信息，可知其端口Fa0/1处于阻塞状态：

```
Switch1#show spa
VLAN0001
  Spanning tree enabled protocol ieee
  Root ID    Priority    32769
             Address     0001.420C.92DB
             Cost        19
             Port        2(FastEthernet0/2)
             Hello Time  2 sec  Max Age 20 sec  Forward Delay 15 sec

  Bridge ID  Priority    32769  (priority 32768 sys-id-ext 1)
             Address     00D0.BA09.6BA5
```

```
        Hello Time  2 sec  Max Age 20 sec  Forward Delay 15 sec
        Aging Time  20

Interface          Role Sts Cost      Prio.Nbr Type
---------------- ---- --- --------- -------- --------------------------------
Fa0/1              Altn BLK 19        128.1    P2p
Fa0/2              Root FWD 19        128.2    P2p
```

5.5.2　树状网络结构图

交换机Switch1的端口Fa0/1处于阻塞状态，从而破坏了图5-1所示的环路结构，根据STP形成根桥的原理，可得到图5-2所示的新树状结构拓扑图，同时也是当前网络运行的拓扑结构图。

从图5-2可知，三层交换机Switch3560并没有处于核心位置，没有发挥其核心交换机的功能。因此需要调整参数，使它成为网络的核心交换机。

5.5.3　调整网络设备优先权值

根据STP生成根桥的原理，设备的优先

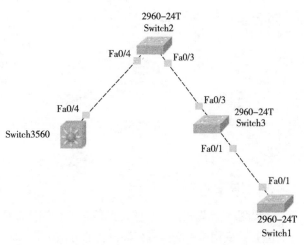

图5-2　树状网络结构（一）

权值在选举根桥过程中发挥着举足轻重的作用，优先级值越低代表优先级越高。为此，这里调节交换机Switch3560的优先权值为4 096。

```
Switch3560(config)#spanning-tree vlan 1 priority 4096
```
改变优先权值后，网络重新运行STP，待算法收敛后，分别查看交换机的STP状态。

交换机Switch3560的STP状态显示其已成为新的根桥：

```
Switch3560#show spanning-tree
VLAN0001
  Spanning tree enabled protocol ieee
  Root ID    Priority    4097
             Address     0030.F266.22DA
             This bridge is the root
             Hello Time  2 sec  Max Age 20 sec  Forward Delay 15 sec

  Bridge ID  Priority    4097   (priority 4096 sys-id-ext 1)
             Address     0030.F266.22DA
             Hello Time  2 sec  Max Age 20 sec  Forward Delay 15 sec
             Aging Time  20

Interface          Role Sts Cost      Prio.Nbr Type
---------------- ---- --- --------- -------- --------------------------------
Fa0/1              Desg FWD 19        128.1    P2p
Fa0/4              Desg FWD 19        128.4    P2p
```

交换机Switch3的STP状态显示其端口F0/2处于阻塞状态，得到图5-3所示的新树状结构拓扑图，此时的新网络结构图能发挥三层核心交换机的功能。

```
Switch3#show spanning-tree
! 以上省略了部分信息
```

```
Interface         Role Sts Cost      Prio.Nbr Type
----------------  ---- --- --------- -------- -------------------
Fa0/2             Altn BLK 19        128.2    P2p
Fa0/3             Root FWD 19        128.3    P2p
```

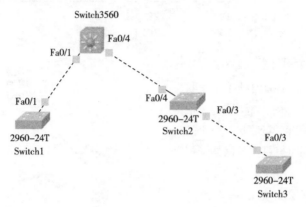

图5-3　树状网络结构（二）

5.5.4　指定交换机为根桥

查看修改优先权值命令的帮助信息，可知该命令可直接指定某交换机为根桥。因此，这是另一种直接改变网络中交换机为根设备的方法。

```
Switch3560(config)#spanning-tree vlan 1 ?
  priority  Set the bridge priority for the spanning tree
  root      Configure switch as root
  <cr>
```

下面指定Switch3560为根桥：

```
Switch3560#conf t
Switch3560(config)#spanning-tree vlan 1 root primary
! 指定本交换机为首要根桥
```

待算法收敛后，查看交换机Switch3560的STP状态，可看到其优先权值变为24 577，已成为新的根桥。不难发现，指定根桥的原理也是修改设备的优先权值。

```
Switch3560#show spanning-tree
VLAN0001
  Spanning tree enabled protocol ieee
  Root ID    Priority    24577
             Address     0030.F266.22DA
             This bridge is the root
             Hello Time  2 sec  Max Age 20 sec  Forward Delay 15 sec

  Bridge ID  Priority    24577  (priority 24576 sys-id-ext 1)
             Address     0030.F266.22DA
             Hello Time  2 sec  Max Age 20 sec  Forward Delay 15 sec
             Aging Time  20

Interface         Role Sts Cost      Prio.Nbr Type
----------------  ---- --- --------- -------- -------------------
Fa0/4             Desg FWD 19        128.4    P2p
Fa0/1             Desg FWD 19        128.1    P2p
```

交换机Switch3的STP状态显示其端口F0/2处于阻塞状态，同样可得到图5-3所示的新树状结构拓扑图。

```
Switch3#show spanning-tree
VLAN0001
  Spanning tree enabled protocol ieee
  Root ID    Priority    24577
             Address     0030.F266.22DA
             Cost        19
             Port        3(FastEthernet0/3)
             Hello Time  2 sec  Max Age 20 sec  Forward Delay 15 sec

  Bridge ID  Priority    32769   (priority 32768 sys-id-ext 1)
             Address     000A.F36C.E0E2
             Hello Time  2 sec  Max Age 20 sec  Forward Delay 15 sec
             Aging Time  20

Interface        Role Sts Cost      Prio.Nbr Type
---------------- ---- --- --------- -------- --------------------
Fa0/2            Altn BLK 19        128.2    P2p
Fa0/3            Root FWD 19        128.3    P2p
```

习　　题

1. 什么是广播风暴，其形成的原因是什么？
2. 广播是只有缺点没有优点吗？试举例说明。
3. 抑制广播风暴的方法有哪些？
4. 简述STP协议原理。
5. 简述根桥的选举过程。
6. STP端口的状态特征有哪些？
7. 请画出图5-4所示存在环路的网络结构运行STP后的树状结构图。

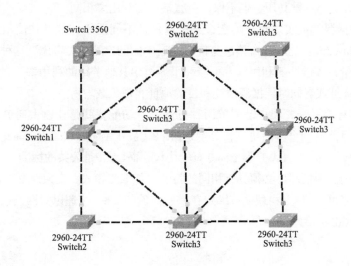

图5-4　网络拓扑结构图

第6章
以太通道

学习目标
- ●掌握什么是以太通道，它在什么情况下使用。
- ●掌握配置思科交换机以太通道的步骤及相关命令。

6.1 以太通道基础知识

在实际的计算机网络应用中，为了提高网络的性能，常常用两台核心交换机实现负载均衡。那么，这两台核心交换机之间的链路带宽就成为实现网络负载均衡的瓶颈。下面介绍如何提高它们之间的链路带宽。

在两台交换机之间可以使用两条以上的链路将它们级联，但在生成树协议（STP）的作用下，只有一条链路处于通信状态，其他链路都处于阻塞状态，这样只提供了链路的容错，而不能提高两台交换机之间通信的带宽。

EtherChannel（以太通道）是由Cisco公司开发的，应用于交换机之间的多链路捆绑技术。它的基本原理是：将两个设备间多条快速以太网或千兆位以太网物理链路捆绑组成一条逻辑链路，从而达到带宽倍增的目的。当一条或多条链路出现故障时，只要还有链路正常，流量将转移到其他链路上，整个过程在几毫秒内完成，从而起到冗余作用。在EtherChannel中，各条链路可以根据源IP地址、目的IP地址、源MAC地址和目的MAC地址等多种方式进行负载均衡。使用这种方式可以保证通道中的所有链路都被利用，但不保证所有端口的利用率相同。

例如，如果根据源地址实现负载均衡，则可以保证不同源MAC地址将使用通道中的不同端口，但来自一个源MAC地址的所有流量总是使用通道中的同一端口。考虑到这种情况，如果有一台设备生成很多流量，该链路的利用率就可能高于通道中其他链路的利用率。在这种情况下，就可以选择根据目的地址或者同时根据源地址和目的地址实现负载均衡。

配置以太通道有手动配置和自动配置两种方法。自动配置就是让以太通道协商协议自动协商建立以太通道，目前有两个协商协议，分别是PAgP（Port Aggregation Protocol）和LACP（Link Aggregation Control Protocol）。PAgP是Cisco专有的协议，而LACP是公共的标准。

构成以太通道的交换机端口必须具有相同的特性，如双工模式、交换速率、Trunk模式等。设置以太通道时，最多可以将8个物理端口绑定在一起。例如，8个快速以太网连接端口构建的以太通道将提供最高800 Mbit/s的带宽。

6.2　以太通道配置常用命令

配置以太通道的常用命令如下：

① 在全局配置模式下，创建以太通道组号：

`interface port-channel {通道组号}`

指定一个唯一的通道组号，二层交换机的组号范围是1~6，而三层交换机的组号范围是1~48。例如，命令Switch1(config)#interface port-channel 40，即在交换机Switch1上创建了一个号码为40的以太通道。

② 在端口配置模式下，设置以太通道：

`channel-group {通道组号} mode {auto | desirable | on}`

On表示使用以太通道，但不发送PAgP；Auto为默认值，表示交换机被动形成一个以太通道，不发送PAgP；Desirable表示交换机主动形成一个以太通道，并发送PAgP。若两台交换机都采用模式On，表示不进行协商，而建立以太通道。表6-1总结了两台交换机之间的协商规律。×表示两台交换机在当前模式下协商失败，而√表示协商成功。

表6-1　PAgP协商规律

分　类	On	Desirable	Auto
On	√	×	×
Desirable	×	√	√
Auto	×	√	×

③ 查看以太通道状态：

`show interfaces ethernetchannel`

④ 查看以太通道汇总信息：

`show ethernetchannel summary`

⑤ 配置交换机端口为中继状态：

`switch mode trunk`

⑥ 配置负载均衡：

`port-channel load-balance {负载均衡方式}`

负载均衡的方式有dst-ip、dst-mac、src-dst-ip和src-dst-mac等。例如，命令Switch1 (config)#port-channel load-balance dst-mac，即要求交换机Switch1采用目的MAC地址的负载平衡方式。

⑦ 查看以太通道的负载均衡模式：

`show ethernet load-balance`

6.3　以太通道配置学习情境

如图6-1所示，A公司有两台3650交换机，为了提高这两台交换机之间的通信带宽，拟建立一条以太通道。

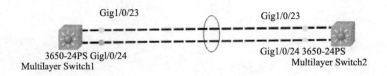

Gig1/0/23　　　　　　　　　　　Gig1/0/23

3650-24PS Gig1/0/24　　　　　　　　Gig1/0/24 3650-24PS
Multilayer Switch1　　　　　　　　　　Multilayer Switch2

图6-1　网络拓扑结构图

6.4　以太通道配置任务计划与设计

图6-1中的Cisco 3650交换机有2个插槽，其中一个插槽有24个千兆以太网端口Gi1/0/1～Gi1/0/24，另一个插槽有4个千兆以太网上行链端口Gi1/1/1～Gi1/1/4，而且上行链端口必须安装光纤模块GLC-LH-SMD，连接介质必须是光纤。为简单起见，这里分别用交换机的Gig1/0/23和Gig1/0/24两个千兆以太网口建立以太通道。其中，以太通道号为40。以太通道间采用基于目的MAC地址的负载均衡方式。

6.5　以太通道配置任务实施与验证

6.5.1　3650交换机上电

Cisco 3650交换机是模块化交换机，需要安装电源模块才能使用。单击Switch1，出现图6-2所示的界面。选择"Config"或"CLI"选项卡，都会出现图6-3所示的"设备需上电"错误信息提示对话框。这时，需要在图6-2中安装电源模块"AC-POWER-SUPPLY"。从左边模块列表中，拖延电源模块"AC-POWER-SUPPLY"到交换机电源插槽即可。

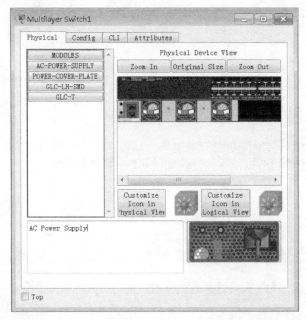

图6-2　Cisco 3650交换机物理配置界面

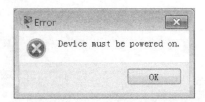

图6-3　错误提示信息对话框

6.5.2　查看交换机的STP信息

1.　Switch1

```
Switch1#show spanning-tree
VLAN0001
  Spanning tree enabled protocol ieee
  Root ID    Priority    32769
             Address     0003.E44E.CE25
             Cost        4
             Port        23(GigabitEthernet1/0/23)
             Hello Time  2 sec  Max Age 20 sec  Forward Delay 15 sec

  Bridge ID  Priority    32769  (priority 32768 sys-id-ext 1)
             Address     00D0.BCE2.B805
             Hello Time  2 sec  Max Age 20 sec  Forward Delay 15 sec
             Aging Time  20


Interface          Role Sts Cost      Prio.Nbr Type
---------------- ---- --- --------- -------- --------------------------------
Gi1/0/23           Root FWD 4         128.23   P2p
Gi1/0/24           Altn BLK 4         128.24   P2p
```

　　Switch1的生成树信息表明，它不是根桥，Gig1/0/23是根端口，而Gig1/0/24处于阻塞状态。正因为如此，虽然有两条物理链路，但实际通信时却只有一条千兆位链路起作用。下面通过建立以太通道，使这两条物理链路都起作用。

2.　Switch2

```
Switch2#show spanning-tree
VLAN0001
  Spanning tree enabled protocol ieee
  Root ID    Priority    32769
             Address     0003.E44E.CE25
             This bridge is the root
             Hello Time  2 sec  Max Age 20 sec  Forward Delay 15 sec

  Bridge ID  Priority    32769  (priority 32768 sys-id-ext 1)
             Address     0003.E44E.CE25
             Hello Time  2 sec  Max Age 20 sec  Forward Delay 15 sec
             Aging Time  20


Interface          Role Sts Cost      Prio.Nbr Type
---------------- ---- --- --------- -------- --------------------------------
Gi1/0/23           Desg FWD 4         128.23   P2p
Gi1/0/24           Desg FWD 4         128.24   P2p
```

　　Switch2的生成树信息表明，它是根桥，两个千兆端口都处于转发状态。

6.5.3　创建以太通道

　　在交换机Switch1上创建号码为40的以太通道。

```
Switch1#conf t
Switch1(config)#interface port-channel ?
  <1-48>  Port-channel interface number
```

```
Switch1(config)#interface port-channel 40
```

同样，在交换机Switch2上创建与Switch1一样号码的以太通道。

```
Switch2(config)#interface port-channel 40
```

可用特权模式下的命令show run分别查看交换机创建以太通道前后的差别。

6.5.4　配置以太通道

当创建了以太通道号后，就要把交换机中要建立以太通道的端口加入到该通道中。

加入Switch1的千兆端口：

```
Switch1(config-if)#int gi1/0/23
Switch1(config-if)#channel-group 40 mode on
! LINK-6-CHANGED: Interface Port-channel 40, changed state to up
Switch1(config-if)#int gi1/0/24
Switch1(config-if)#channel-group 40 mode on
```

加入Switch2的千兆端口：

```
Switch2(config-if)#int gi1/0/23
Switch2(config-if)#channel-group 40 mode on
Switch2(config-if)#int gi1/0/24
Switch2(config-if)#channel-group 40 mode on
```

观察图6-1所示的交换机信号灯的颜色变化，当以太通道建立成功后，Switch1的Gi1/0/24端口的信号灯从橙色变成了绿色。

6.5.5　配置链路负载均衡方式

配置Switch1的负载均衡方式。思科交换机默认为源MAC地址的负载均衡方式。

```
Switch1(config)#port-channel load-balance ?
! 查看有哪些负载均衡的方式
  dst-ip       Dst IP Addr
  dst-mac      Dst Mac Addr
  src-dst-ip   Src XOR Dst IP Addr
  src-dst-mac  Src XOR Dst Mac Addr
  src-ip       Src IP Addr
src-mac      Src Mac Addr
Switch1(config)#port-channel load-balance dst-mac
```

根据上述设计任务，这里修改以太通道的负载平衡方式为目的MAC地址。

配置Switch1的以太通道负载平衡方式：

```
Switch1(config)#port-channel load-balance dst-mac
```

配置Switch2的以太通道负载平衡方式：

```
Switch2(config)#port-channel load-balance dst-mac
```

6.5.6　配置以太通道的属性

创建的以太通道虽然是逻辑端口，但它同样可以像物理端口一样配置速率、双工模式和Trunk模式等。

```
Switch1(config)#int port-channel 40
Switch1(config-if)#switchport mode dynamic desirable
```

如上所述，任何时候两台交换机的以太通道属性的配置要相同：

```
Switch2(config)#int port-channel 40
```

```
Switch2(config-if)#switchport mode dynamic desirable
```

6.5.7 验证

在交换机Switch1上查看以太通道的汇总信息：

```
Switch1#show etherchannel summary
Flags:  D - down          P - in port-channel
        I - stand-alone s - suspended
        H - Hot-standby (LACP only)
        R - Layer3        S - Layer2
        U - in use        f - failed to allocate aggregator
        u - unsuitable for bundling
        w - waiting to be aggregated
        d - default port


Number of channel-groups in use: 1
Number of aggregators:           1

Group  Port-channel  Protocol    Ports
------+-------------+-----------+-----------------------------------------
40     Po40(SU)        -         Gig1/0/23(P) Gig1/0/24(P)
```

在上述建立以太通道时选择的是on方式，所以这里的协商协议为空。以太通道40状态为SU，表示二层协议处于在用状态。

再次查看Switch1上的生成树信息，会发现原来的两个物理端口信息被隐藏了，但新增加了一个刚创建的以太通道逻辑端口，这个以太通道成为根端口。

```
Switch1#show spa
VLAN0001
  Spanning tree enabled protocol ieee
  Root ID    Priority    32769
             Address     0003.E44E.CE25
             Cost        3
             Port        29(Port-channel40)
             Hello Time  2 sec  Max Age 20 sec  Forward Delay 15 sec

  Bridge ID  Priority    32769  (priority 32768 sys-id-ext 1)
             Address     00D0.BCE2.B805
             Hello Time  2 sec  Max Age 20 sec  Forward Delay 15 sec
             Aging Time  20

Interface        Role Sts Cost      Prio.Nbr Type
---------------- ---- --- --------- -------- ------------------------------
Po40             Root FWD 3         128.29   Shr
```

习 题

1. 什么是以太通道？

2. 对照表6-1，在Packet Tracer上用图6-1所示的网络结构验证以太通道协商规律。

3. 试在Cisco 3650和Cisco 3560交换机之间建立以太通道。

4. 试在Cisco 3650的上行链接口之间建立以太通道。

第 7 章

三层交换机

学习目标

- 理解掌握三层交换机的功能。
- 熟练掌握Cisco三层交换机的2/3层端口转换的命令。
- 熟练掌握Cisco三层交换机的配置命令与步骤，使不同网段的设备能互通。

7.1 三层交换机基础知识

三层交换机是指具备三层路由功能的交换机，其接口可以实现基于三层寻址的分组转发，每个三层接口都定义了一个单独的广播域。在为接口配置好IP协议（设置IP地址）后，该接口就成为连接该接口的同一个广播域内其他设备和主机的网关。

第三层交换机的主要用途是代替传统路由器作为网络的核心，因此，凡是没有广域网连接需求，同时又需要路由器时，都可以用第三层交换机来代替。在企业网和校园网中，一般会将第三层交换机用在网络的核心层，用第三层交换机上的千兆或百兆端口连接不同的子网，解决传统路由器速度低、复杂所造成的网络瓶颈问题。

二层与三层交换机交换原理的区别是，二层交换机使用的是MAC地址交换表，而三层交换机使用的是基于IP地址的交换表。这个IP地址交换表在源地址和目的地址之间建立了一条更为直接的第二层通路，没有必要再经过第三层转发数据包，极大地提高了数据包的数据转发速率。

为了执行三层交换，交换机必须具备三层交换处理器，并运行三层IOS操作系统。交换机的三层交换处理器可以是一个独立的模块或卡，也可以直接集成到交换机的硬件中。例如，Cisco Catalyst 3560、Cisco Catalyst 2948G–L交换机，其路由功能就是直接集成在交换机的硬件中。对于高档交换机一般采用模块或卡，如RSM（Route Switch Module，路由交换模块）、MSFC（Multilayer Switch Feature Card，多层交换特性卡）、三层服务模块等。

Packet Tracer提供了2款固定配置三层交换机，分别是Catalyst 3560和Catalyst 3650。其中Catalyst 3560有24个快速以太网端口和2个千兆以太网端口，本书以Cisco Catalyst 3560–24PS的配置为例进行介绍，它的主要技术参数如下：

① 32 Gbit/s转发带宽。

② 基于64字节分组的转发速率：6.6 Mpps。

③ 128 MB DRAM。

④ 16 MB闪存。

⑤ 最多可以配置12 000个MAC地址。

⑥ 最多可以配置11 000个单播路由。

⑦ 最多可以配置1 000个IGMP群组和组播路由。

⑧ 可配置的最大传输单元（MTU）为9 000字节，用于千兆以太网端口上桥接的最大以太网帧为9 018字节（大型帧），而用于10/100端口上多协议标签交换（MPLS）的最大以太网帧为1 546字节。

7.2　三层交换机配置常用命令

配置三层交换机的常用命令如下：

① 选择物理端口：

`interface {type mod/port}`

例如，命令Switch3560(config)#int f0/22，即选择交换机Fa0/22号端口。

② 设置交换机当前端口为二层端口：

`switchport`

③ 设置交换机当前端口为三层端口：

`no switchport`

对于4000和6000系列的交换机，其端口默认运行在三层的路由模式；而对于3550，则默认运行在二层的交换端口模式。

④ 为三层接口配置IP地址：

`ip address {地址} {子网掩码}`

例如，命令Switch3560(config-if)#ip add 202.96.134.254 255.255.255.0，即为三层接口配置IP地址及子网掩码。

7.3　三层交换机配置学习情境

深圳信息技术有限公司规模不大，所组建的局域网没有划分VLAN，而是直接把网络分成3个部分，分别是服务器部分和两个工作组，每部分使用一个IP网段的地址。局域网通过三层交换机Switch3560实现互通，工作组中的计算机可以用域名方式访问公司内部的Web服务器，并且公司内的员工可以互发电子邮件。图7-1所示是该公司的网络拓扑结构图。

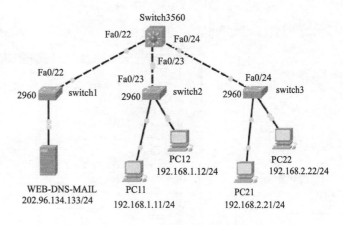

图7-1　深圳信息技术有限公司的网络拓扑结构图

7.4 三层交换机配置任务计划与设计

表7–1所示为深圳信息技术有限公司局域网的详细设计参数。

公司Web服务器的域名为www.sziit.com.cn。POP3服务器的域名为pop3.sziit.com.cn，SMTP服务器的域名为smtp.sziit.com.cn，公司邮件的域名为sziit.com.cn。

工作组1中有用户孙悟空，其邮箱为sunwk@sziit.com.cn，用户名为sunwk，密码为abc@123；工作组2中有用户猪八戒，其邮箱为zhubj@sziit.com.cn。用户名为zhubj，密码为efg@456。

Switch3560的端口Fa0/22、Fa0/23和Fa0/24启用三层端口功能。

表7–1 计算机的网络参数设计表

计 算 机 名	IP地址	网 关
Web–DNS–MAIL服务器	202.96.134.133/24	202.96.134.254/24
PC11	192.168.1.11/24	192.168.1.254/24
PC12	192.168.1.12/24	192.168.1.254/24
PC21	192.168.2.21/24	192.168.2.254/24
PC22	192.168.2.22/24	192.168.2.254/24

7.5 三层交换机配置任务实施与验证

7.5.1 相关准备工作

1. 配置计算机IP地址

图7–2所示是配置计算机PC11的IP地址示例。为了满足不同IP网段的设备通信的需要，配置IP地址时，必须要配置网关。配置了DNS，就可以用域名访问Web服务器。按照同样的方法，分别配置好图7–1所示网络中的其他计算机和服务器的IP地址。

图7–2 配置PC11的IP地址

2. 配置Web服务

单击图7–1中的服务器，出现图7–3所示的界面，单击"Services"选项卡左边工具栏的

"HTTP"按钮，修改图中所选中部分的内容，包括Web页面标题的内容和字体的大小与颜色。最后，保存所修改的内容。

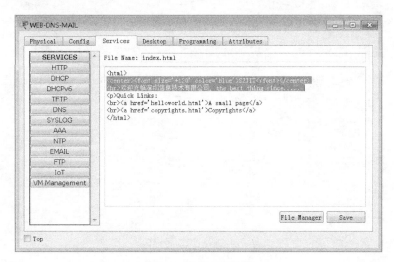

图7-3　配置Web服务

3. 配置DNS服务

单击图7-3中左边工具栏的"DNS"按钮，然后在图7-4中输入域名及对应的IP地址，单击"Add"按钮，完成添加DNS主机记录。注意，出于成本考虑，该公司只配置了一台服务器来完成公司所需要的三种网络服务，因此，所有主机记录的IP地址都一样。实际工作中有可能三台服务器是独立配置，相应的IP地址也会完全不一样。

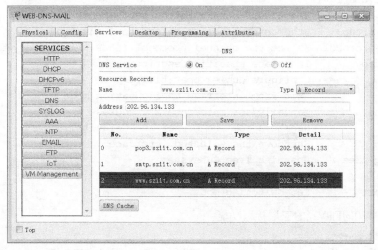

图7-4　配置DNS服务

4. 配置EMAIL服务

单击图7-4中左边工具栏的"EMAIL"按钮，然后在图7-5中的"Domain Name"文本框中输入公司邮件的域名sziit.com.cn，再单击右边的"Set"按钮。然后在邮件服务器中分别为2个工作组的用户建立邮箱账户，即用户名和密码。单击"+"按钮完成用户账户信息的添加操作。注意，此时不显示所添加用户的密码信息。按照上述方法可添加多个用户。图7-5只添加了公司的2个用户"孙悟空"和"猪八戒"的账户信息。选定某个用户的账户记录后，单击图7-5中的"-"按钮，可以删除某个用户的账户信息，单击"Chang Password"按钮可以修改该用户的密码。

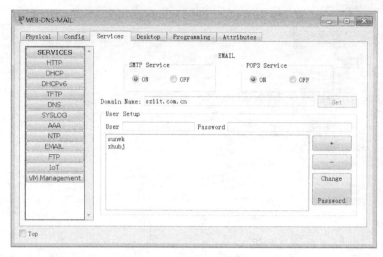

图7-5　配置EMAIL服务

7.5.2　查看Switch3560端口

默认情况下，Switch3560所有的端口为二层端口。输入命令查看二层端口的端口模式下的子命令，可知二层端口的端口模式下没有配置三层地址相关的子命令：

```
Switch3560>ena
Switch3560#conf t
Switch3560(config)#int f0/22
Switch3560(config-if)#?
  cdp                Global CDP configuration subcommands
  channel-group      Etherchannel/port bundling configuration
  channel-protocol   Select the channel protocol (LACP, PAgP)
  description        Interface specific description
  duplex             Configure duplex operation.
  exit               Exit from interface configuration mode
  mac-address        Manually set interface MAC address
  no                 Negate a command or set its defaults
  shutdown           Shutdown the selected interface
  spanning-tree      Spanning Tree Subsystem
  speed              Configure speed operation.
  switchport         Set switching mode
```

启用Switch3560的Fa0/22的三层接口功能：

```
Switch3560#conf t
Enter configuration commands, one per line.  End with CNTL/Z.
Switch3560(config)#int f0/22
Switch3560(config-if)#no switchport
! 启用三层功能
%LINEPROTO-5-UPDOWN: Line protocol on Interface FastEthernet0/22, changed state to down
%LINEPROTO-5-UPDOWN: Line protocol on Interface FastEthernet0/22, changed state to up
```

再查看端口模式下的子命令，可知三层接口的端口模式下具有配置三层地址相关的子命令：

```
Switch3560(config-if)#?
  arp                Set arp type (arpa, probe, snap) or timeout
```

```
bandwidth          Set bandwidth informational parameter
cdp                CDP interface subcommands
channel-group      Etherchannel/port bundling configuration
channel-protocol   Select the channel protocol (LACP, PAgP)
delay              Specify interface throughput delay
description        Interface specific description
duplex             Configure duplex operation.
exit               Exit from interface configuration mode
ip                 Interface Internet Protocol config commands
ipv6               IPv6 interface subcommands
mac-address        Manually set interface MAC address
no                 Negate a command or set its defaults
shutdown           Shutdown the selected interface
speed              Configure speed operation.
switchport         Set switching mode characteristics
```

7.5.3　配置Switch3560三层接口

上面已经把Switch3560的端口Fa0/22启用三层功能，可以用IP子命令为该三层端口配置IP地址。按照同样的方式，分别把Switch3560的端口Fa0/23 和Fa0/24启用三层功能，并按照表7-1中的参数配置IP地址。

```
Switch3560(config-if)#ip add 202.96.134.254 255.255.255.0
Switch3560(config-if)#no shut
Switch3560(config-if)#int range f0/23 - f0/24
Switch3560(config-if-range)#no switchport
! 一次性启动连续端口的三层功能
Switch3560(config-if-range)#int f0/23
Switch3560(config-if)#ip add 192.168.1.254 255.255.255.0
Switch3560(config-if)#no shut
Switch3560(config-if)#int f0/24
Switch3560(config-if)#ip add 192.168.2.254 255.255.255.0
Switch3560(config-if)#no shut
Switch3560(config)#ip routing
!启动三层交换机路由功能
```

7.5.4　查看路由表

当交换机的三层接口开始工作并配置了IP地址时，三层交换机会接收到直连的IP网络信息，生成相应的路由表项，并用大写的字母C表示直连路由。这是实现不同网段设备通信的关键所在。

```
Switch3560#show ip route
Codes: C - connected, S - static, I - IGRP, R - RIP, M - mobile, B - BGP
       D - EIGRP, EX - EIGRP external, O - OSPF, IA - OSPF inter area
       N1 - OSPF NSSA external type 1, N2 - OSPF NSSA external type 2
       E1 - OSPF external type 1, E2 - OSPF external type 2, E - EGP
       i - IS-IS, L1 - IS-IS level-1, L2 - IS-IS level-2, ia - IS-IS inter area
       * - candidate default, U - per-user static route, o - ODR
       P - periodic downloaded static route
Gateway of last resort is not set
C    192.168.1.0/24 is directly connected, FastEthernet0/23
C    192.168.2.0/24 is directly connected, FastEthernet0/24
C    202.96.134.0/24 is directly connected, FastEthernet0/22
```

7.5.5 验证

图7-6表明计算机PC11可以和局域网其他两个网段的设备通信，说明Switch3560的三层交换路由功能工作正常。图7-7表明计算机PC11可以用域名访问Web服务，说明局域网当前运行正常。如果能得到图7-6的结果，但不能用域名访问Web服务，则需要检查DNS服务器的主机记录和PC11的网卡的DNS设置是否正确。

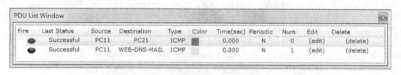

图7-6　测试网络连通性（一）

图7-7　测试网络连通性（二）

单击PC12的"Desktop"选项卡下的"E-mail"图标，出现图7-8所示的界面，用于配置客户端接收邮件的功能。按照提示，分别输入邮箱信息、邮件接收与发送服务器域名以及邮箱登录信息，经确认无误后，单击"Save"按钮。出现图7-9所示的界面，此时单击"Compose"按钮，可以写新邮件。单击"Reply"按钮，可以回复邮件；单击"Receive"按钮，可以接收邮件；单击"Delete"按钮，可以删除邮件；单击"Configure Mail"按钮，可以重新配置邮箱信息。

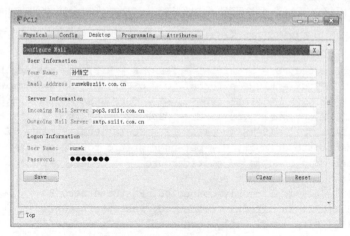

图7-8　配置孙悟空邮箱的相关信息

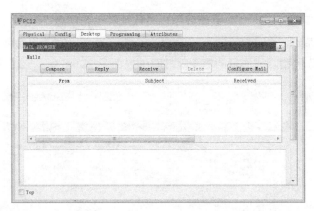

图7-9　电子邮件的收发功能

图7-10是单击"Compose"按钮后弹出的界面，此时用户孙悟空可以给同事猪八戒写邮件。
写好邮件，单击"Send"按钮，发送邮件。图7-11最后一行表明，孙悟空写的邮件发送成功。

图7-10　孙悟空给猪八戒写邮件

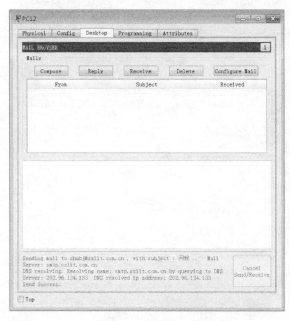

图7-11　成功发送邮件

按照同样的操作步骤，可在PC21上配置用户猪八戒的邮箱信息，图7-12是猪八戒收到孙悟空所发的电子邮件时的界面，此时单击图7-12中的"Reply"按钮，猪八戒给孙悟空回复电子邮件。图7-13是孙悟空成功收到猪八戒回复的电子邮件时的界面。

图7-12　猪八戒成功接收孙悟空的电子邮件

图7-13　孙悟空收到猪八戒回复的电子邮件

习 题

1. 什么是三层交换机？它与二层交换机有何区别？

2. 熟悉Cisco 3560交换机常用的三层交换功能配置命令。

3. 把图7-1中的Web、DNS和E-mail服务器分开架设，然后再实现主机上通过域名访问Web页面以及员工互发电子邮件的功能。

4. 用Cisco 3650交换机替换图7-1中的Cisco 3560交换机，再完成本章学习任务。

第**8**章

三层交换机实现VLAN间通信

学习目标
- 巩固掌握交换机划分VLAN的相关技能。
- 理解掌握三层交换机实现VLAN间通信的原理。
- 熟练掌握三层交换机实现VLAN间通信的操作步骤。

8.1 VLAN间通信的基础知识

实际局域网划分VLAN后，每个VLAN是一个单独的广播域，所以在默认情况下，不同VLAN中的计算机之间无法通信。允许此类计算机之间通信的一种方法是VLAN间路由，它是使用三层设备（如三层交换机或路由器）从一个VLAN向另一个VLAN转发网络流量的过程。

在企业网和校园网中，三层交换机解决了局域网VLAN必须依赖路由器进行管理的局面。利用三层交换机在局域网中划分VLAN可以满足用户端多种灵活的逻辑组合，对不同VLAN之间可以根据需要设定不同的访问权限，以此增加网络的整体安全性，极大地提高网络管理员的工作效率，而且三层交换机可以合理配置信息资源，降低网络配置成本，使交换机之间的连接变得灵活。

每个VLAN与网络中唯一的IP子网相关联，VLAN中的每个设备配置一个相同网段的IP地址，不同的VLAN使用不同网段的IP地址。这种子网VLAN关联简化了多VLAN环境中的路由处理。三层交换机属于三层设备，因此它是实现VLAN间设备通信的良好选择。

为了使第三层交换机执行路由功能，交换机上的VLAN接口需配置合适的IP地址，该IP地址就是该VLAN中主机的网关地址。

与第7章内容相比，似乎交换机采用VLAN方式是多余的。其实两者有本质的区别，主要表现在：

① 采用VLAN方式，三层交换机的物理端口不用启用三层功能，每个二层端口可以传输不同网段的数据包，它是用VLAN号区分不同网段的数据包。这更符合实际工作需要，也是VLAN优势之所在。

② 在三层交换机的二层端口上启用三层功能，则该端口只能用于传输该三层接口所配置的IP网段的数据包。

8.2 三层交换机实现VLAN间通信的配置常用命令

在特权模式和全局模式下创建VLAN命令的区别是：特权模式下，需要先运行vlan database命令，然后用一条命令完成一个VLAN的创建工作；而在全局模式下，直接开始VLAN的创建工作，但要分两次完成。

（1）创建VLAN

`vlan {vlan-id}`

例如，Switch(config)#vlan 10。

（2）设置VLAN名

`name {vlan-name}`

例如，Switch(config–vlan)#name soft_sziit。

8.3　三层交换机实现VLAN间通信的配置学习情境

图8-1与第4章的图4-2相似，同样是校园网，但多了一个服务器组的VLAN，并且网络拓扑结构采用常见的三层结构，即核心交换Switch3560、汇聚层交换机Switch1和接入层交换机Switch2、Switch3、Switch4。在服务器组的VLAN中，有两台服务器分别提供DNS、Web和FTP网络服务功能。它们直接连接到三层交换机Switch3560上。计算机组所划分的3个VLAN与图4-2完全一样。该校园网需要实现所有的计算机能用域名访问Web和FTP服务器，并且不同VLAN之间的计算机能相互通信。

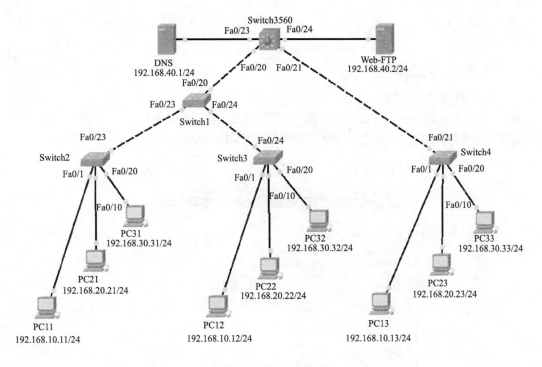

图8-1　校园网拓扑图

8.4　三层交换机实现VLAN间通信的配置任务计划与设计

设计校园网的VLAN仍由VTP域sziit进行管理。Switch 3560工作在VTP服务器模式，汇聚层交换机Switch1及其余3台接入层交换机Switch2、Switch3和Switch4工作在VTP客户模式。

表8-1给出了每台计算机的详细设计参数，其中Web服务器的域名为www.sziit.edu.cn，FTP服务器的域名为ftp.sziit.edu.cn。需要指出的是，这里是按照校园网中VLAN的实际IP地址设计应用原则，每个VLAN单独使用一个网络地址。

设计一个ftp验证账户sziit，密码为P@ssword。该账户只有文件列表权限。

表8-1　计算机的网络参数设计表

计 算 机 名	IP地址	VLAN号	VLAN名	网　关
PC11	192.168.10.11/24	10	dca_sziit	192.168.10.254/24
PC12	192.168.10.12/24	10	dca_sziit	192.168.10.254/24
PC13	192.168.10.13/24	10	dca_sziit	192.168.10.254/24
PC21	192.168.20.21/24	20	soft_sziit	192.168.20.254/24
PC22	192.168.20.22/24	20	soft_sziit	192.168.20.254/24
PC23	192.168.20.23/24	20	soft_sziit	192.168.20.254/24
PC31	192.168.30.31/24	30	comm_sziit	192.168.30.254/24
PC32	192.168.30.32/24	30	comm_sziit	192.168.30.254/24
PC33	192.168.30.33/24	30	comm_sziit	192.168.30.254/24
DNS	192.168.40.1/24	40	servers	192.168.40.254/24
Web–FTP	192.168.40.2/24	40	servers	192.168.40.254/24

8.5　三层交换机实现VLAN间通信的配置任务实施与验证

8.5.1　相关准备工作

1. 配置计算机IP地址

图8-2是配置计算机PC11的IP地址示例，按照同样的方法，分别配置好图8-1所示网络中的其他计算机及服务器的IP地址。注意，勿要遗漏配置网关和DNS参数。

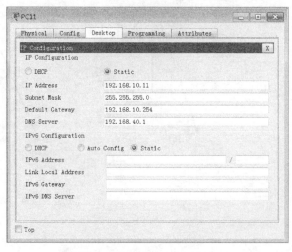

图8-2　配置PC11的IP地址

2. 配置Web服务

参照第7章的图7-3配置好Web服务器。

3. 配置DNS服务

在DNS服务器中添加所需要的主机记录,如图8-3所示。

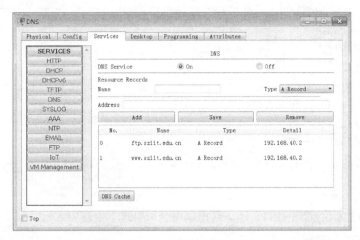

图8-3 配置DNS服务

4. 配置FTP服务

单击Web-FTP服务器,在弹出的界面中单击"Services"选项卡中的"FTP"按钮,出现图8-4所示的界面。系统给FTP服务提供了一个默认的用户cisco,它具有写、读、删除、改名和列表的全部权限,这里增加了一个用户名为sziit的用户,只给列表权限。File表单显示了当前FTP服务器中的16个Cisco交换机和路由器的操作系统文件名,用户可以下载并装载到相应的网络设备中。

图8-4 配置FTP服务

8.5.2 配置VTP域

1. 配置核心交换机Switch3560

这里使用Cisco推荐的方式,在全局配置模式下配置VTP域名。

```
Switch3560#conf t
```

```
Switch3560(config)#vtp domain sziit
Changing VTP domain name from NULL to sziit
```

2. 配置汇聚层交换机Switch1

```
Switch1#conf t
Switch1(config)#vtp domain sziit
Switch1(config)#vtp mode client
```

3. 配置接入层交换机

```
Switch2#conf t
Switch2(config)#vtp domain sziit
Switch2(config)#vtp mode client
```

按照上述同样的命令分别设置Switch3和Switch4的VTP相关参数。

8.5.3 创建VLAN

在Switch3560上创建校园网的VLAN。这里采用全局模式下创建VLAN。

```
Switch3560(config)#vlan 10
Switch3560(config-vlan)#name dca_sziit
Switch3560(config-vlan)#vlan 20
Switch3560(config-vlan)#name soft_sziit
Switch3560(config-vlan)#vlan 30
Switch3560(config-vlan)#name comm_sziit
Switch3560(config-vlan)#vlan 40
Switch3560(config-vlan)#name servers
Switch3560(config-vlan)#exit
```

8.5.4 建立交换机之间的中继链路

1. 建立核心交换机与汇聚层交换机之间的中继链路

参照4.5.5节，可以分别在核心交换机或汇聚层交换机上建立它们之间的中继链路。这里在核心交换机Switch3560上建立中继链路。

```
Switch3560#conf t
Enter configuration commands, one per line.  End with CNTL/Z.
Switch3560(config)#interface f0/20
Switch3560(config-if)#switchport mode dynamic desirable
```

这时，在汇聚层交换机上用命令show vlan查看是否获得了VTP域sziit中的VLAN信息，正常情况下，Switch1获得了VLAN信息。

2. 建立核心交换机与接入层交换机之间的中继链路

这里在接入层交换机Switch4上建立中继链路。

```
Switch4#conf t
Switch4(config)#interface fa0/21
Switch4(config-if)#switchport mode trunk
```

这时，在交换机Switch4上用命令show vlan查看，正常情况下，Switch4获得了VTP域sziit中的VLAN信息。

3. 建立汇聚层交换机与接入层交换机之间的中继链路

这里在汇聚层交换机Switch1上建立中继链路。

```
Switch1#conf t
```

```
Switch1(config)#interface range f0/23 - 24
Switch1(config-if-range)#switchport mode trunk
```

在特权模式下，用show vlan命令分别查看接入层交换机Switch2和Switch3，检查是否得到Switch3560上所创建的VLAN信息。 如果有交换机没有得到Switch 3560上所创建的VLAN信息，就说明该交换机与Switch 3560之间的中继链路没有建立起来，需要按照4.5.5节的正确操作步骤，建立所需要的中继链路。

```
Switch2#show vlan
VLAN Name                      Status    Ports
---- ------------------------- --------- -------------------------------
1    default                   active    Fa0/1, Fa0/2, Fa0/3, Fa0/4
                                         Fa0/5, Fa0/6, Fa0/7, Fa0/8
                                         Fa0/9, Fa0/10, Fa0/11, Fa0/12
                                         Fa0/13, Fa0/14, Fa0/15, Fa0/16
                                         Fa0/17, Fa0/18, Fa0/19, Fa0/20
                                         Fa0/22, Fa0/23, Fa0/24, Gig1/1
                                         Gig1/2
10   dca_sziit                 active
20   soft_sziit                active
30   comm_sziit                active
40   servers                   active
1002 fddi-default              active
1003 token-ring-default        active
1004 fddinet-default           active
1005 trnet-default             active
```

8.5.5　划分VLAN

1. 在Switch3560上划分VLAN

Switch3560上只有VLAN40，其他没用到的VLAN则不必划分。

```
Switch3560(config-if)#int range f0/23 - f0/24
Switch3560(config-if-range)#switch mode access
Switch3560(config-if-range)#switch access vlan 40
```

2. 在Switch2、Switch3和Switch4上划分VLAN

这些交换机上有了VTP域sziit所管理的VLAN信息后，就可以根据设计需要，把交换机的端口划分到相应的VLAN中。下面以Switch1为例划分VLAN。

```
Switch2(config)#interface f0/1
Switch2(config-if)#switchport mode access
Switch2(config-if)#switchport access vlan 10
Switch2(config)#interface f0/10
Switch2(config-if)#switchport mode access
Switch2(config-if)#switchport access vlan 20
Switch2(config)#interface f0/20
Switch2(config-if)#switchport mode access
Switch2(config-if)#switchport access vlan 30
```

根据图8-1所示的网络结构，Switch2、Switch3和Switch4所接计算机的接口相同，这些接口所划分的VLAN也相同，因此只需要在Switch3和Switch4上输入上述同样的命令，即可完成交换机Switch3和Switch4划分VLAN的任务。这里不再赘述。

3. 查看Switch3560的VLAN信息

```
Switch3560#show vlan
VLAN Name                             Status    Ports
---- -------------------------------- --------- -------------------------------
1    default                          active    Fa0/1, Fa0/2, Fa0/3, Fa0/4
                                                Fa0/5, Fa0/6, Fa0/7, Fa0/8
                                                Fa0/9, Fa0/10, Fa0/11, Fa0/12
                                                Fa0/13, Fa0/14, Fa0/15, Fa0/16
                                                Fa0/17, Fa0/18, Fa0/19, Fa0/20
                                                Fa0/22, Gig0/1, Gig0/2
10   dca_sziit                        active
20   soft_sziit                       active
30   comm_sziit                       active
40   servers                          active    Fa0/23, Fa0/24
1002 fddi-default                     active
1003 token-ring-default               active
1004 fddinet-default                  active
1005 trnet-default                    active
```

4. 查看Switch2的VLAN信息

```
Switch2#show vlan
VLAN Name                             Status    Ports
---- -------------------------------- --------- -------------------------------
1    default                          active    Fa0/2, Fa0/3, Fa0/4, Fa0/5
                                                Fa0/6, Fa0/7, Fa0/8, Fa0/9
                                                Fa0/11, Fa0/12, Fa0/13, Fa0/14
                                                Fa0/15, Fa0/16, Fa0/17, Fa0/18
                                                Fa0/19, Fa0/22, Fa0/23, Fa0/24
                                                Gig1/1, Gig1/2
10   dca_sziit                        active    Fa0/1
20   soft_sziit                       active    Fa0/10
30   comm_sziit                       active    Fa0/20
40   servers                          active
1002 fddi-default                     active
1003 token-ring-default               active
1004 fddinet-default                  active
1005 trnet-default                    active
```

8.5.6 配置各个VLAN的网关

Switch3560上配置各个VLAN的网关，这样三层交换机就会产生VLAN间通信所需要的路由表项。

```
Switch3560>ena
Switch3560#conf t
Switch3560(config)#interface vlan 10
Switch3560(config-if)#ip address 192.168.10.254 255.255.255.0
Switch3560(config-if)#interface vlan 20
Switch3560(config-if)#ip address 192.168.20.254 255.255.255.0
Switch3560(config-if)#interface vlan 30
Switch3560(config-if)#ip address 192.168.30.254 255.255.255.0
Switch3560(config-if)#interface vlan 40
```

```
Switch3560(config-if)#ip address 192.168.40.254 255.255.255.0
Switch3560(config-if)#exit
Switch3560(config)#ip routing
```

查看路由表信息，同时也检查VLAN网关是否配置正确。

```
Switch3560#show ip route
Codes: C - connected, S - static, I - IGRP, R - RIP, M - mobile, B - BGP
       D - EIGRP, EX - EIGRP external, O - OSPF, IA - OSPF inter area
       N1 - OSPF NSSA external type 1, N2 - OSPF NSSA external type 2
       E1 - OSPF external type 1, E2 - OSPF external type 2, E - EGP
       i - IS-IS, L1 - IS-IS level-1, L2 - IS-IS level-2, ia - IS-IS inter area
       * - candidate default, U - per-user static route, o - ODR
       P - periodic downloaded static route

Gateway of last resort is not set

C    192.168.10.0/24 is directly connected, Vlan10
C    192.168.20.0/24 is directly connected, Vlan20
C    192.168.30.0/24 is directly connected, Vlan30
C    192.168.40.0/24 is directly connected, Vlan40
```

如果上面缺少一条路由表项，那么到所缺少条目的目的地址的通信都不能成功。这时，就要认真检查某个VLAN是否配置了正确的网关。

注意：由于3台二层交换机上也有与Switch 3560交换机中一样的VLAN信息，学生常常在配置网关时，在二层交换机上进行配置，这将会导致无法实现VLAN间的正常通信。解决的办法就是用no命令及时删除二层交换机上误配置的网关。

8.5.7 验证

在PC11上分别ping 其他两个VLAN中的计算机PC22和PC33，可得知都能进行正常通信，如图8-5所示。与4.5.7节比较，说明Switch3560的三层交换功能发挥了正常作用。

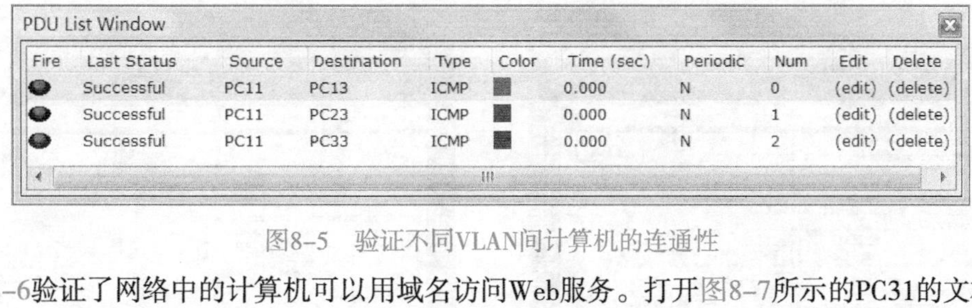

PDU List Window

Fire	Last Status	Source	Destination	Type	Color	Time (sec)	Periodic	Num	Edit	Delete
	Successful	PC11	PC13	ICMP		0.000	N	0	(edit)	(delete)
	Successful	PC11	PC23	ICMP		0.000	N	1	(edit)	(delete)
	Successful	PC11	PC33	ICMP		0.000	N	2	(edit)	(delete)

图8-5 验证不同VLAN间计算机的连通性

图8-6验证了网络中的计算机可以用域名访问Web服务。打开图8-7所示的PC31的文本编辑器Text Editor，创建一个文本文件sziit.txt。单击“File”→“Save”命令，弹出图8-8所示的对话框，输入要保存的文件名，单击“OK”按钮，完成创建文本文件sziit.txt的操作。在图8-9的命令窗口中输入FTP命令ftp ftp.sziit.edu.cn，再用账户cisco登录到FTP服务器。

在图8-9中继续输入命令put sziit.txt，把文件sziit.txt上传到FTP服务器。图8-10表明文件上传成功。图8-11显示FTP服务器中增加了刚才上传的文本文件sziit.txt，这个文件可用图8-11右下角的“Remove”按钮删除，但不能查看。在图8-10中用命令quit断开与FTP服务器的连线状态，再用账户sziit登录FTP服务器。图8-12表明用户sziit只有用命令dir列表显示FTP服务器中文件的权限，不能从FTP服务器上下载文件。

图8-6　访问域名

图8-7　创建文本文件sziit.txt

图8-8　保存文本文件

图8-9　用cisco账户登录FTP服务器

图8-10　成功上传文件sziit.txt

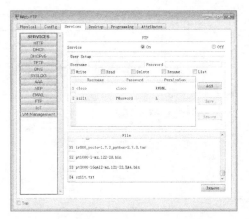
图8-11　上传到FTP服务器中的文本文件

图8-12　验证用户sziit的权限

习　题

1. Cisco 2950交换机既可以像Switch 3560那样划分VLAN，也可以在不同的VLAN接口上配置IP地址，试问Cisco 2950能否可以代替Switch 3560来实现VLAN间的通信？为什么？

2. 熟悉交换机常用的VLAN配置命令。

3. 总结用三层交换机实现VLAN间通信与三层交换机启用三层端口实现处于不同IP网段的设备通信的区别。

4. 能否在图8-1中Switch3560的3个级联口上，分别启用三层端口，并配置对应的IP地址（即每个VLAN的网关地址）来实现VLAN间通信？为什么？

5. 试把图8-1中Switch1的VTP模式设置为透明模式，看能否再完成不同VLAN间的主机通信任务。

第9章

网络设备连接

学习目标

- 了解路由器的用途。
- 掌握路由器的基本组成。
- 掌握Cisco路由器常用的外部接口。
- 掌握路由器的分类方法。
- 掌握路由器接口的标识方法。
- 掌握识别网络设备及其控制线的方法。
- 掌握用Packet Tracer模拟软件搭建实验环境的方法。

9.1　路由器概述

路由器作为不同网络之间互相连接的设备，通常用来连接局域网与广域网。其基本功能是把数据报（Packets、IP报文）正确、高效地传送到目标网络，主要包括：

① IP数据报的转发，包括数据报传送的路径选择和传送数据报。

② 与其他路由器交换路由信息，维护路由表。

③ 子网隔离，抑制广播风暴。

④ IP数据报的差错处理及简单的拥塞控制。

⑤ 实现对IP数据报的过滤和记账等。

路由器的Ethernet接口与以太网交换机的端口通过直通网线连接。如图9-1所示，广域网接口则通常通过CSU/DSU设备与广域网用户线相连。CSU/DSU［Channel Service Unit/Data（Digital）Service Unit，通道服务单元/数据（数字）服务单元］是一个形如外置式调制解调器大小的硬件设备。

CSU接收和传送来往于WAN线路的信号，并提供对其两边线路干扰的屏蔽作用，也可以响应电话公司用于检测目的的回响信号。DSU进行线路控制，在输入和输出间转换以下几种形式的帧：RS-232C、RS-449或局域网的V.35 帧和T-1线路上的TDM DSX 帧。另外，DSU管理分时错误和信号再生，并且DSU像数据终端设备和CSU一样提供类似于调制解调器与计算机的接口功能。

路由器是一台专用的计算机，由CPU、各种存储器和接口电路组成。系统软件通常置于内存中，不用硬盘。不同公司、不同系列的路由器的CPU、存储器，特别是各种接口种类和数量都不同。

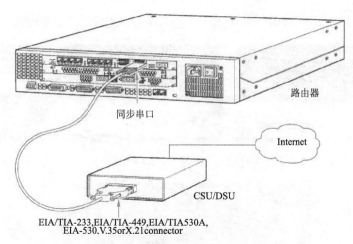

同步串口

路由器

Internet

CSU/DSU

EIA/TIA-233,EIA/TIA-449,EIA/TIA530A,
EIA-530.V.35orX.21connector

图9-1 路由器的广域网连接方式

路由器的内部组成部分如下：

① CPU。路由器的中央处理器。

② RAM/DRAM。路由器的主存储器，用于存储路由表、保持ARP缓存、完成数据包缓存。当路由器开机后，为配置文件提供暂时的内存；当路由器关机或重启后，内容全部丢失。

③ NVRAM（非易失性RAM）。用于存储启动配置文件等。

④ Flash ROM（快闪存储器）。用于存储系统软件映像等，是可擦除/可编程的ROM，允许对软件进行升级而不需要替换处理器的芯片，可存放多个Cisco IOS软件版本。

⑤ ROM。存储开机诊断程序、引导程序和操作系统软件的备份。

⑥ 路由器的各种接口的内部电路。

一般路由器启动时，首先运行ROM中的程序，进行系统自检及引导，然后运行Flash中的IOS，再在NVRAM中寻找路由器的配置，并将其装入DRAM中。

9.2 路由器接口基础知识

9.2.1 识别Cisco 2811路由器

图9-2所示是Cisco 2811路由器面板图，其中上部分为路由器的背面板，下部分为路由器的前面板。不同于26××系列路由器的是，Cisco的28××系列路由器的Flash在前面板可插拔，并且还提供了两个USB口，方便用户恢复和备份设备配置文件。前面板有4个指示灯，指示路由器的电源和路由器当前工作状况。

接口提供了路由器与特定类型的网络介质之间的物理连接，Cisco路由器主要通过背面板上的接口与其他设备相连。根据接口的配置情况，路由器可分为固定式路由器和模块化路由器两大类。

每种固定式路由器采用不同的接口组合，这些接口不能升级，也不能进行局部变动。而模块化路由器通常做成插槽/模块的结构，可插入不同的网络模块或网络接口卡，使路由器扩展灵活，方便用户使用并节省用户的成本。

Cisco 2811路由器是一个模块化的路由器，如图9-2所示。将一些盖板拆下后，背面板露出黑色插槽，供用户根据需要插入一些网络模块或网络接口卡。例如，图9-3的同步串口就是插上去的模块。购买Cisco路由器时，同步串口等模块不会作为标准配置，需要用户另外购买。

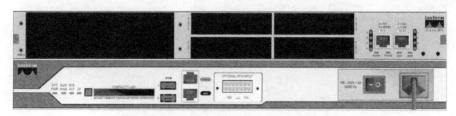

图9-2　Cisco 2811路由器面板图

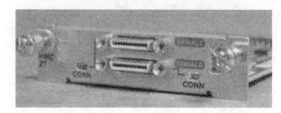

图9-3　WIC-2T

9.2.2　路由器接口

1. 局域网接口

局域网接口包括以太网口、令牌环网口和光纤分布式数据接口FDDI等，用于连接局域网。以太网口的数据传输速率通常为10 Mbit/s或10/100 Mbit/s自适应；千兆位光纤接入网络中使用的核心路由器，其接口的数据传输速率则为1 Gbit/s。

2. 广域网接口

同/异步串口使用不同的接口标准，在不同的工作方式下，具有不同的数据传输速率。在同步模式下，如果使用V.35接口标准，路由器作为DTE设备，最大数据传输速率为2.048 Mbit/s；在异步模式下，如果使用V.24接口，最大数据传输速率为114.2 kbit/s。

高密度异步端口：该端口通过一转8线缆，可以连接8条异步（拨号）线路。

ISDN的接口分为BRI接口（见图9-4）与CEI/PRI接口。BRI（2B+D）接口的数据传输速率为2×64 kbit/s+16 kbit/s，CEl/PRI接口可配置成支持ISDN 的PRI（30B+D）或分时隙E1，最大数据传输速率2.048 Mbit/s。

备份接口或辅助接口（AUX口）通过Modem连接广域网，用做专线连接的备份或实现对路由器的远程管理。工作在异步模式下，最大数据传输速率为114.2 kbit/s。出于安全考虑，如果启用远程连接网络设备的选项，就要承担相应的责任，警惕设备管理。

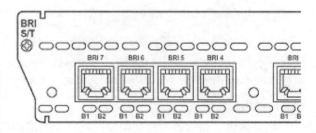

图9-4　BRI接口

3. 配置接口

与交换机一样，Cisco路由器的配置接口标识为Console。通过该接口使用Console线缆对路由器进行本地配置，工作在异步模式下，数据传输速率为9 600 bit/s。

4. 路由器接口的标识

模块化路由器的各种接口通常由接口类型加上模块号、插槽号和单元号进行标识。

例如，在Cisco 2800系列路由器上，每一独立的物理接口由一个模块号、插槽号和单元号进行标识。

模块号和插槽号标识方法一样，通常从0开始，从右到左，或者（如果有的话）从下到上进行编号。

单元号用来标识安装在路由器上的模块和接口卡上的接口。单元号通常从0开始，从右到左，或者（如果有的话）从底部到顶部进行编号。

网络模块和WAN接口卡的接口标识由接口类型、模块号加上右斜杠（/）插槽号、右斜杠（/）以及单元编号组成。例如，Ethernet 0/0即表示第一个Ethernet模块上的第一个接口；而Serial0/0/0则表示第一个网络模块上的第一个插槽中的第一个同步接口。

5. 路由器的逻辑接口

路由器的逻辑接口是在实际的硬件接口（物理接口）的基础上，通过路由器操作系统软件创建的一种虚拟接口。这些虚拟接口可被网络设备当成物理接口来使用，以提供路由器与特定类型的网络介质之间的连接。路由器可以配置不同的逻辑接口，如子接口、Loopback接口、Null接口及Tunnel接口等。

子接口是一种特殊的逻辑接口，它绑定在物理接口上，并作为一个独立的接口来引用。子接口有自己的第三层属性，如IP地址或IPX编号。子接口名由其物理接口的类型、编号、英文句点和另一个编号所组成。例如Serial0.1是Serial0的一个子接口。

Loopback接口又称反馈接口，一般配置在使用外部网关协议以及对两个独立的网络进行路由的核心级路由器上。当某个物理接口出现故障时，核心级路由器中的Loopback接口作为边界网关协议（BGP）的结束地址，将数据报交由路由器内部处理，并保证这些数据报到达最终目的地。

Null接口又称清零接口，主要用来过滤某些网络数据。如果不想某一网络的数据通过某个特定的路由器，可配置一个Null接口，滤掉所有由该网络传送过来的数据报。

Tunnel接口又称隧道或通道接口，用于支持某些物理接口本来不能直接支持的数据报的传输。

9.3　添加路由器模块

Cisco路由器的广域网模块默认是空的，在搭建网络环境时，需要添加所需要的模块和接口。这里以Cisco 2811路由器为例说明添加步骤。

首先在Packet Tracer工作区域添加一个Cisco 2811路由器，单击该路由器，在弹出的界面中选择"Physical"选项卡，图9-5所示。界面最底部分的左侧显示了当前所选接口的英文介绍，右侧是该接口的实物图片，这样非常方便工程师选择接口。选择"Config"选项卡，如图9-6所示，该界面的左边列出了当前路由器的接口。此时显示路由器当前只有两个快速以太网网接口，接口标识分别是FastEthernet0/0和FastEthernet0/1。

与实际路由器一样，路由器必须在断电的情况下才能添加接口模块。这时单击路由器的开关，开关的信号灯将熄灭，表示路由器处于断电状态，即可添加接口。

最后，从左侧的接口列表中选择单口同步接口WIC-1T，按住鼠标左键，把该模块拖动到右侧选定的插槽。图9-7所示即为插入该模块后的示例。

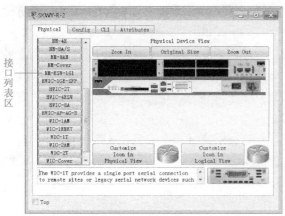

图9-5　添加路由器接口　　　　　　　　　图9-6　查看当前接口

再单击图9-7中的路由器电源开关，这时开关的信号灯点亮，表示开启路由器。选择"CLI"选项卡，会看到路由器开始启动并运行IOS。等路由器启动完毕，再选择"Config"选项卡，如图9-8所示，此时显示路由器新增加了一个接口，其标识为Serial0/0/0。在配置路由器时，可简写为s0/0/0。

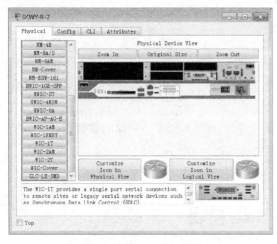

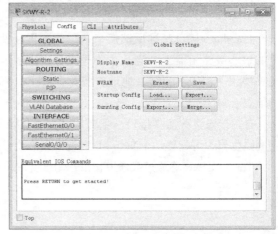

图9-7　添加WIC-1T模块　　　　　　　　图9-8　新增加的接口标识

如果发现选错了路由器接口，那么路由器也必须在断电的情况下，用鼠标把已插入的接口拖动到左边的接口列表区，否则该接口不能移走。

如果不关闭路由器的电源添加模块，会出现图9-9所示的警告信息提示框。

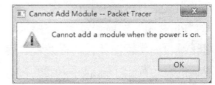

图9-9　带电路由器不能添加模块的警告信息提示框

为了方便学习，Packet Tracer定制了几款路由器。单击设备选择区的图标▥，可以选择已经添加了模块的路由器，这样在设计网络拓扑图时，可省略添加模块的操作步骤。

9.4　路由器连接线缆

如上所述，在实际工作环境中，路由器必须通过CSU/DSU设备（又称DTU）接入广域网。广域网即电信线路（如电话线）与DTU的相应端口相连，DTU的另一个端口再与路由器的相应端口（如同步串口）相连。图9-10给出了路由器与DTU之间连接的几种标准。常见的是使用V.35标准的接口和线缆。V.35路由器线缆又分DTE线缆（见图9-11）和DCE（数据电路终接设备）线缆（见图9-12）两种，V.35DTE线缆接口处为针状，而V.35DCE线缆接口处为孔状。

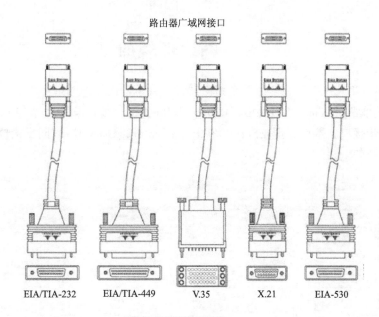

图9-10　路由器与DTU（CSU/DSU）之间的连接标准

图9-11　DTE线缆

图9-12　DCE线缆

实现在两台路由器串口之间建立一个等同于广域网租用线路的连接，可以采用一种背对背的广域网连接方式。具体来说就是把DCE线缆和DTE线缆直接连接到一起即可。接有V.35DTE线缆的路由器充当DTE，接有V.35DCE线缆的路由器充当DCE，DCE要向DTE提供时钟，它的作用是保证两台路由器之间使用串行链路进行同步通信，也就是说线路两端的路由器必须要用精确的相同速率来发送和接收数据位。

图9-13所示是背对背串行连接的示意图。

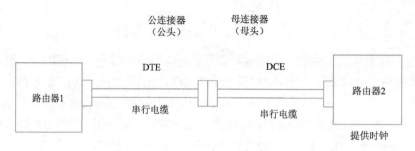

图9-13　背对背串行连接示意图

9.5　典型网络环境的搭建

下面用Packet Tracer搭建一个由两个路由器背对背串行连接的网络环境。如图9-14所示，首先从设备区选取两台Cisco 2811路由器Router1和Router2，然后采用9.3节的方法，给Router1添加WIC-1T同步接口，接口标识是Serial0/0/0；给Router2添加WIC-2T同步接口，接口标识是Serial0/0/0和Serial0/0/1。

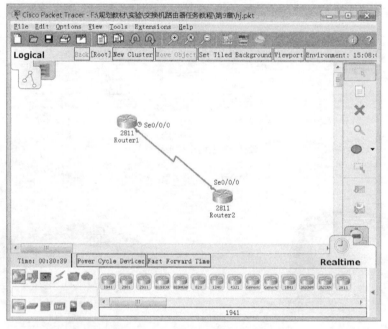

图9-14　搭建背对背网络环境

最后用线缆连接这两台路由器时，既可以用DCE线缆连接，也可以用DTE线缆连接。这个连接过程省略了DTE和DCE线缆对接的步骤，但两者是有差别的。如果采用DCE线缆连接，那么第一台路由器的串行口所接的线缆就是DCE，并在接口名称前用一个钟表图案进行区分，例如⊙ Serial0/0/0；如果采用DTE线缆连接，那么第二台路由器的串行口所接的线缆才是DCE，并用相同的方法进行标识。总之，Packet Tracer会自动标识接DCE线缆的接口。由于Packet Tracer标识时，标识字符会重叠，所以在以后的网络拓扑结构图中，并不用Packet Tracer的自动标识，而是统一采用接口名后带括号的小写字母t，例如s0/0/0(t)表示该接口用的是DCE线缆，需要提供时钟信号，并在配置过程中配置合适的时钟信号值。

习　题

1. 在Packet Tracer环境中，用9.3节的方法把WIC-1T模块分4次添加到Cisco 2811路由器的0号模块的4个插槽中，每添加一次，记录此时新增加的WIC-1T模块的标识名，以此总结验证Cisco路由器的接口标识规则。

2. 简述路由器的组成。

3. 路由器的基本功能有哪些？

4. 路由器的接口标识规则是什么？

5. 路由器有哪几种逻辑接口？

6. 路由器常用的广域网接口有哪些？各自的数据传输速率是多少？

第 **10** 章

路由器初始配置

学习目标

- 熟练掌握计算机配置路由器时，计算机超级终端的设置方法。
- 熟练掌握Cisco路由器的初始配置的过程及参数。
- 熟练掌握如何查看Cisco路由器的状态信息。

10.1 路由器初始配置基础知识

一台新交换机可以不做任何配置，上电就可以组建简单的局域网。但与交换机特别不一样的是，虽然路由器上不做任何配置就可以访问控制台和辅助端口，但是路由器必须最少配置一个接口并让它正常运行起来，它才能发挥作用。

配置Cisco路由器除了2.2节中所介绍的4种配置交换机的方法外，还可以通过AUX口配置。AUX口接Modem，通过电话线与远程终端或运行终端仿真软件的计算机相连，可实现远程配置路由器。

当在计算机上想用Telnet或Web方式配置路由器时，必须首先配置好连接配置计算机所属网络的局域网接口，而且还要配置Telnet密码，满足上述条件后，Telnet用户才能访问到路由器的CLI。例如，假设配置计算机的IP地址为192.168.1.1/24，路由器连接该计算机所属网络的接口是FastEthernet0/0，那么就必须配置该接口的192.168.1.0/24网段的IP地址，这个地址也是配置计算机所在网络的网关。

在配置完路由器后，需要检查它们工作是否正常。一些常用路由器上最好的排错和检测命令是ping、traceroute 和telnet。另外IOS提供的show命令，工程师可以用来检查路由器当前的运行状态。它们的基本功能是显示有关路由器正在做什么或者路由器是如何被配置的信息。

通过查看当前的运行配置文件，若发现有配置错误，则可以用下面所述的方法解决。对于简单的问题，可以选择重新输入命令来覆盖旧的配置命令。例如，配置路由器主机名就可以采用这种方式，这是因为路由器只能有一个主机名。更多情况是在相同的配置模式下，在相同的命令前加一个no来去掉。

如果发现配置错误比较复杂，并且已经把当前运行配置文件保存到NVRAM中，为了快速地重新配置，可以简单地使用ease startup-config命令并重启路由器来完全删除启动配置文件进而重新开始配置。

最终修改错误配置选用第12章所介绍的备份完全正确的配置文件方法。

10.2 路由器初始配置常用命令

初始配置路由器的常用命令如下：

① 在特权模式下，启动路由器的初始配置：

`setup`

② 全局配置模式下，设置主机名：

`hostname {名字}`

③ 禁止路由器进行域名解析：

`no ip domain-lookup`

该命令可解决误输入命令后，导致路由器进行长时间域名解析的问题。

10.3 路由器初始配置学习情境

A公司刚购买了几台Cisco 2811路由器，为了方便对这批路由器上机架配置管理，需要对它们进行初始配置。

与交换机一样，由于路由器本身不带输入/输出设备（如键盘、显示器），只有通过终端设备来实现对其网络操作系统的访问，从而对其配置和管理。图10-1所示为一般初始配置路由器的结构图。

图10-1 交换机初始配置结构图

假设用户配置特权用户密码后，忘记了所配密码，要求重设路由器的Enable密码，并且不允许丢失路由器已有的配置，使得路由器能够重新正常工作。

10.4 路由器初始配置任务计划与设计

路由器初始配置的主要参数有路由器管理用IP地址、路由器名、路由器特权用户密码和远程登录密码。

这里设计路由器管理用IP网络地址为192.168.100.0/24。

路由器的命名规则与交换机的命名规则相似，详细内容可参考2.4节。

这里以初始配置一台Cisco 2811路由器为例，设计用FastEthernet0/0接口进行配置管理，分配其IP地址为192.168.100.1/24，路由器名为sedinfo，一般用户密码为cisco_admin，特权用户密码为cisco。远程登录密码为abc@6789。

10.5 路由器初始配置任务实施与验证

10.5.1 搭建配置环境

2.5.1节中详细介绍了搭建交换机初始配置环境的方法与过程，搭建路由器的初始配置环境与其一样，相关内容可参考2.5.1节，这里不再赘述。

10.5.2　配置初始路由器

刚打开路由器时，在超级终端的窗口会显示路由器的一些重要信息，包括所加载的IOS版本、接口数量、接口类型、NVRAM的大小以及闪存的大小。显示完这些信息后，如果路由器没有启动配置文件，路由器将询问是否进入Setup模式。这里与配置初始交换机一样，以Packet Tracer环境为例，采用命令方式进入路由器的初始化配置模式。

```
Router>ena
Router#setup
        --- System Configuration Dialog ---
Continue with configuration dialog? [yes/no]: yes
At any point you may enter a question mark '?' for help.
Use ctrl-c to abort configuration dialog at any prompt.
Default settings are in square brackets '[]'.
Basic management setup configures only enough connectivity
for management of the system, extended setup will ask you
to configure each interface on the system

Would you like to enter basic management setup? [yes/no]: yes
```

在每个问题的最后，用"[ ]"给出了可选择的答案。选择答案的模式与交换机一样，详细内容可参考2.5.2节。

配置路由器名：

```
Configuring global parameters:
  Enter host name [Router]: sedinfo
```

配置路由器密码：

```
The enable secret is a password used to protect access to
  privileged EXEC and configuration modes. This password, after
  entered, becomes encrypted in the configuration.
  Enter enable secret: cisco
  The enable password is used when you do not specify an
  enable secret password, with some older software versions, and
  some boot images.
  Enter enable password: cisco_admin
  The virtual terminal password is used to protect
  access to the router over a network interface.
  Enter virtual terminal password: abc@6789
```

基于SNMP管理网络的安全风险考虑，在回答是否配置SNMP网络管理时选择"否"。

```
Configure SNMP Network Management? [yes]:no
```

由于路由器通常需要配置动态路由协议，所以与交换机不同的是，在初始配置路由器管理用IP地址时，会询问是否配置与IP协议有关的内容。这里一般选择"否"，相关内容会在后续的章节进行详细介绍。需要说明的是，如前所述某个问题没有给出具体回答，而是直接按Enter键，表示选择问题最后方括号中的默认答案。

```
Configure IP? [yes]:
  Configure RIP routing? [yes]:no
Configure bridging? [no]:
Configure CLNS? [no]:
Configuring interface parameters:
```

```
Do you want to configure Vlan1  interface? [yes]:no
Do you want to configure FastEthernet0/0 interface? [yes]:
  Configure IP on this interface? [yes]:
    IP address for this interface: 192.168.100.1
    Subnet mask for this interface [255.255.255.0] :
```

对路由器暂时没有使用的接口，不予配置：

```
Do you want to configure FastEthernet0/1  interface? [yes]: no
Do you want to configure Serial0/0/0  interface? [yes]: no
Do you want to configure Serial0/0/1  interface? [yes]: no
Do you want to configure Serial0/1/0  interface? [yes]: no
Do you want to configure Serial0/1/1  interface? [yes]: no
Would you like to go through AutoSecure configuration? [yes]: no
! PacketTracer不支持自动安全配置功能
```

接下来，IOS会显示路由器当前的运行配置：

```
The following configuration command script was created:
!
hostname sedinfo
enable secret 5 $1$mERr$hx5rVt7rPNoS4wqbXKX7m0
enable password cisco_admin
line vty 0 4
password abc@6789
!
interface Vlan1
 shutdown
 no ip address
!
interface FastEthernet0/0
 ip address 192.168.100.1 255.255.255.0
!
interface FastEthernet0/1
 shutdown
 no ip address
!
interface Serial0/0/0
 shutdown
 no ip address
!
interface Serial0/0/1
 shutdown
 no ip address
!
interface Serial0/1/0
 shutdown
 no ip address
!
interface Serial0/1/1
 shutdown
 no ip address
```

与交换机一样，路由器也有3种方式处理当前的初始配置内容。默认选择第三项，即保存当前初始配置。

```
[0] Go to the IOS command prompt without saving this config.
[1] Return back to the setup without saving this config.
[2] Save this configuration to nvram and exit.
Enter your selection [2]:
Press RETURN to get started!
```

10.5.3　CLI命令模式

由于Cisco交换机和路由器使用相同的操作系统IOS，因此路由器的CLI基本命令模式（如普通用户模式、特权用户模式、全局配置模式和接口配置模式等）的操作方法与交换机一样，详细内容可参考2.5.3节。

由于路由器的特有功能，所以还有以下配置模式：

1.　子接口配置模式

子接口是一种逻辑端口，可在某一物理端口上配置多个子端口。

```
Router(config)#int f0/0
Router(config-if)#int f0/0.1
Router(config-subif)#
```

一条重要的经验是，在第一次配置完路由器某接口后，一般应执行no shutdown命令以激活该端口。

2.　配置从console接口登录的密码

配置用console方式登录路由器时所用的密码。只有输入正确的密码，才能进入普通用户模式。

```
Router#conf t
Enter configuration commands, one per line.  End with CNTL/Z.
Router(config)#line con 0
Router(config-line)#password cisco
```

3.　路由协议配置模式（Router Configuration）

该模式用于对路由器进行动态路由配置。在全局配置模式下，用router protocol-name命令指定具体的路由协议，如配置RIP。

```
Router#conf t
Router(config)#router rip
Router(config-router)#
```

4.　ROM检测（RXBOOT）模式

如果路由器在启动时找不到一个合适的IOS映像，则将自动进入ROM检测模式。在该模式中，路由器只能进行软件升级和手工引导。根据路由器型号而定，默认提示符：>或者rommon>。

在忘记了路由器密码时，可以用该模式来解决。

10.5.4　路由器常用命令

1.　show interface

show interface命令显示了关于指定接口的更加详细的信息，前半部分列出了该接口的基本信息，如端口是否已经激活、最大传输单元（MTU）和带宽等，后半部分则提供了接口相关的统计信息。该命令经常用于网络的基本排错。

该命令输出部分的第一行显示链路状态和链路协议状态，只有这两个状态都处于up状态，该接口才能正常工作，所有的其他状态组合都意味着接口当前不可用。表10-1列出了4种类型的状态组合，并说明了它们所表示的含义。

表10-1　接口状态组合及含义

链路状态	链路协议状态	含　义
up	up	接口工作正常
up	down	接口未正常工作，典型问题是软件及数据链路层问题
down	down	接口未正常工作，典型问题是硬件及物流层问题
administratively down	down	接口未正常工作，因为接口上配置了子命令shutdown

```
Sedinfo#show int f0/0
FastEthernet0/0 is up, line protocol is down (disabled)
  Hardware is Lance, address is 00e0.8f15.4301 (bia 00e0.8f15.4301)
  Internet address is 192.168.100.1/24
  MTU 1500 bytes, BW 100000 Kbit, DLY 100 usec, rely 255/255, load 1/255
  Encapsulation ARPA, loopback not set
  ARP type: ARPA, ARP Timeout 04:00:00,
  Last input 00:00:08, output 00:00:05, output hang never
  Last clearing of "show interface" counters never
  Queueing strategy: fifo
  Output queue :0/40 (size/max)
  5 minute input rate 0 bits/sec, 0 packets/sec
  5 minute output rate 0 bits/sec, 0 packets/sec
    0 packets input, 0 bytes, 0 no buffer
    Received 0 broadcasts, 0 runts, 0 giants, 0 throttles
    0 input errors, 0 CRC, 0 frame, 0 overrun, 0 ignored, 0 abort
    0 input packets with dribble condition detected
    0 packets output, 0 bytes, 0 underruns
    0 output errors, 0 collisions, 1 interface resets
    0 babbles, 0 late collision, 0 deferred
    0 lost carrier, 0 no carrier
    0 output buffer failures, 0 output buffers swapped out
```

2. show ip interface brief

很多工程师在登录路由器后就会使用这个命令，它列出了接口名称、IP地址和接口状态等，而且每个接口只用一行显示。F0/0由于没有接线缆，虽然配置了IP地址，IP也无法正常工作，所以该接口的协议状态还是down。

```
sedinfo#show ip interface brief
Interface          IP-Address      OK? Method Status                Protocol
FastEthernet0/0    192.168.100.1   YES manual up                    down
FastEthernet0/1    unassigned      YES manual administratively down down
Serial0/0/0        unassigned      YES manual administratively down down
Serial0/0/1        unassigned      YES manual administratively down down
Serial0/1/0        unassigned      YES manual administratively down down
Serial0/1/1        unassigned      YES manual administratively down down
```

3. show ip route

路由器是通过比较每个数据包的目的IP地址和IP路由表中的内容来路由数据包的，所以基本的排错应当包括路由表的检查。该命令的开始部分显示了很多英文代码及它们的意义。例如，C代表直连的路由，D代表EIGRP学习到的路由，O代表OSPF学习到的路由，R代表RIP学习到的路由，S代表静态配置路由。

```
sedinfo#show ip route
Codes: C - connected, S - static, I - IGRP, R - RIP, M - mobile, B - BGP
       D - EIGRP, EX - EIGRP external, O - OSPF, IA - OSPF inter area
       N1 - OSPF NSSA external type 1, N2 - OSPF NSSA external type 2
       E1 - OSPF external type 1, E2 - OSPF external type 2, E - EGP
       i - IS-IS, L1 - IS-IS level-1, L2 - IS-IS level-2, ia - IS-IS inter area
       * - candidate default, U - per-user static route, o - ODR
       P - periodic downloaded static route

Gateway of last resort is not set
```

4. 查看配置文件

show running-config命令用于显示保存在RAM中的运行配置文件，show start-config用于显示保存在NVRAM中的初始启动配置文件。

5. show version

该命令可显示IOS软件、IOS软件版本、系统uptime（开机时间）、系统image文件名和NVRAM大小等信息。

```
sedinfo#show version
Cisco IOS Software, 2800 Software (C2800NM-ADVIPSERVICESK9-M), Version 12.4(15)
T1, RELEASE SOFTWARE (fc2)
Technical Support: http://www.cisco.com/techsupport
Copyright (c) 1986-2007 by Cisco Systems, Inc.
Compiled Wed 18-Jul-07 06:21 by pt_rel_team

ROM: System Bootstrap, Version 12.1(3r)T2, RELEASE SOFTWARE (fc1)
Copyright (c) 2000 by cisco Systems, Inc.

System returned to ROM by power-on
System image file is "c2800nm-advipservicesk9-mz.124-15.T1.bin"
```

6. 启用同步记录功能

当配置路由器时，操作界面将收到路由器生成的控制台消息。如果此时正在输入一个命令，该命令将被控制台消息分成两行，控制台消息将插入到当前的输入点，这将给用户带来困扰。为了防止这种情况发生，可在控制台端口上启用同步记录功能。

```
sedinfo#conf t
sedinfo(config)#line con 0
sedinfo(config-line)#logging synchronous
```

7. 配置Telnet登录的密码

使用Telnet的连接称为虚拟终端（VTY）会话或者连接，VTY线路使用户可通过Telnet访问路由器。许多Cisco设备默认支持5条VTY线路，这些线路编号为从0到4，所有可用的VTY线路均需要设置口令。可为所有连接设置同一个口令。然而，理想的做法是为其中的一条线路设置不同的口令，这样可以为管理员提供一条保留通道，当其他连接被使用时，管理员可以通过此保留通道访问设备以进行管理工作。

默认情况下，IOS自动为VTY线路执行login命令，这可防止设备在用户通过Telnet访问设备时不事先要求其进行身份验证。如果用户错误地使用了no login命令，则会取消身份验证要求，这样未经授权的人员就可通过Telnet连接到该线路，这是一项重大的安全风险。

因此，如果没有配置VTY线路密码，那么即使网络通信正常，也无法实施Telnet登录，则可用下面的命令手工配置Telnet登录要用的密码。

```
sedinfo(config)#line vty 0 4
sedinfo(config-line)#password cisco
sedinfo(config-line)#login
```

10.5.5 验证

在特权模式下，用命令show running-config查看初始配置是否正确。

```
sedinfo#show run
Building configuration...
Current configuration : 1297 bytes
!
version 12.4
no service password-encryption
!
hostname sedinfo
!
enable secret 5 $1$mERr$hx5rVt7rPNoS4wqbXKX7m0
enable password cisco_admin
!
ip ssh version 1
!
interface FastEthernet0/0
 ip address 192.168.100.1 255.255.255.0
 duplex auto
 speed auto
!
interface FastEthernet0/1
 no ip address
 duplex auto
 speed auto
 shutdown
!
interface Serial0/0/0
 no ip address
 shutdown
!
interface Vlan1
 no ip address
 shutdown
!
ip classless
!
line con 0
 logging synchronous
line vty 0 4
 password abc@6789
 login
!
end
```

10.6　路由器密码恢复

参照10.3节，关闭路由器的电源，再接通电源，如图10–2所示，在60 s内，按Ctrl+C或Ctrl+Pause组合键，进入Monitor模式。然后根据提示信息输入字体加粗的命令。

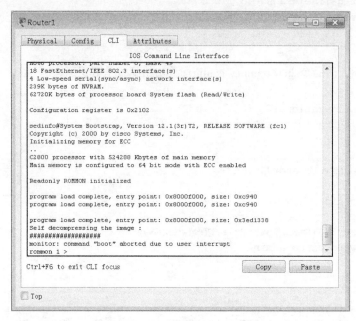

图10–2　进入路由器的Monitor模式

```
Self decompressing the image :
###########
monitor: command "boot" aborted due to user interrupt
rommon 1 > confreg 0x2142
rommon 2 > reset
System Bootstrap, Version 12.1(3r)T2, RELEASE SOFTWARE (fc1)
Copyright (c) 2000 by cisco Systems, Inc.
cisco 2811 (MPC860) processor (revision 0x200) with 60416K/5120K bytes of memory

Self decompressing the image :
################################################################################ [OK]
            Restricted Rights Legend
------
        --- System Configuration Dialog ---

Continue with configuration dialog? [yes/no]: n

Press RETURN to get started!

Router>enable
Router#copy startup-config running-config
!备份配置文件到内存
Destination filename [running-config]?

1276 bytes copied in 0.416 secs (3067 bytes/sec)
```

```
sedinfo#
%SYS-5-CONFIG_I: Configured from console by console
sedinfo#config terminal
sedinfo(config)#enable secret newcisco

! newcisco是新设置的密码

sedinfo(config)#exit
sedinfo#copy running-config startup-config
! 保存新的配置文件
Destination filename [startup-config]?
Building configuration...
[OK]
sedinfo#config terminal
sedinfo(config)#config-register 0x2102
sedinfo(config)#exit
sedinfo#
sedinfo#reload
Proceed with reload? [confirm]
System Bootstrap, Version 12.1(3r)T2, RELEASE SOFTWARE (fc1)
Copyright (c) 2000 by cisco Systems, Inc.
cisco 2811 (MPC860) processor (revision 0x200) with 60416K/5120K bytes of memory

Self decompressing the image :
############################################################

sedinfo>ena
Password:
! 输入新密码newcisco
sedinfo#
```

用命令show run查看得知，当前路由器的配置并没有丢失，圆满完成路由器密码恢复的任务。

习　　题

1. 总结配置初始路由器的主要参数。
2. 练习IOS基本命令和路由器常用命令。
3. 如何判断路由器串口的连接线是否为DCE？
4. 在实际设备中练习如何破解交换机和路由器密码丢失问题。

第 **11** 章

无线局域网

学习目标

- 了解无线局域网。
- 了解无线局域网常用设备。
- 掌握无线局域网安全技术。
- 熟练掌握无线路由器的配置。

11.1　无线局域网相关知识

11.1.1　无线局域网简介

　　1971年，夏威夷大学（University of Hawaii）的研究人员创造了第一个基于封包式技术的无线电通信网络，被称为ALOHNET网络，是最早的无线局域网络。这个WLAN包括了7台计算机，采用双向星状拓扑（bi-directional star topology）横跨4座夏威夷的岛屿，中心计算机放置在瓦胡岛（Oahu Island）上。从这时开始，无线局域网（Wireless Local Area Network，WLAN）可以说是正式诞生了。

　　所谓无线网络，是指不需要布线即可实现计算机互连的网络。无线局域网络绝不是用来取代有线局域网络的，而是用来弥补有线局域网络之不足，以达到网络延伸之目的。下列情形可能需要无线局域网络：

　　① 移动办公的环境：大型企业、医院等移动工作的人员应用的环境。

　　② 难以布线的环境：历史建筑、校园、工厂车间、城市建筑群、大型的仓库和沙漠区域等不能布线或者难于布线的环境。

　　③ 频繁变化的环境：活动的办公室、零售商店、售票点、医院、野外勘测、试验、军事、公安和银行金融等，以及流动办公、网络结构经常变化或者临时组建的局域网。

　　④ 公共场所：航空公司、机场、货运公司、码头、展览和交易会等。

　　⑤ 小型网络用户：办公室、家庭办公室（SOHO）用户。

　　无线网络的优点包括：

　　① 移动性和自由——任何地方都可以工作。

　　② 不受线路或固定连接的限制。

　　③ 安装快速简便。

　　④ 不用购买电缆。

　　⑤ 节省布线时间。

　　目前，无线局域网采用的传输媒体主要有两种，即红外线和无线电波。按照不同的调制方式，采用无线电波作为传输媒体的无线局域网又可分为扩频方式与窄带调制方式。即共有3类无线局域网：红外线（Infrared Ray，IR）局域网、扩频（Spread Spectrum，SS）局域网、窄带微波局域网。

无线局域网的不足之处有如下几点：

① 性能。无线局域网是依靠无线电波进行传输的。这些电波通过无线发射装置进行发射，而建筑物、车辆、树木和其他障碍物都可能阻碍电磁波的传输，所以会影响网络的性能。

② 速率。无线信道的数据传输速率与有线信道相比要低得多。目前，无线局域网的最大数据传输速率为600 Mbit/s，适合于个人终端和小规模网络应用。

③ 安全性。本质上无线电波不要求建立物理的连接通道，无线信号是发散的。从理论上讲，很容易监听到无线电波广播范围内的任何信号，造成通信信息泄漏。

11.1.2 无线局域网技术

无线局域网技术（包括IEEE 802.11、蓝牙技术和HomeRF等）将是新世纪无线通信领域最有发展前景的重大技术之一。

表11-1系统总结了IEEE 802.11系列协议的技术标准。目前主要有802.11a、802.11b、802.11g、802.11n和802.11ac这5种标准，其中802.11b又有802.11b和802.11b+，802.11g又有802.11g和802.11g+之分。我国市场目前主要是802.11b和802.11g的产品，这其中又以802.11b为主流产品。

表11-1 IEEE 802.11系列协议的技术标准

标准版本	802.11a	802.11b	802.11g	802.11n	802.11ac
发布时间	1999年	1999年	2003年	2009年	未定
工作频段	5 GHz	2.4 GHz	2.4 GHz	2.4、5 GHz	5 GHz
传输速率	54 Mbit/s	11 Mbit/s	54 Mbit/s	600Mbps	1Gbit/s
编码类型	OFDM	DSSS	OFDM、DSSS	MIMO-OFDM	MIMO-OFDM
信道宽度	20 MHz	22 MHz	20 MHz	20/40 MHz	20/40/80/160MHz
天线数目	1×1	1×1	1×1	4×4	8×8

蓝牙规范是由SIG（特别兴趣小组）制定的一个公共的、无须许可证的规范，其目的是实现短距离无线语音和数据通信。蓝牙技术工作于2.4 GHz的ISM频段，基带部分的数据传输速率为1Mbit/s，有效无线通信距离为10～100 m，采用时分双工传输方案实现全双工传输。

在美国联邦通信委员会（FCC）正式批准HomeRF标准之前，Home RF工作组于1998年为在家庭范围内实现语音和数据的无线通信制定出一个规范，即共享无线应用协议（WAP）。该协议主要针对家庭无线局域网，其数据通信采用简化的IEEE 802.11协议标准。之后，HomeRF工作组又制定了HomeRF标准，用于实现PC和用户电子设备之间的无线数字通信，是IEEE 802.11与增强型数字无绳电话系统（DECT）相结合的一种开放标准。HomeRF标准采用扩频技术，工作在2.4 GHz频带，可同步支持4条高质量语音信道并具有低功耗的优点，适合用于笔记本式计算机。

802.11系列协议是由IEEE制定的，目前居于主导地位的无线局域网标准。HomeRF主要是为家庭网络设计的，是802.11与DECT的结合。HomeRF和蓝牙都工作在2.4 GHz ISM频段，并且都采用跳频（FH）、扩频（SS）技术。因此，HomeRF产品和蓝牙产品之间几乎没有相互干扰。蓝牙技术适用于松散型的网络，可以让设备为一个单独的数据建立一个连接，而HomeRF技术则不像蓝牙技术那样随意。组建HomeRF网络前必须为各网络成员事先确定一个唯一的识别代码，因而比蓝牙技术更安全。802.11使用的是TCP/IP协议，适用于功率更大的网络，有效工作距离比蓝牙技术和HomeRF要长得多。

11.1.3 无线局域网组网模式

目前，无线局域网的组网模式主要有以下3种：

① 对等无线网络。

② 接入有线网络的无线网络。

③ 无线漫游的无线网络。

对等无线网络也就是用无线网卡+无线网卡组成的无线局域网，如图11-1所示，该结构的工作原理类似于有线对等网的工作方式。

当无线网络用户足够多时，应当在有线网络中接入一个无线接入点（AP），从而将无线网络连接至有线网络主干。AP在无线工作站和有线主干之间起网桥的作用，实现了无线与有线的无缝集成，即允许无线工作站访问网络资源，同时又为有线网络增加了可用资源，如图11-2所示。

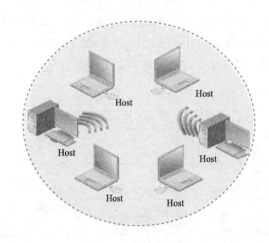

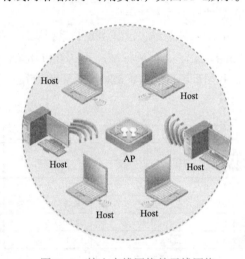

图11-1　对等无线网络　　　　　　　　图11-2　接入有线网络的无线网络

如图11-3所示，无线漫游的无线网络利用以太网络，将多个无线AP连接在一起，可搭建无线漫游网络，实现用户在整个网络内的无线漫游。当用户从一个位置移动到另一个位置时，以及一个无线访问点的信号变弱或访问点由于通信量太大而拥塞时，可以连接到新的访问点，而不中断与网络的连接，这一点与日常使用的移动电话非常相似。

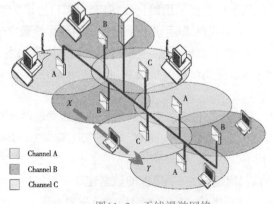

Channel A
Channel B
Channel C

图11-3　无线漫游网络

11.1.4　典型无线设备

无线局域网组网需要的无线设备有无线网卡、无线接入点、无线网桥和无线路由器等有关设备。

无线网卡是终端无线网络的设备，与普通的网卡功能一样，只是在传输介质上有差别。由于无线上网方式不拘一格，导致市场上无线网卡琳琅满目。目前，无线网卡按无线标准可分为IEEE 802.11b、IEEE 802.11a和IEEE 802.11g等。按照设备接口的差异可分为PCI无线网卡、PCMCIA无线网卡和USB无线网卡等。

如图11-4所示，PCI无线网卡主要是针对台式计算机的PCI插槽设计的。现在几乎所有的笔记本式计算机、PDA都有PCMCIA插槽，因此PCMCIA无线网卡（见图11-5）主要用于这两种设备接入无线网络用。USB无线网卡采用USB接口，具有即插即用、散热性能强、传输速度快等优点，还能方便地利用USB延长线将网卡远离计算机以避免干扰，以及随时调整网卡的位置和方向。

图11-4　PCI无线网卡　　　　　　　　图11-5　PCMCIA无线网卡

无线AP（Access Point）又称无线接入点，其作用有两个，一是实现无线信号的中继，扩大无线网络的覆盖范围；二是作为无线与以太网络的网桥，实现无线漫游或与有线网络的连接。利用多个无线AP可以搭建无线漫游网络。按照无线接入点同一区域最多支持3个独立信道的原则（在我国AP无线接入点可以支持13个信道，其中1Ch、6Ch、11Ch这3个信道独立互不干扰），合理分布AP使之按照蜂窝结构分布，实现用户在整个厂房内的无线漫游。当用户从一个位置移动到另一个位置时，以及一个无线访问点的信号变弱或访问点由于通信量太大而拥塞时，可以连接到新的访问点，而不中断与网络的连接，这一点与日常使用的移动电话非常相似。

无线网桥与普通网桥的作用一样，将两个或多个网络连接起来。因此使用无线网桥，必须有2个或2个以上的网络。无线网桥功率大，传输距离远（最大可达50 km），抗干扰能力强，不自带天线，一般配备抛物面天线，实现长距离的点对点连接。无线网桥一般应用在室外，如在铺设有线网络比较困难的地区；建筑物之间无法铺设光纤而不能连接两个网络的情况等。

无线路由器与普通路由器的作用类似，除了支持DHCP、VPN、防火墙和Web加密外，还支持PPPoE接入方式，实现网络地址转换（NAT）功能，可支持局域网用户的网络连接共享。无线路由器一般还包括一个4端口的交换机，可连接有线局域网，轻松、便捷地实现有线网络和无线网络的互联。最广泛的应用是家庭ADSL宽带接入，多台计算机的共享上网。

在部署WLAN设备时，应当注意以下几个方面：

① WLAN设备的位置应当相对较高。

② WLAN设备应当尽量居于中央。

③ 不要穿过太多的墙壁，尤其是浇注的钢筋混凝土墙体。

④ 多WLAN设备的覆盖范围应当重叠。

⑤ 有些AP提供了以太网供电（符合802.3af标准）功能，这就省去了外接电源，为布放提供了便利条件。

⑥ 为了保护设备的完好、防雨和正常工作，室外AP、网桥和相关设备应放置在密封的配电盒内。

11.1.5　无线局域网安全

无线网络的数据完全是在空气中传输，只要处于该无线信号覆盖范围内，就很容易通过其他无线设备截取信息，因此，保密性和安全性对无线产品尤为重要。

无线网络中的安全防范点包括：

① 未经授权用户的接入。

② 网上邻居的攻击。

③ 非法用户截取无线链路中的数据。

④ 非法AP的接入。

⑤ 内部未经授权的跨部门使用。

无线产品须提供SSID（服务集标识）、IEEE 802.1x、MAC地址绑定、WEP、WPA、TKIP、AES等多种数据加密与安全性认证机制，以保证无线网络的安全性与保密性。一般采取措施有：

① 使用各种先进的身份认证措施，防止未经授权用户的接入。

由于无线信号是在空气中传播的，信号可能会传播到不希望到达的地方，在信号覆盖范围内，非法用户无须任何物理连接就可以获取无线网络的数据，因此必须从多方面防止非法终端接入及数据的泄漏问题。

② 利用MAC阻止未经授权的接入。

每块无线网卡都拥有唯一的一个MAC地址，为AP设置基于MAC地址的Access Control（访问控制表），确保只有经过注册的设备才能进入网络。

③ 使用802.1x端口认证技术进行身份认证。

使用802.1x端口认证技术配合后台的RADIUS认证服务器，对所有接入用户的身份进行严格认证，杜绝未经授权的用户接入网络、盗用数据或进行破坏。

④ 使用先进的加密技术，使非法用户即使截取无线链路中的数据也无法破译基本的WEP（Wired Equivalent Privacy，有线等效保密）加密。

WEP是IEEE 802.11b无线局域网的标准网络安全协议。在传输信息时，WEP可以通过加密无线传输数据来提供类似有线传输的保护。在简便的安装和启动之后，应立即设置WEP密钥。

WEP是一种为了提高安全性对无线网络上传输的网络数据进行加密的方法。该类型加密的密钥有两种：一种是40/64 bit（10 位十六进制数）；另一种是128 bit（26 位十六进制数）。WEP加密是目前无线通信中应用最广泛的加密方法。

⑤ 利用对AP的合法性验证及定期进行站点审查，防止非法AP的接入。

在无线AP接入有线集线器时，可能会遇到非法AP的攻击，非法安装的AP会危害无线网络的宝贵资源，因此必须对AP的合法性进行验证。AP支持的IEEE 802.1x技术提供了一个客户机和网络相互验证的方法，在此验证过程中不但AP需要确认无线用户的合法性，无线终端设备也必须验证AP是否为虚假的访问点，然后才能进行通信。通过双向认证，可以有效地防止非法AP的接入。对于那些不支持IEEE 802.1x的AP，则需要通过定期的站点审查来防止非法AP的接入。在入侵者使用网络之前，通过接收天线找到未被授权的网络，通过物理站点的监测应当尽可能地频繁进行，频繁的监测可增加发现非法配置站点的存在几率，选择小型的手持式检测设备，管理员可以通过手持扫描设备随时到网络的任何位置进行检测。

⑥ 利用SSID、MAC限制防止未经授权的跨部门使用。

SSID——无线网络的名称，用来区分不同的无线网络，最多可以有32个字符。

SSID通常由AP广播出来，通过无线客户端自带的扫描功能可以查看当前区域内的SSID。出于安全考虑可以不广播SSID，此时用户就要手工设置SSID才能进入相应的网络。

利用SSID进行部门分组，可以有效地避免任意漫游带来的安全问题；MAC地址限制更能控制连接到各部门AP的终端，避免未经授权的用户使用网络资源。

11.2　无线局域网配置学习情境

现在一般家庭至少有一台台式机，有的还有一台或是多台笔记本式计算机、iPad和多台智能手机等，常常这些设备需要同时上因特网。考虑到台式机与平板计算机和智能手机的使用特点，台式机的使用位置相对固定，而平板式计算机和智能手机的使用位置非固定，因此，家庭联网的方式是，台式机采用有线网络，平板计算机和智能手机采用无线网络组成家庭局域网，最后通过一个IP共享装置如Cisco公司的产品Linksys-WRT300N（见图11-6）采用ADSL方式共享接入互联网。以图11-7中ADSL Modem为界，左侧是一个家庭的局域网，右侧是模拟的互联网。现在的任务是IP共享器采用PPPoE拨号自动接入互联网，它自动给家庭内的计算机分配IP地址，并使得这些计算机都能访问因特网的新浪网网页。

图11-6　Cisco Linksys-WRT300N

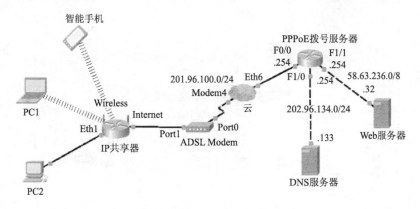

图11-7　家庭网络拓扑图

11.3　无线局域网配置任务计划与设计

这里为了让学生体验PPPoE拨号接入因特网，用路由器模拟了PPPoE拨号服务器。由于Packet

Tracer限制，充当PPPoE拨号服务器的路由器必须是28××系列及以上的型号。考虑到实际应用中，学生只接触到ADSL Model左侧部分，因此，这里只要求学生了解右侧部分的网络设备配置，重点熟练掌握无线局域网的配置。

图11-7中的因特网模拟了新浪网www.sina.com.cn，Web服务器IP地址是58.63.236.32/8，DNS服务器地址是202.96.134.133/24，IP共享器的Internet口拨号后获取的自动分配IP地址段是201.96.100.0/24，它给局域网分配的IP地址段是192.168.100.0/24。

PPPoE拨号的账户信息：用户名sziit，密码sziit。

无线局域网的SSID为hlyj，采用WEP加密，密码为123456789a。注意本章的IP共享器的WEP密码长度有2类，即长度为10或26位。而且密码中的符号只能是十六进制的数位，即0,1,2,…,9,A，B,…,F。

11.4　无线局域网配置任务实施与验证

11.4.1　相关准备工作

1. 更换笔记本式计算机的网卡

Packet Tracer中笔记本式计算机默认配置的网卡是PT-LAPTOP-NM-1CFE，是有线网卡。为了建立无线局域网，需要更换笔记本式计算机的网卡。如图11-8所示，先单击开关，关闭笔记本式计算机的电源，然后单击网卡，并拖动到左边的计算机配件区，最后选择无线网卡Linksys-WPC300N，并拖动到笔记本式计算机安装网卡的位置，完成网卡的安装。这时再单击电源开关，笔记本式计算机就可以与IP共享器组织无线局域网。

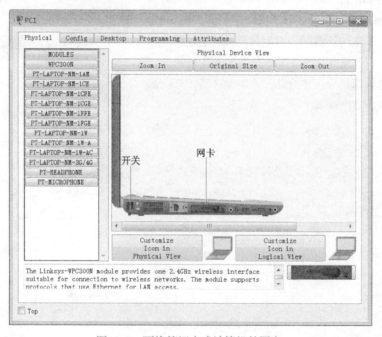

图11-8　更换笔记本式计算机的网卡

2. 配置IP地址

单击图11-7中的IP共享器，在弹出的界面中单击"Config"选项卡中的"LAN"按钮，如图11-9所示，配置IP共享器局域网接口的IP地址为192.168.100.1/24，它就是局域网计算机的网关。设定该地址后，家庭局域网的IP地址网段也就确定为192.168.100.0/24。

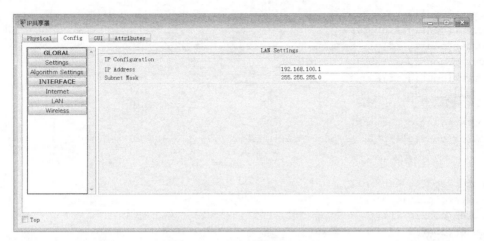

图11-9　配置局域网IP地址段

3. 配置云

单击图11-7中的云，在弹出的界面中单击"Config"选项卡中的"DSL"按钮，图11-10所示，参照图11-7所示的接口标识，在下拉列表中选择DSL的连接端口，最后单击"Add"按钮，配置云的DSL端口连接方式。

4. 配置服务器

参照7.5.1节配置好DNS服务器和新浪网的Web服务器的IP地址及相关服务。

11.4.2　配置PPPoE拨号服务器

由于实际应用中用户不用配置这部分功能，因此从教学需要考虑，这里只要求学生了解PPPoE拨号服务器的配置。

图11-10　配置云的DSL端口连接方式

1. 配置VPDN

```
Router>ena
Router#config terminal
Router(config)#vpdn enable
Router(config)#vpdn-group sziitgroup
Router(config-vpdn)#accept-dialin
Router(config-vpdn-acc-in)#protocol pppoe
Router(config-vpdn-acc-in)#virtual-template 1
```

2. 配置虚拟端口

```
Router#config terminal
Router(config)#interface virtual-Template 1
Router(config-if)#ip unnumbered  f0/0
Router(config-if)#peer default ip address pool sziitpool
Router(config-if)#ppp authentication chap
```

3. 配置PPPoE的账户

```
Router#config terminal
Router(config)#username sziit password  0 sziit
```

4. 配置接入拨号的以太口

```
Router#config terminal
Router(config)#int f0/0
Router(config-if)#ip address 201.96.100.254 255.255.255.0
Router(config-if)#pppoe enable
Router(config-if)#no shutdown
```

5. 配置DHCP

```
Router#config terminal
Router(config)#ip local pool sziitpool 201.96.100.100 201.96.100.200
```

6. 配置接口IP地址

```
Router#config terminal
Router(config)#interface f1/0
Router(config-if)#ip address 202.96.134.254 255.255.255.0
Router(config-if)#no shutdown
Router(config-if)#interface f1/1
Router(config-if)#ip address 58.63.236.254 255.0.0.0
Router(config-if)#no shutdown
```

11.4.3　配置IP共享器

1. 配置Internet接口

单击IP共享器，在弹出的界面中单击"Config"选项卡中的"Internet"按钮，配置共享器的Internet接口，如图11-11所示，在连接类型选项区域中选择PPPoE的连接方式，并输入拨号的账户信息。

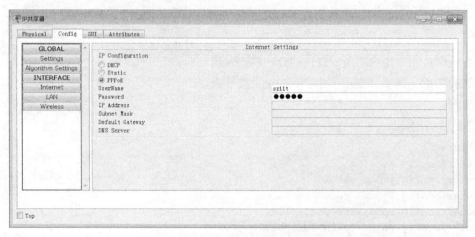

图11-11　配置IP共享器的Internet接口

2. 配置DHCP

有多种方式实现局域网的DHCP功能，这里是采用IP共享器的DHCP功能。选择"GUI"选项卡，在配置图11-12所示的DHCP服务器。最后单击图11-12中最后一行的"Save Settings"按钮保存设置。

3. 计算机自动获取IP地址

单击PC2，在弹出的界面中单击"Desktop"选项卡中的"IP Configuration"按钮，按照图11-13所示选择"DHCP"单选按钮，PC2将自动获取IP共享器分配的IP地址。

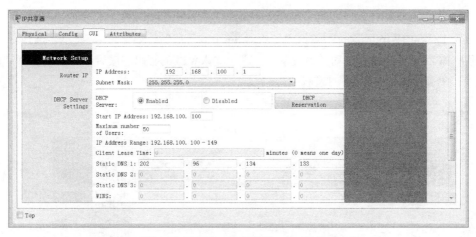

图11-12　配置IP共享器的DHCP服务器

图11-13　配置PC2自动获取IP

11.4.4　配置无线局域网

1. 配置无线网SSID

单击IP共享器，在弹出的界面中单击"GUI"选项卡中的"Wireless"标签，配置无线网的SSID。切记在配置好SSID后，要单击图11-14中最后一行的"Save Settings"按钮保存设置。

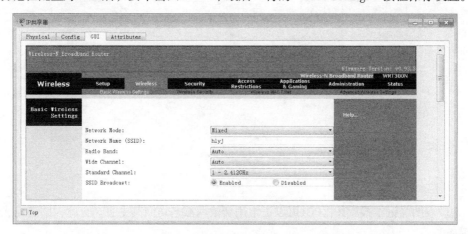

图11-14　配置无线局域网SSID

2. 配置WEP

单击图11-14中Wireless标签下的"Wireless Security"按钮，如图11-15所示，选择"Security Mode"为"WEP"，系统会自动弹出表单，让用户输入WEP的密码。最后，向下滚动窗口右边滑动条至底，单击"Save Settings"按钮保存设置。

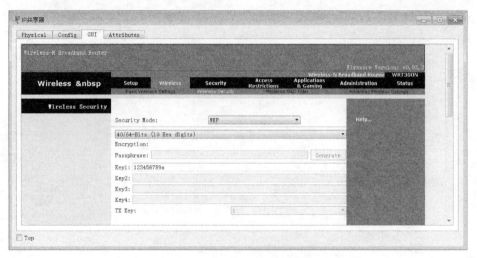

图11-15　配置IP共享器的WEP密码

3. 配置无线终端设备

单击PC1，在弹出的界面中单击"Config"选项卡中的"Wireless0"按钮，如图11-16所示，配置PC1无线网卡的SSID，并设置无线网卡的WEP密码。配置智能手机上网的操作界面与图11-16相同。

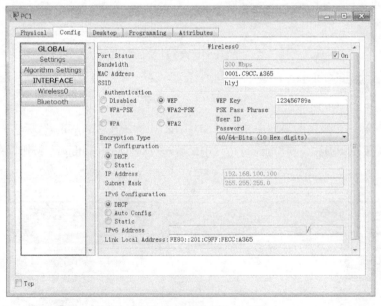

图11-16　配置无线网卡的参数

11.4.5　验证

图11-17表明笔记本式计算机PC1可以正常用新浪网域名访问其主页。至此，圆满完成无线局域网配置任务。

图11-17 验证无线局域网访问因特网功能

习 题

1. 简述无线局域网的优点和缺点。

2. 无线局域网采用的传输媒体主要有哪些？

3. 简述无线局域网的安全措施。

4. 参照本章内容，配置自己家中的非Cisco公司的IP共享器，实现家里的无线局域网上因特网的功能。

第 12 章
路由器的IP配置

学习目标
- 掌握IP及其子网划分的知识。
- 掌握路由器如何使用子网IP地址。
- 掌握IP地址配置规则。

12.1 路由器的IP协议配置基础知识

12.1.1 IP地址

IP又称互联网协议，是支持网间互连的数据报协议，并规定了网络层数据分组的格式，包括IP数据报规定互连网络范围内的IP地址格式。IP用来在网络中交换数据，并负责路由选择。

目前常用的IP地址是IPv4，即IP第四版本。它由32个二进制位表示，每8位二进制数用一个十进制数来表示，每字节间用句点". "分开，这种表示方法称为点分十进制表示法。例如159.226.41.98就是一个有效IP地址。

一个IP地址分为网络号和主机号两部分。网络号表示主机所在的网络编号，主机号则表示主机在所在网络中的地址编号。

为了便于寻址和层次化的构造网络，IP地址被分为图12-1所示的A、B、C、D、E这5类。

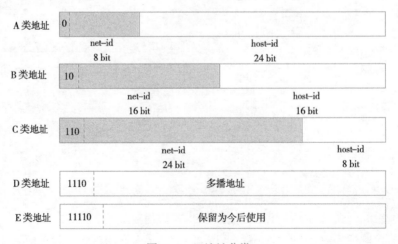

图12-1 IP地址分类

12.1.2　网络前缀

在检查网络地址时，我们可能会问："如何才能知道有多少位代表网络部分，多少位代表主机部分？"问题的答案就是前缀长度，表示 IPv4 的网络地址时，我们在网络地址后添加一个前缀长度。前缀长度给出地址中网络部分的比特位数。前缀长度写成斜线格式，即"/"后跟网络位数，例如在 172.16.4.0/24 中，/24 就是前缀长度，它告诉我们前 24 位是网络地址。这样，剩下的八位，即最后一个八位组就是主机部分。

分配给网络的前缀并不一定都是 /24，具体取决于网络中的主机数量。使用不同的前缀数字会改变每个网络的主机范围和广播地址。如表 12-1 所示，前缀长度不同时，网络地址可以保持不变，但主机范围和广播地址会发生变化，从此表中还可看出，网络中可以分配到地址的主机数量也会发生变化。

表 12-1　网络 172.16.4.0 使用不同的前缀

网络	网络地址	主机范围	广播地址
172.16.4.0/24	172.16.4.0	172.16.4.1～172.16.4.254	172.16.4.255
172.16.4.0/25	172.16.4.0	172.16.4.1～172.16.4.126	172.16.4.127
172.16.4.0/26	172.16.4.0	172.16.4.1～172.16.4.62	172.16.4.63
172.16.4.0/27	172.16.4.0	172.16.4.1～172.16.4.30	172.16.4.31

12.1.3　子网掩码

为了确定 IP 地址的哪部分代表网络号，哪部分代表主机号以及判断两个 IP 地址是否属于同一网络，就产生了子网掩码的概念。

前缀和子网掩码是同一件事情的两种不同的表示方式，都代表地址的网络部分。前缀长度告诉我们地址中有几位是网络部分，更易于理解。子网掩码用于数据网络中设备对网络部分的定义。

子网掩码也采用 32 个二进制位来表示。子网掩码给出了整个 IP 地址的位模式，其中的 1 代表网络部分，0 代表主机号部分，应用中也采用点分十进制来表示。例如，255.255.255.0 就是常用的 C 类 IP 地址的子网掩码。

12.1.4　子网划分

把一个网络分成若干较小的网络就是子网划分。例如，可把一个 C 类网络划分为 32 个较小的网络，每个较小的网络就是一个子网。划分子网后，可以提高 IP 地址的利用率，可以减少在每个子网上的网络广播信息量，可以使互连网络更加易于管理。

划分子网的主要工具就是子网掩码。例如，某 B 类地址在未划分子网时，子网掩码为 16 bit。该子网掩码用二进制表示为 11111111 11111111 00000000 或用点分十进制表示为 255.255.0.0。

某 B 类地址若要划分为 254 个子网，则子网掩码为 24 bit。该子网掩码表示为 11111111 11111111 11111111 00000000 或 255.255.255.0，即使用了 8 bit 主机号来代表子网号（把 8 个 0 变成了 8 个 1）。

现在有多种功能强大的划分子网的软件，可以提高网络工程师进行子网划分的工作效率。下面用一个子网划分工具软件，把 192.168.0.0/24 划分为 4 个子网。步骤如下：

① 确定所需的子网数目 x；x = 4。

② 确定保留位数：$2^n>=4$ 则n=2,3,4, ...，取其最小值n=2。

③ 确定子网掩码长度: 24+2=26，子网掩码为255.255.255.192。

如图12-2所示，选择"网络IP->各子网IP"选项卡，输入IP地址192.168.0.0，选择子网个数为4。单击"计算"按钮，立即在右边文本框中显示计算结果，即4个子网的起始到结束IP地址范围。子网的起始地址为该子网的网络号，结束地址为该子网的广播地址，起始地址和结束地址之间的IP地址为该子网有效地址。例如，第2个子网的网络号为192.168.0.64/27，广播地址为192.168.0.127/27，该子网的有效IP地址从192.168.0.65/27至192.168.0.126/27共62个。

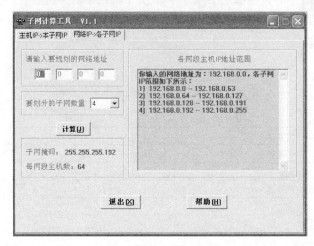

图12-2　子网划分软件

划分子网后，确定子网中有效的主机个数的公式如下：

主机个数=$2^{主机位数}-2$

12.1.5　VLSM与CIDR

所有IPv4地址已分配完，路由表爆炸性增长，如何合理使用IP地址以及减小路由表大小已成为迫切需要解决的问题。其中，可变长子网掩码VLSM和无类别域间路由CIDR技术是解决这种问题的一种方案。

按类划分IP地址时，默认的子网掩码长度为A类8 bit、B类16 bit、C类24 bit。使用子网后，子网掩码的长度就改变了，称为可变长子网掩码（VLSM）。同时，可以把网络分成多个不同大小的子网，每个子网掩码的长度可以不一样，这就使得IP地址的分配更加灵活。

超网是与子网相反的概念，它是把一些较小的网络组合成一个大网络。例如，8个C类网络，从199.99.168.0～199.99.175.0，使用子网掩码255.255.248.0表示为网络199.99.168.0。即199.99.168.0 255.255.248.0就是一个由8个C类网络组成的超网，这种IP地址的编址方式称为超网编址。

超网编址的表示方法与IP地址的表示方法类似，可用点分十进制、二进制来表示。掩码的格式与子网掩码的格式也一样，称为CIDB掩码，可用二进制或点分十进制表示。

采用超网编址后，网络对外部路由的数量就可减少。比如说，把256个C类地址192.1.0.0～192.1.255.0分配给一个ISP，ISP再把其分配给256个最终用户，这256个最终用户属于超网的内部（一个域）。此时该ISP到内部最终用户的路由有256条，但该ISP作为一个整体，其外部路由表（与其他域之间通信）却只有一个路由表项，这样就简化了路由表。该超网编址表示为

192.1.0.0 255.255.0.0，即是外部路由表的目标网络地址。

从超网编址的表示方式可以看出，最初的 A、B、C 类地址分类界线已不存在，是一种不区分类型的编址方式，故称为"无类型"，把超网作为一个整体（域）来完成不同超网之间的寻址，是为"域间路由"，合起来称为"无类型域间路由"（CIDR）。

12.2　路由器的IP协议配置常用命令

配置路由器 IP 协议的常用命令如下：

① 在接口模式下，为路由器接口配置一个 IP 地址：

`ip address {本接口IP地址} {子网掩码}`

例如，命令 Router1(config-if)#ip add 200.199.198.241 255.255.255.252 就是给路由器的某个接口配置 IP 地址。

② 给一个接口指定多个 IP 地址：

`ip address {ip-address} {mask} secondary`

其中，secondary 参数使每一个接口可以支持多个 IP 地址。可以重复使用该命令指定多个 secondary 地址，Secondary IP 地址可以用在多种情况下。例如，在同一接口上配置两个以上的子网的 IP 地址，可以用路由器的一个接口来实现连接在同一个局域网上的不同子网之间的通信。

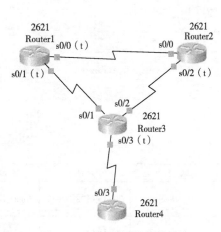

12.3　路由器的IP协议配置学习情境

A 公司决定建设一个图 12-3 所示的计算机广域网。现在硬件设备全部安装到位，通信线路也已连接好，需要进行 IP 地址设计并配置到路由器的各个接口。

图12-3　计算机网络拓扑结构

12.4　路由器的IP配置任务计划与设计

12.4.1　IP配置的基本原则

路由器的每个接口都连接着某个网络。路由器是网络层的设备，其接口也要用网络地址来标识。在 IP 网络中，则用 IP 地址来标识。

路由器的某接口连接到某网络上，则其 IP 地址的网络号和所连接网络的网络号应该相同。详细说来，应遵循以下规则：

① 路由器的物理网络接口一般要有一个 IP 地址。

② 相邻路由器的相邻接口地址必须在同一子网上。

③ 同一路由器的不同接口的 IP 地址必须在不同的子网上。

④ 除了相邻路由器的相邻接口外，所有路由器的任意两个非相邻接口的地址都不能在同一个子网上。

⑤ 无论是局域网还是广域网接口，IP 地址的配置方式都是相同的。

12.4.2　IP地址设计

根据12.4.1节的IP地址设计原则，设计用C类地址200.199.198.0/24给图12-3所示的路由器各个接口分配IP地址，总共需要4个子网网络地址。

图12-4是用子网划分工具把C类地址200.199.198.0/24划分为64个子网，单击"计算"按钮，得到图12-5所示的划分子网的结果。那么只要从这64个子网中选择4个子网的有效IP地址，即可满足图12-3所示的网络需要。这里选择图12-5中的第61到第64这4个子网，得到表12-2所示的IP地址设计结果。图12-6是对应的图形所表示的结果。应用图12-6所示的结构网，即可非常方便地配置IP地址和排查网络故障。

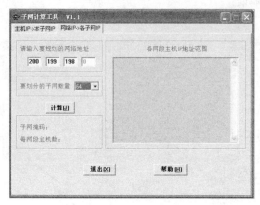 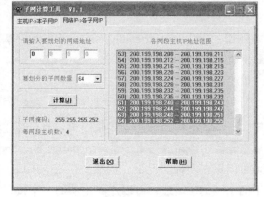

图12-4　用软件自动划分子网　　　　　图12-5　划分子网的结果

表12-2　IP地址设计结果

链路	子网地址	本端接口名	本端接口IP地址	对端接口名	对端接口IP地址
Router1–Router2	200.199.198.240/30	Router1–s0/0	200.199.198.241 255.255.255.252	Router2–s0/0	200.199.198.242 255.255.255.252
Router1–Router3	200.199.198.244/30	Router1–s0/1	200.199.198.245 255.255.255.252	Router3–s0/1	200.199.198.246 255.255.255.252
Router2–Router3	200.199.198.248/30	Router2–s0/2	200.199.198.249 255.255.255.252	Router3–s0/2	200.199.198.250 255.255.255.252
Router3–Router4	200.199.198.252/30	Router3–s0/3	200.199.198.253 255.255.255.252	Router4–s0/3	200.199.198.254 255.255.255.252

为什么要划分64个子网呢？从图12-5可知，如果把C类地址划分64个子网，那么子网掩码为255.255.255.252，用子网掩码的长度表示就是30。这时每个子网中只有4个IP地址。除掉第一个子网的网络地址和最后一个子网广播地址，那么剩下2个有效的IP地址，刚好满足连接路由器两个接口的IP地址需要。如果划分的子网数大于64个，那么每个子网有效的IP地址数无法满足最少2个有效IP地址的需要。如果划分的子网数小于64个，那么每个子网有效的IP地址数大于2，根据12.4.1节的IP地址应用规则，从这些有效的IP地址中用掉连接路由器的两个接口的IP地址后，剩余的IP地址只能浪费掉。这对于IPv4地址非常紧缺的今天，浪费宝贵的IP地址是绝不可行的，这就是设计路由器的IP地址必须要进行子网划分的原因。

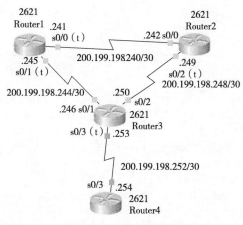

图12-6　IP地址设计结果

12.5　路由器的IP协议配置实施与验证

12.5.1　配置IP地址

1. 配置Router1

```
Router1>
Router1>ena
Router1#conf t
Router1(config)#int s0/0
Router1(config-if)#ip add 200.199.198.241 255.255.255.252
Router1(config-if)#clock rate 64000
！接DCE线缆的路由器接口要配置同步时钟
Router1(config-if)#no shut
Router1(config-if)#int s0/1
Router1(config-if)#ip add 200.199.198.245 255.255.255.252
Router1(config-if)#clock rate 64000
Router1(config-if)#no shut
Router1(config-if)#
```

在接口配置完IP地址并且激活和正常工作后，路由器会加入直接连接的路由到它的路由表中。直接连接的路由是直接连接到路由器上的子网路由。

2. 配置Router2

```
Router2>ena
Router2#conf t
Router2(config)#int s0/0
Router2(config-if)#ip add 200.199.198.242 255.255.255.252
Router2(config-if)#no shut
Router2(config-if)#int s0/2
Router2(config-if)#ip add 200.199.198.249 255.255.255.252
Router2(config-if)#clock rate 64000
Router2(config-if)#no shut
Router2(config-if)#
```

3. 配置Router3

```
Router3>
Router3>ena
Router3#conf t
Router3(config)#int s0/1
Router3(config-if)#ip add 200.199.198.246 255.255.255.252
Router3(config-if)#no shut
Router3(config-if)#int s0/2
Router3(config-if)#ip add 200.199.198.250 255.255.255.252
Router3(config-if)#no shut
Router3(config-if)#int s0/3
Router3(config-if)#ip add 200.199.198.253 255.255.255.252
Router3(config-if)#clock rate 64000
Router3(config-if)#no shut
Router3(config-if)#
```

4. 配置Router4

```
Router4>ena
Router4#conf t
Router4(config)#int s0/3
Router4(config-if)#ip add 200.199.198.254 255.255.255.252
Router4(config-if)#no shut
Router4(config-if)#
```

12.5.2 验证

有3种方式验证路由器IP地址设计与配置是否正确。

① 简单目测法。如果路由器各个接口配置IP地址并开启后，图12-6中表示接口状态的小红实心圆如果变成绿色，那么表明配置操作正确。

② 方法是使用"show interface 接口名"命令查看路由器当前接口状态是否处于up状态。如果是up状态，就表明配置操作正确。有关接口状态组合及含义参考10.5.4节。

```
Router1#show int s0/0
Serial0/0 is up, line protocol is up (connected)
  Hardware is HD64570
  Internet address is 200.199.198.241/30
  MTU 1500 bytes, BW 1544 Kbit, DLY 20000 usec, rely 255/255, load 1/255
  Encapsulation HDLC, loopback not set, keepalive set (10 sec)
  Last input never, output never, output hang never
  Last clearing of "show interface" counters never
  Input queue: 0/75/0 (size/max/drops); Total output drops: 0
  Queueing strategy: weighted fair
  Output queue: 0/1000/64/0 (size/max total/threshold/drops)
    Conversations  0/0/256 (active/max active/max total)
    Reserved Conversations 0/0 (allocated/max allocated)
  5 minute input rate 0 bits/sec, 0 packets/sec
  5 minute output rate 0 bits/sec, 0 packets/sec
    0 packets input, 0 bytes, 0 no buffer
    Received 0 broadcasts, 0 runts, 0 giants, 0 throttles
    0 input errors, 0 CRC, 0 frame, 0 overrun, 0 ignored, 0 abort
    0 packets output, 0 bytes, 0 underruns
    0 output errors, 0 collisions, 2 interface resets
```

```
          0 output buffer failures, 0 output buffers swapped out
          0 carrier transitions
          DCD=up  DSR=up  DTR=up  RTS=up  CTS=up
```

③ 使用 "ping IP地址" 命令测试路由器当前接口的连通性，如果能ping通，则表明配置操作正确。

```
Router1#ping 200.199.198.241

Type escape sequence to abort.
Sending 5, 100-byte ICMP Echos to 200.199.198.241, timeout is 2 seconds:
!!!!!
Success rate is 100 percent (5/5), round-trip min/avg/max=50/125/391 ms
Router1#ping 200.199.198.242

Type escape sequence to abort.
Sending 5, 100-byte ICMP Echos to 200.199.198.242, timeout is 2 seconds:
!!!!!
Success rate is 100 percent (5/5), round-trip min/avg/max=16/25/32 ms
```

12.5.3　异常情况

由于误操作，两个路由器相邻接口的IP地址不在同一网段，Cisco的IOS不会有任何错误提示信息，而且用目测法和查看接口状态的方法，都会显示正常状态，但如果用ping命令，就会发现问题，这时相邻两接口的IP地址都ping不通。在日常工作中发生这种错误的几率比较高。常常就是这样一个简单的误操作，导致网络无法正常工作，需要花大量时间进行排查。一个比较好的经验就是，在配置完IP地址后再对照网络拓扑结构的IP地址设计图检查是否有误操作，这样会极大地提高工作效率。

如果在同一个路由器的不同接口上，配置了相同网络地址的IP，会出现图12-7所示的警告信息提示框，提示当前接口的IP地址与同一路由器上的某个接口的IP地址重叠。

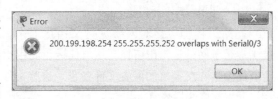

图12-7　警告信息提示框

习　　题

1. 用子网划分工具总结子网掩码所有的数字，如255、254、252等。

2. 给定IP地址192.168.100.5，用子网划分工具分别计算划分2、4、8、16、32、64、128个子网时的网络号和主机地址。

3. 两路由器的相邻接口中的一个用了子网IP地址、一个用了主网地址，这样配置IP地址会出现问题吗？为什么？请在Packet Tracer上验证。

4. 解释超网和无类域间路由的含义。

第**13**章

网络环境管理

学习目标

- 了解映像文件的概念。
- 理解SNMP网络管理模式。
- 熟练掌握路由器配置文件的管理方法。
- 掌握用SNMP管理网络设备的方法。
- 熟练掌握装载和备份Cisco IOS映像文件的命令方法。
- 掌握常用的网络环境管理的命令。

13.1 网络环境管理基础知识

13.1.1 网络文档化工作

网络工程师应该对网络进行文档化工作。这其中的文件包括工程绘图（用来显示物理安装）、带子网的逻辑IP拓扑、从电信运营商租用的线路等。文件中还应该包括存储在服务器上的所有路由器和交换机的配置文件备份。这些文件很方便地被工程人员所利用，能够在路由器和交换机配置被修改后恢复。

工程师应该在公司的网络中定义配置路由器和交换机的标准。持续的网络标准的建立将有助于减少网络的复杂性、意外地中断以及很多影响网络性能的事件。例如公司的配置标准定义为：工程师为网络中的接点选取子网号和路由器的IP地址，路由器的IP地址总是使用子网中的最后一个IP。路由器的主机名需要和网络所使用工程绘图中的名字相同。

配置标准化使工程师可以更加容易地对网络进行排错和调整。有了标准，任何人都能通过网络绘图了解网络情况而写下配置标准，能够非常快地知道网络最重要的信息。

对于路由器的配置文件来说，参数值run（即running-config）表示存放在DRAM中的配置；参数值start（即startup-config）表示存放在NVRAM中的配置。所有的配置命令只要输入后马上就会存在DRAM中并运行，但断电后会马上丢失。而NVRAM中的配置只有在重新启动之后才会被复制到DRAM中运行，断电后不会丢失，因此必须养成好的配置习惯。在确认配置正确无误后应将配置文件复制到NVRAM中。

特别强调要备份网络设备的配置文件到网络设备以外的存储介质上，例如用TFTP方式备份到计算机上。这有利于在网络设备出现重大灾难性问题时保护配置，同时还可与已备份的其他网络数据归档存储。

如果网络设备有USB口，可直接复制到外部存储器中。这样当路由器发生故障或更新网络设备时，只要直接把备份文件复制到新的网络设备中，设备就可以立即投入运行，不用再重新配置网络设备。

图13-1清楚描述了DRAM、TFTP和NVRAM之间的复制关系。利用IOS的copy命令可方便地实施上述文件操作功能。

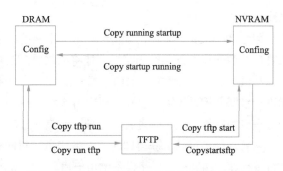

图13-1　DRAM、TFTP和NVRAM之间的复制关系

13.1.2　Cisco的IOS

Cisco IOS是运行于Cisco路由器上的主要操作系统，既可以运行于小的、廉价的路由器上，也可运行于大的、昂贵的路由器上；既可以用于新的路由器上，也可用于旧的路由器上。由于IOS的一致性，特别是IOS基本部分CLI和很多命令在不同型号的路由器上和不同版本的软件中是一样的，所以非常方便网络工程师使用相同的命令进行相同的工作。

Cisco公司将整个IOS存成一个文件，称为IOS映像，其存储在路由器的闪存中。Cisco公司在不断推出新的产品型号的同时，也在不断提高IOS的功能，开发出新版本的IOS。为了区分不同的IOS映像，Cisco公司制定了标准的IOS映像文件命名方法。文件名中包含特性集、路由器型号和版本号等信息。图13-2就是IOS文件命名的一个例子。

网络工程师可根据实际需要和网络设备硬件条件许可，为当前路由器下载更新IOS映像文件。

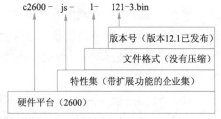

图13-2　IOS文件命名示意图

Cisco IOS软件带有内置的TFTP客户端，使用它可连接到网络上的TFTP服务器。

13.1.3　网络管理

1. SNMP协议介绍

简单网络管理协议（Simple Network Management Protocol，SNMP）是由互联网工程任务组（Internet Engineering Task Force，IETF）定义的一套网络管理协议。该协议基于简单网关监视协议（Simple Gateway Monitor Protocol，SGMP）。利用SNMP，一个管理工作站可以远程管理所有支持这种协议的网络设备，包括监视网络状态、修改网络设备配置、接收网络事件警告等。虽然SNMP开始是面向基于IP的网络管理，但作为一个工业标准也被成功用于电话网络管理。

SNMP协议已发展到第三版，它已成为计算机网络管理方面实际遵循的标准。几乎所有的网络硬件厂商开始把SNMP加入到它们制造的每一台设备。今天，各种网络设备上都可以看到默认启用的SNMP服务，从交换机到路由器，从防火墙到网络打印机，无一例外。仅仅是分布广泛还不足以造成威胁，问题是许多厂商安装的SNMP都采用了默认的通信字符串（如密码），这些通信字符串是程序获取设备信息和修改配置必不可少的。采用默认通信字符串的好处是网络上的软件可以直接访问设备，无须经过复杂的配置，但不可避免地带来了网络风险。要避免SNMP服务带来的安全风险，最彻底的办法是禁用SNMP。对于Cisco的网络硬件，在全局模式下执行"no SNMP-server"命令禁用SNMP服务。如果要检查SNMP是否关闭，可执行"show SNMP"命令。

2. SNMP 的管理模型

在SNMP 管理模型中有3个基本组成部分：管理者（Manager）、管理代理（Agent）和管理信息库（MIB）。

管理者一般是一个单机设备或一个共享网络中的一员。例如Packet Tracer中的计算机，它是网络管理员和网络管理系统的接口，能将网络管理员的命令转换成对远程网络元素的监视和控制，同时从网上所有被管实体的MIB（管理信息库）中提取出信息数据。作为管理者，它还必须拥有能进行数据分析、故障发现等管理应用软件。Packet Tracer中的计算机桌面中的"MIB browser"就是管理应用软件。整个管理者的管理工作是通过轮询代理来完成的。管理者可以通过 SNMP 操作直接与管理代理通信，获得即时的设备信息，对网络设备进行远程配置管理或者操作；也可以通过对数据库的访问获得网络设备的历史信息，以决定网络配置变化等操作。

SNMP管理代理指的是用于跟踪监测被管理设备（如主机、网桥、路由器和集线器等）状态的特殊软件或硬件，每个代理都拥有自己本地的MIB。实际上，SNMP 的管理任务是移交给管理代理来执行的。代理翻译来自管理者的请求，验证操作的可执行性，通过直接与相应的功能实体通信来执行信息处理任务，同时向管理者返回响应信息。

3. 管理信息库（MIB）

网络中每个被管理的设备有若干属性，网络管理的任务就是对这些属性进行有效的控制与管理。那么，每个属性在网络管理中是以对象表示的，这些对象的集合形成了MIB库。每个MIB变量记录了每个相连网络的状态、通信量统计数据、发生差错的次数以及内部数据结构的当前内容等。网络管理者通过对MIB库的存取访问，来实现五大管理功能：性能管理、配置管理、安全管理、故障管理和计费管理。。

MIB给出了一个网络中所有可能的被管理对象的集合的数据结构。SNMP的管理信息库采用和域名系统DNS相似的树状结构，它的根在最上面，根没有名字。SNMP消息通过遍历MIB树状目录中的节点来访问网络中的设备。图13-3是管理信息库的一部分，它又称为对象命名树。

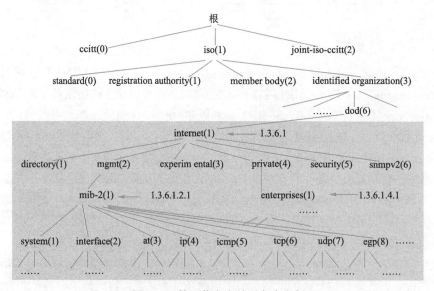

图13-3　管理信息库的对象命名树

如图13-3所示，每个MIB对象都用对象标识符（OID）来唯一标识，mib-2的OID是1.3.6.1.2.1。所以，在后续操作中，所有管理对象的OID都是以这个标识开头。

MIB中的对象1.3.6.1.4.1，即enterprises（企业），其所属结点数已超过3 000。例如，Cisco为

1.3.6.1.4.1.9。世界上任何一个公司只要用电子邮件发往iana-mib@isi.edu进行申请即可获得一个节点名。这样各厂家就可以定义自己的产品的被管理对象名，使它能用SNMP进行管理。

由于SNMP是工作在UDP上的协议，即无连接的报文通信方式，它不保证报文是否正确到达。SNMP使用一种称作"取—存"的范例来实现各种操作。主要有以下3种消息：

① Get：由管理者去获取代理管理信息库的值，通过发送Get – Request、Get – Next – Request与Get-Response三种消息来实现。管理者通过发送Get – Request报文从拥有SNMP管理代理的网络设备中获取指定对象的信息，而管理代理用Get – Response报文来响应Get – Request报文。Get – Next – Request是获取一个表中指定对象的下一个对象，因此通常用它来获取一个表中的所有对象信息。

② Set：由管理者设置代理的管理信息库的对象值，通过发送Set – request来实现，它可以对一个网络设备进行远程参数配置。

③ Trap：使得代理能够向管理者通告重要事件，是属于非请求的消息，这些消息通知管理者发生了特定事件。Trap消息可以用来通知管理者线路的故障、连接的终端和恢复、认证失败等消息。

13.1.4　网络排错技巧

在网络配置和网络运行过程中，经常出现网络故障，如何快速排除网络故障是每个网络管理员非常关注的问题。这里按照OSI七层模型，分层排除故障。

OSI模型的第一层定义了有关物理连接的细节，包括线缆和连接器。排查网络故障时的重点错误项包括：线缆断裂，连接了错误接口，接触不良，使用错误线缆，串行口速率配置不当，DCE或者DTE线缆选择错误。

OSI模型的第二层定义了一些协议，这些协议用来控制和管理设备如何使用底层的物理介质。在排查网络故障时，重点检查串行接口配置正确与否，以太网配置是否正确，是否封装了正确网络协议配置。

和第二层一样，第三层的很多问题是由于错误配置导致的，可用ping命令排错。检查配置的错误项包括：没有配置路由协议，路由协议的配置没有使路由协议在所应启动的接口上启动，错误的静态路由，错误的路由协议配置，路由器或PC的IP地址或子网掩码错误，PC的默认网关错误，没有配置正确的DNS的IP地址等。

如果要想证明两台主机间的TCP/IP所有层工作都是正常的，可以使用telnet命令来测试。从路由器、交换机或者主机上，指定远端主机的IP地址或者主机名，如果看到了登录提示，则表示测试成功。实际上，工程师不需要登录到远端主机上，因为当他看到命令提示时，Telnet已经建立了TCP通道，协商好了Telnet的选项，并且发送了一组消息。

13.1.5　网络基线

监控网络和排除网络故障最有效的工具之一就是建立网络基线，基线是一个过程，用于定期研究网络，以确保网络的工作情况，符合设计意图。它远非记录特定时间点的网络健康状态的一个报告那么简单。创建一条有效的网络性能基线，需要一段较长的时间才能完成。在不同时间以及各种负载下测量网络性能，有助于建立更准确的网络整体性能概貌。

网络命令的输出可为网络基线提供数据。开始基线的方法之一就是将ping、trace或其他相关命令的执行结果复制并粘贴到文本文件中。然后为这些文本文件加上时间戳，并保存到档案中，以备将来检索。所存储的信息的一个有效用途就是比较结果随时间的变化情况。需考虑的项目包括错误消息以及主机之间的响应时间。如果响应时间增加较大，则表示可能有延时问题需要解决。

创建文档的重要性不言而喻，验证主机之间的连通性和延时问题，并解决所发现的问题，网络管理员就可以尽量提高网络的工作效率。企业网络应该制备详尽的基线，覆盖内容要远比这里所述全面得多，可选用专业的软件工具来存储和维护基线信息。

13.2　网络环境管理常用命令

管理网络环境的常用命令如下：

① 文件复制：

copy　{源位置}　{目的位置}

copy命令可将某个源位置所指定的文件复制到目的位置所指定处，这与DOS下的copy命令功能是一致的。Cisco路由器中源和目的位置可以为FLASH、DRAM、TFTP、NVRAM。Cisco 2800系列路由器配有USB口，因此增加了一个名为usbflash0:和usbflash1:的位置。不过，在插入USB盘前copy命令中不会有这个参数。在使用USB盘前需要用IOS的命令format usbflash0:进行格式化。

② 显示从每一个本地端口上获得的CDP信息。如邻居路由器ID、本地接口、保持时间（以 s 为单位）、邻居设备功能代码、邻居硬件平台、邻居远程端口ID。

show cdp neighbors

③ 显示从每一个本地端口上获得的CDP的详细信息。当两台路由器无法通过共享的数据链路进行路由时，此命令非常有用。另外，它有助于确定某个CDP邻居是否存在IP配置错误。

show cdp neighbors detail

④ 配置SNMP只读团体名：

snmp-server　community {团体名}　ro

例如，route(config)#snmp-server community cisco ro就是配置只读团体名为cisco。

⑤ 配置SNMP读写团体名：

snmp-server community {团体名}　rw

例如，route(config)#snmp-server community sziit rw就是配置读写团体名为sziit。

13.3　网络环境管理学习情境

两台相距较远路由器连接各自的局域网，网络运行状态稳定、功能正常，结构如图13-4所示。管理Router1的工程师想在本地了解Router2的信息，如果Router2的IOS版本比较高，则升级Router1的IOS。在升级之前应备份好当前路由器的配置文件。为了完成这些任务，该工程师专门架设了一台TFTP服务器。

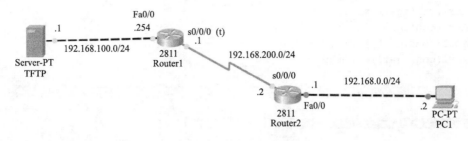

图13-4 网络拓扑结构图

13.4 网络环境管理任务计划与设计

参照9.4节的方法，搭建图13-4所示的网络环境。设计把Router1的启动配置文件备份到TFTP服务器上，备份的启动配置文件名为Router1-config-bk。备份完配置文件，从Router1查看Router2的信息，最后Router1从TFTP更新IOS映像文件。表13-1列出了网络设备所需要的IP地址。

PC1为网络管理工作站，Router2为管理代理，要求在PC1上通过网络管理软件获取Router2的接口信息，并修改设备名称为Sziit-router2。设计管理代理的只读团体名称为sziit_ro，读写团体名称为sziit_rw。

表13-1 IP地址设计表

设 备 名	接 口	IP地址
TFTP服务器	网卡	192.168.100.1/24
Router1	s0/0/0	192.168.200.1/24
	F0/1	192.168.100.254/24
Router2	s0/0/0	192.168.200.2/24
	F0/0	192.168.0.1/24
PC1	网卡	192.168.0.2/24

13.5 网络环境管理任务实施与验证

13.5.1 配置IP地址

1. 配置TFTP服务器

如图13-5所示，配置TFTP服务器IP地址时，不要遗漏配置网关地址。照此配置PC1的IP地址，其网关设置为192.168.0.1。

先选择TFTP服务器的"Services"选项卡，再单击左边的"TFTP"按钮，如图13-6所示，显示了TFTP服务器根目录下的文件列表，这全部是Cisco网络设备的IOS映像文件。

2. 配置Router1

```
Router1>ena
Router1#conf t
Router1(config)#int f0/1
Router1(config-if)#ip add 192.168.100.254 255.255.255.0
Router1(config-if)#no shut
```

```
Router1(config-if)#int s0/0/0
Router1(config-if)#ip add 192.168.200.1 255.255.255.0
Router1(config-if)#clock rate 64000
Router1(config-if)#no shut
```

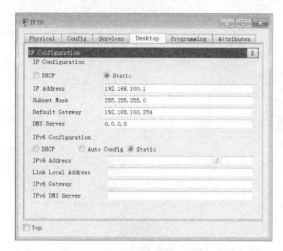

图13-5　配置TFTP服务器IP地址

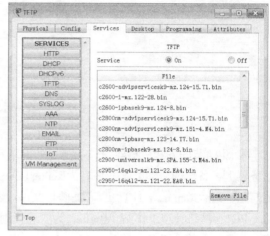

图13-6　TFTP服务器的文件列表

3. 配置Router2

```
Router2>ena
Router2#conf t
Router2(config)#int s0/0/0
Router2(config-if)#ip add 192.168.200.2 255.255.255.0
Router2(config-if)#no shut
Router2(config-if)#int f0/0
Router2(config-if)#ip add 192.168.0.1 255.255.255.0
Router2(config-if)#no shut
```

4. 验证连通性

在备份Router1的配置文件之前，要验证Router1与TFTP服务器的连通性。

```
Router1#ping 192.168.100.1
Type escape sequence to abort.
Sending 5, 100-byte ICMP Echos to 192.168.100.1, timeout is 2 seconds:
!!!!!
Success rate is 100 percent (5/5), round-trip min/avg/max = 31/31/32 ms
```

上述测试表明，网络设备通信正常，可以进行后续工作。

图13-7表明，PC1与Router2通信正常。

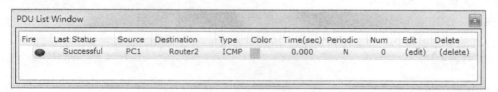

图13-7　PC1与Router2连通性测试

13.5.2　备份启动配置文件

```
Router1#copy running-config tftp
Address or name of remote host []? 192.168.100.1
! 输入TFTP服务器的IP地址
Destination filename [Router1-confg]? Router1-config-bk

Writing startup-config...!!
[OK - 358 bytes]

358 bytes copied in 0.063 secs (5000
bytes/sec)
```

上述操作表明，备份文件成功。同样，运行copy run tftp命令可以把Router1的运行配置文件备份到TFT服务器上。在图13-8所示的TFTP服务器的根目录文件列表中，增加了刚备份的配置文件。注意由于Packet Tracer是一个模拟软件，功能有限，所以这里只能看文件名，而无法打开这个备份的文件，但备份配置文件操作的过程完全模拟出来了，能否打开备份文件并不重要。

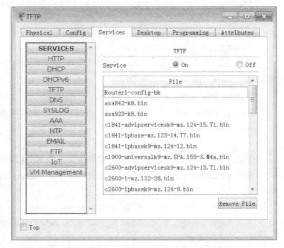

图13-8　查看TFTP服务器根目录文件列表

13.5.3　查看相邻的网络设备

在分析网络状态、优化使用网络时，收集和路由器相邻的其他路由器的信息是很重要的，这些路由器通常称为邻居路由器。Cisco路由器有一个专门的协议，称为Cisco发现协议（Cisco Discovery Protocol，CDP），它可以访问和得到邻居路由器的相关信息。CDP利用数据链路广播来发现那些也运行了CDP的邻近Cisco路由器。启用IOS 10.3以后版本的Cisco路由器后，CDP是自动打开的。

```
Router1#show cdp neighbors
Capability Codes: R - Router, T - Trans Bridge, B - Source Route Bridge
                  S - Switch, H - Host, I - IGMP, r - Repeater, P - Phone
Device ID    Local Intrfce   Holdtme    Capability    Platform    Port ID
Router2      Ser 0/0/0       157            R          C2800       Ser 0/0/0
```

上述操作表明，show cdp neighbors命令只能得到相邻路由器一些简单的信息，如路由器名、相邻接口名称、硬件平台等信息。如果要想得到相邻路由器所用的IOS映像文件信息，还需要使用下面的命令：

```
Router1#show cdp neighbors detail
Device ID: Router2
Entry address(es):
  IP address : 192.168.200.2
Platform: cisco C2800, Capabilities: Router
Interface: Serial0/0/0, Port ID (outgoing port): Serial0/0/0
Holdtime: 146
Version :
Cisco IOS Software, 2800 Software (C2800NM-ADVIPSERVICESK9-M), Version 13.4(15)
T1, RELEASE SOFTWARE (fc2)
```

```
Technical Support: http://www.cisco.com/techsupport
Copyright (c) 1986-2007 by Cisco Systems, Inc.
Compiled Wed 18-Jul-07 06:21 by pt_rel_team
advertisement version: 2
Duplex: full
```

从上述操作可知，相邻路由器所用的IOS映像文件是：

c2800nm-advipservicesk9-mz.124-15.T1.bin。

查看一下本地路由器所用的IOS映像文件信息：

```
Router1#show version
Cisco IOS Software, 2800 Software (C2800NM-ADVIPSERVICESK9-M), Version 13.4(15)
T1, RELEASE SOFTWARE (fc2)
Technical Support: http://www.cisco.com/techsupport
Copyright (c) 1986-2007 by Cisco Systems, Inc.
Compiled Wed 18-Jul-07 06:21 by pt_rel_team

ROM: System Bootstrap, Version 13.1(3r)T2, RELEASE SOFTWARE (fc1)
Copyright (c) 2000 by cisco Systems, Inc.

System returned to ROM by power-on
System image file is "c2800nm-advipservicesk9-mz.124-15.T1.bin"
```

Router1和Router2使用相同的IOS映像文件。查看图13-8，TFTP还有两个用于2800平台的映像文件。这里选择映像文件c2800nm-ipbasek9-mz.124-8.bin来更新Router1上的映像文件。

13.5.4 更新IOS映像文件

为稳妥起见，在实际更新路由器的IOS映像文件之前最好把旧的映像文件备份到TFTP服务器上，以防IOS映像文件更新不成功时，还能用旧的映像文件。由于这里的TFTP中已经有了旧的IOS映像文件，所以省略这个操作步骤。为了节省路由器宝贵的闪存空间，这里采取先删除旧的映像文件，再装载新的IOS映像文件。

```
Router1#delete flash:
Delete filename []?c2800nm-advipservicesk9-mz.124-15.T1.bin
Delete flash:/c2800nm-advipservicesk9-mz.124-15.T1.bin? [confirm]
Router1#copy tftp flash:
Address or name of remote host []? 192.168.100.1
Source filename []? c2800nm-ipbasek9-mz.124-8.bin
Destination filename [c2800nm-ipbasek9-mz.124-8.bin]?

Loading c2800nm-ipbasek9-mz.124-8.bin from 192.168.100.1: !!!!!!!!!!!!!!!
!!!!!!!!!!!!!!!!!!!!!!!!!!!!!!!!!!!!!!!!!!!!!!!!!!!!!!!!!!!!!!!!!!!!!!!!!!!!!!!!
!!!!!!!!!!!!
!!!!!!!!!!!!!!!!!!!!!!!!!!!!!!!!!!!!!!!!!!!!!!!!!!!!!!!!!!!!!!!!!!!!!!!!!!!!!!!!
!!!!!!!!!!!!
!!!!!!!!!!!!!!!!!!!!!!!!!!!!!!!!!!!!!!!!!!!!!!!!!!!!!!!!!!!!!!!!!!!!!!!!!!!!!!!!
!!!!!!!!!!!!
!!!!!!!!!!!!!!!!!!!!
[OK - 15522644 bytes]

15522644 bytes copied in 9.016 secs (292562 bytes/sec)
Router1#reload
```

上述操作结果表明，利用TFTP上载文件的操作是成功的，但并不能保证IOS映像文件更新成功，因为还需要验证IOS是否与当前路由器的硬件平台兼容。

13.5.5　管理Router2

1. 配置管理代理

Router2#conf t
Router2(config)#snmp-server community sziit_ro ro
Router2(config)#snmp-server community sziit_rw rw

2. 在管理站上管理Router2

单击图13-4中的PC1，在弹出的界面中单击"Desktop"选项卡中的"MIB Browser"按钮，

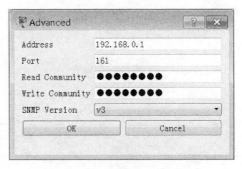

单击当前界面中的"Advanced"按钮，弹出图13-9所示的对话框，根据13.4的设计参数，填写"Read Community"的参数sziit_ro，"Write Community"的参数sziit_rw。最后选择SNMP版本为v3，单击"OK"按钮，回到图13-10所示的界面。

这里想通过MIB Browser查看Router2的接口数目及接口类型。单击图13-10左边的"MIB Tree"旁边的小三角形，分层展开MIB树，直到.ifNumber对象。该对象保存的是Router2的接口数，这时，单击图13-10右边的

图13-9　配置管理站参数

"GO"按钮，进入图13-11所示的界面。如果图13-9的信息输入错误，导致计算机联系不上路由器，就会出现图13-12所示的错误信息提示框。

图13-10　展开MIB树

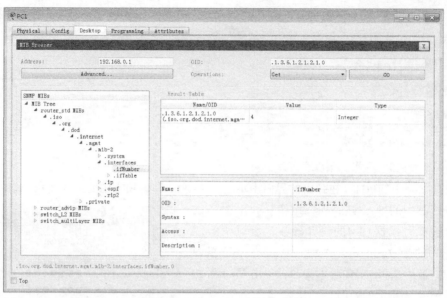

图13-11　获取Router2的接口数

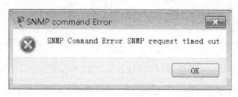

图13-12　错误信息提示框

从图13-11可知，Router2有4个接口，有哪4个接口呢？继续展开图13-11左边的MIB树，直到对象.iftype。再单击"GO"按钮，进入图13-13所示的界面。从图中可知，Router2有一个VLAN，两个快速以太网口和一个串口。参照上述步骤，可以得到Router2更多的参数。

注意：奇数次单击对象左边的小三角符号，表示展开树，偶数次单击该符号，表示收缩树。这里先收缩图13-13左边的对象.interfaces，再展开对象.system，直到对象.sysName，得到图13-14。

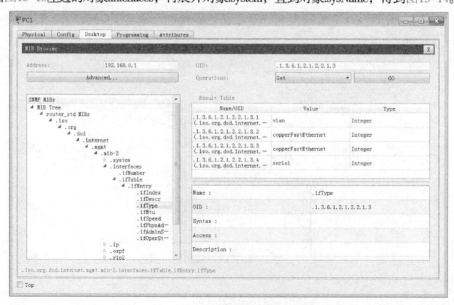

图13-13　获取Router2的接口类型

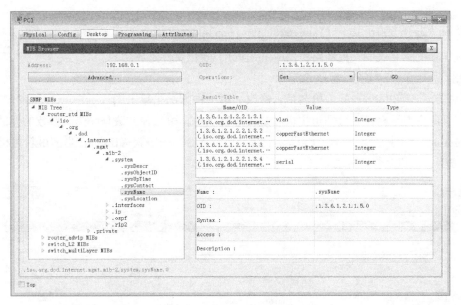

图13-14　选择Router2的主机名对象

在图13-14中选择"Operations"的下拉列表中的"Set"，弹出图13-15所示的对话框，修改对象值的数据类型为"OctetString"，值为"Sziit-router2"，单击"OK"按钮。最后单击"GO"按钮完成对Router2主机名的修改操作。

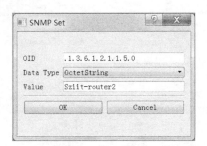

图13-15　修改对象参数值

13.5.6　验证

1. 验证IOS映像文件

使用reload命令重新启动Router1，验证更新路由器Router1的IOS映像文件是否成功。如果路由器能正常启动，则更新操作成功。如果启动不成功，最有可能的原因是IOS映像文件与当前路由器的硬件平台不相容。若出现这种情况，只能恢复旧的IOS映像文件。

```
Router1>ena
Router1#show version
Cisco IOS Software, 2800 Software (C2800NM-IPBASEK9-M), Version 13.4(8), RELEASE
SOFTWARE (fc1)
Technical Support: http://www.cisco.com/techsupport
Copyright (c) 1986-2006 by Cisco Systems, Inc.
Compiled Mon 15-May-06 14:54 by pt_team

ROM: System Bootstrap, Version 13.1(3r)T2, RELEASE SOFTWARE (fc1)
Copyright (c) 2000 by cisco Systems, Inc.
```

```
System returned to ROM by power-on
System image file is "flash:c2800nm-ipbasek9-mz.124-8.bin"
```

上述加框的信息表明，更新路由器Router1的IOS映像文件是成功的。

2. 验证Router2的主机名是否修改

有2种方式验证Router2的主机名是否修改。第一种方法是单击图13-4中的Router2，在CLI界面直接查看命令提示符，就可知道主机名是否修改成功。第二种方法是在修改参数的界面继续选择"Operations"下拉列表中的"Get"，最后单击"GO"按钮获得Router2当前最新主机名称。图13-16表明，主机名修改成功。

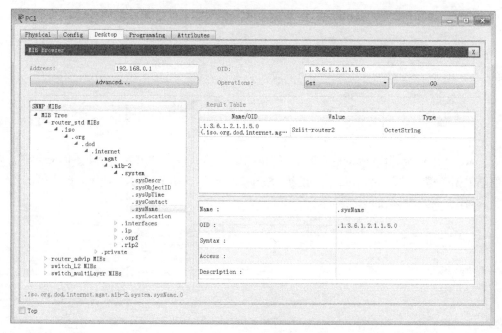

图13-16　主机名修改成功

习　　题

1. 用恰当的方式简述DRAM、TFTP、NVRAM之间的复制关系。

2. 总结备份路由器上配置文件的方法。

3. 找一台实际的Cisco 2811路由器，结合第10章和第11章所学内容，练习用USB方式备份路由器的配置文件。

4. 如何查看相邻的网络设备？

5. 在图13-4所示的情景中，继续在PC1上获取Router2的其他参数值，并尝试修改相关对象的属性值。

第 **14** 章

静态路由

学习目标

- ●理解路由的基本概念。
- ●熟练掌握配置静态路由的命令。
- ●能根据网络应用的需要，设计合理的路由。

14.1　静态路由基础知识

由前面章节的内容可知，路由器的主要功能是用来转发IP数据包以使数据包到达正确的目的主机。可以想象数据包到达路由器就像一辆汽车开到十字路口，路由表就类似路标，列出可能到达的目的地，以及应该选择哪条路到达目的地。

路由器必须要有相应的IP路由才能发送或路由数据包。IP路由指在IP网络中，选择一条或数条从源地址到目标地址的最佳路径的方式或过程，有时也指该条路径本身。IP路由配置就是在路由器上进行某些操作，使其能够完成在网络中选择路径的工作。

路由器需要其他网络的信息，以构建可靠的路由表。随着新网络的增加或路由的失效，网络和路由是经常变化的。如果路由器的路由信息不正确，也就不能正确转发数据包，引起延迟或失败。路由器具有邻居路由器当前信息的功能对可靠转发数据包是非常关键的。路由器有两种办法学习路由信息，即通过静态路由和动态路由。而配置路由有3种方式，分别是静态路由配置、动态路由配置和默认路由配置。

简单地讲，静态路由就是使用配置命令加到路由器中的路由。具体来说，就是把包括目的子网号、子网掩码、输出接口以及下一跳路由器的信息作为新的一项加入到IP路由表中。添加之后，路由器就可以为目的地址与该条静态路由相匹配的数据包路由。

通过配置静态路由，网络工程师可以人为地指定对某一网络访问时所要经过的路径。在通常情况下，不会为网络中的所有路由器配置静态路由，然而在一些特定情况下静态路由是很有用的，例如：

①网络规模小、很少变化，或者没有冗余链路。

②企业网有很多小的分支机构，并且只有一条路径到达网络的其他部分。

③企业想要将数据包发送到互联网主机上，而不是企业网络的主机上。

路由器按指定路由协议在网上广播和接收路由信息，通过路由器之间不断交换的路由信息动态地更新和确定路由表项，这种获取目标路径的方式称为动态路由。表14-1比较了动态和静态路由的特性。

表14-1　动态和静态路由的比较

特　　性	动　态　路　由	静　态　路　由
配置的复杂性	通常不受网络规模限制	随着网络规模增加而更加复杂
管理员所需知识	需要掌握高级的知识和技能	不需要额外的专业知识
拓扑结构变化	自动根据拓扑结构变化进行调整	需要管理员参与
可扩展性	简单拓扑和复杂拓扑均适合	适合简单的网络拓扑
安全性	不够安全	更加安全
占用资源	占用CPU、内存和链路带宽	不需要额外的资源
可预测性	根据当前网络拓扑结构确定路径	总是通过一条路径到达目的网络

为了进一步简化路由表，或者在不明确目标网络地址的情况下，可以配置默认路由。在某路由器上配置默认路由，是通知到达该路由器上的数据报下一个目标该去哪里。默认路由也是一种特殊的静态路由，因为它必须靠手动才能配置。

向本地网络外发送数据包时，需要使用网关，也称默认网关。如果数据包目的地址的网络部分与发送主机的网络不同，则必须将该数据包路由到发送网络以外。为此，需要将该数据包发送到网关。此网关是连接到本地网络的路由器接口。网关接口具有与主机网络地址匹配的网络层地址。主机则将该地址配置为网关。作为主机配置的一部分，每台主机都有指定的默认网关地址。此网关地址是连接到该主机所在网络的路由器接口的地址。实际上路由器是本地网络上的一个主机，所以主机IP地址和默认网关地址必须在同一网络上。

静态路由比任何动态路由协议的优先级都高，在设备需要将流量转发到目的地时，静态路由往往是转发的第一选择。静态路由的管理距离（详见第15章第一节）默认为1，这就是说它的优先级高于所有的动态路由协议，仅次于直连路由。而直连路由的优先级高于所有动态和静态路由。当有多个路由条目匹配目标网络时，优选最长匹配的条目。所谓的最长匹配是指匹配路由掩码位数最多的那个条目。

在Cisco路由器上可以配置上述3种路由，并且可以综合使用。默认的查找路由的顺序为静态路由配置、动态路由配置和默认路由。

14.2　静态路由配置常用命令

配置静态路由的常用命令如下：

① 设置静态路由：

```
ip route {目的子网地址} {子网掩码} {相邻路由器相邻接口地址或者本地物理接口号}
```

例如，命令Router2(config)#ip route 192.168.2.0 255.255.255.0 192.168.0.18，即给路由器配置一条静态路由。

② 设置默认路由：

```
ip route 0.0.0.0  0.0.0.0  {相邻路由器相邻接口地址或者本地物理接口号}  [{Distance metric}]
```

默认情况下，Distance metric的值为0。该值越大，表示这条路由的优先级越低。

③ 显示IP路由表：

```
show ip route
```

14.3 静态路由配置学习情境

A公司的计算机广域网拓扑结构如图14-1所示，为了保证公司网络稳定运行，制定如下路由规则：

① PC3默认的数据是从Router1的Eth1/2到Router3的Eh1/2，当该条通信线路出现故障时，数据从Router1的Serial0/0/0到Router2的Serial0/0/0。

② PC2默认的数据是从Router3的Serial0/0/0到Router2的Serial0/0/1，当这条通信线路出现故障时，数据从Router3的Eh1/2到Router1的Eth1/2。

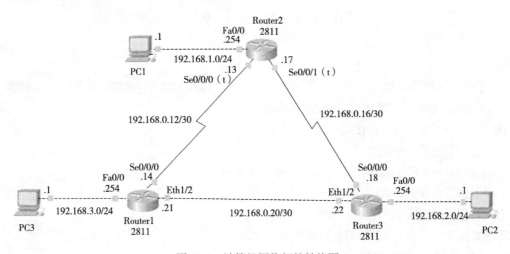

图14-1 计算机网络拓扑结构图

14.4 静态路由配置任务计划与设计

设计IP网络192.168.0.0/24地址用于路由器之间连接的接口，192.168.1.0/24、192.168.2.0/24和192.168.3.0/24用于路由器连接计算机的局域网。如图14-2所示，用子网划分工具把192.168.0.0/24网段划分为64个子网，从其中选择3个子网的地址，分别是子网192.168.0.12/30、192.168.0.16/30和192.168.0.20/30，用于路由器之间连接接口的配置。计算机的IP地址设计已标识在图14-1中，方便网络工程师配置IP地址和验证网络功能配置是否正确和排除网络故障。

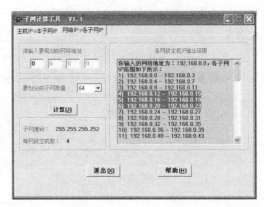

图14-2 子网划分设计

根据A公司的应用需求，拟采用默认路由和静态路由相结合的路由配置方式。

每个路由器的路由表设计如表14-2所示。这里特别注意，每条路由的网关一定是相邻路由器相邻接口对应的IP地址。

表14-2　路由设计表

路 由 器	目 标 网 络	子 网 掩 码	网 关	代 价
Router1	0.0.0.0	0.0.0.0	192.168.0.13	50
	0.0.0.0	0.0.0.0	192.168.0.22	0
Router2	192.168.2.0	255.255.255.0	192.168.0.18	0
	192.168.3.0	255.255.255.0	192.168.0.14	0
Router3	0.0.0.0	0.0.0.0	192.168.0.17	0
	0.0.0.0	0.0.0.0	192.168.0.21	50

14.5　静态路由配置任务实施与验证

14.5.1　相关准备工作

1. 配置计算机的IP地址

图14-3所示是配置计算机PC1的IP地址示例，参考该图分别配置其他计算机的IP地址。

2. 配置路由器的IP地址

Packet Tracer提供了两种配置路由器IP地址的方式，一种是图形界面的方式，一种是传统的命令行方式。在配置实际的Cisco路由器时只有命令行方式，这里的图形界面方式是为了方便学习者而提供的功能。

采用图形界面方式配置IP地址时，先单击图14-4左侧的"FastEthernet0/0"按钮，然后在图右

图14-3　配置计算机PC1的IP地址

侧输入IP地址和子网掩码。同时该图底部显示了等价的IOS命令。图14-5所示是用图形界面配置路由器Router2的Serial0/0/0的IP地址。由于该接口接的是DCE线缆，因此还需要配置时钟，这里只须单击时钟下拉按钮，然后在下拉列表中选择一个时钟值（如64 000）即可。参照图14-5，还需要配置Serial0/0/1的IP地址。

下面是用传统的命令行方式分别配置路由器Router1和Router3的接口地址，并且建议读者多用这种配置方式，因为这种方式才符合实际应用情况。

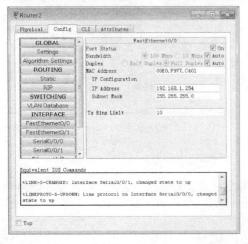

图14-4　配置Router2的接口FastEthernet0/0的IP地址

图14-5　配置Router2的接口Serial0/0/0的IP地址

配置Router1的IP地址：

```
Router1#conf t
Router1(config)#int f0/0
Router1(config-if)#ip add 192.168.3.254 255.255.255.0
Router1(config-if)#no shut
Router1(config-if)#int s0/0/0
Router1(config-if)#ip add 192.168.0.14 255.255.255.252
Router1(config-if)#no shut
Router1(config-if)#int e1/2
Router1(config-if)#ip add 192.168.0.21 255.255.255.252
Router1(config-if)#no shut
Router1(config-if)#
```

配置Router3的IP地址：

```
Router3#conf t
Router3(config)#int f0/0
Router3(config-if)#ip add 192.168.2.254 255.255.255.0
Router3(config-if)#no shut
Router3(config-if)#int e1/2
Router3(config-if)#ip add 192.168.0.22 255.255.255.252
Router3(config-if)#no shut
Router3(config-if)#int s0/0/0
Router3(config-if)#ip add 192.168.0.18 255.255.255.252
Router3(config-if)#no shut
Router3#
```

3. 测试接口IP地址配置的正确性

图14-6显示出计算机PC3能够ping通自己的网关，表明路由器Router1接口配置正确。

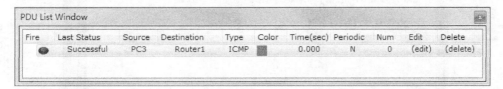

图14-6　测试计算机PC3

14.5.2　配置默认路由

按照学习情景所确定的路由规则，需要在路由器Router1和Router3上配置默认路由。

配置Router1的默认路由：

```
Router1#conf t
Router1(config)#ip route 0.0.0.0 0.0.0.0 192.168.0.22
Router1(config)#ip route 0.0.0.0 0.0.0.0 192.168.0.13 50
! 设置distance metric的值为50，使这条路由做备份路由
Router1(config)#
```

配置Router3的默认路由：

```
Router3#conf t
Router3(config)#ip route 0.0.0.0 0.0.0.0 192.168.0.17
Router3(config)#ip route 0.0.0.0 0.0.0.0 192.168.0.21 50
Router3(config)#
```

14.5.3 配置静态路由

根据图14-1所示的网络结构，应在路由器Router2上配置静态路由。具体配置命令如下：

```
Router2#conf t
Router2(config)#ip route 192.168.2.0 255.255.255.0 192.168.0.18
Router2(config)#ip route 192.168.3.0 255.255.255.0 192.168.0.14
Router2(config)#
```

14.5.4 验证路由

1. 线路工作正常情况

当Router1的Eth1/2到Router3的Eh1/2线路工作正常时，用tracert命令查看数据包所走的路径。根据图14-7所列的IP地址，可知从计算机PC3发出的数据包在默认情况下是走Router1的Eth1/2到Router3的Eh1/2的路径，符合学习情景中所规定的路由规则，同时也说明图14-1所示的计算机网络是互通的。

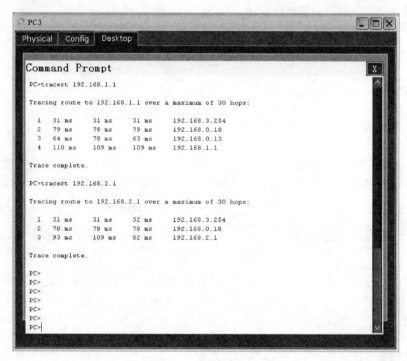

图14-7 测试计算机PC3

2. 线路工作不正常情况

用shutdown命令关闭路由器Router1的Eth1/2接口，在Packet Tracer提供的Simulation运行模式（参见1.2.2节）下，继续跟踪从计算机PC3所发出数据包的传输路径。图14-8表明，这时数据包改变了路径，变成从Router1的Serial0/0/0到Router2的Serial0/0/0，这也符合学习情景中所规定的路由规则。同时图14-8也说明即使网络线路有故障，只要路由配置正确就能实现路由的备份，从而提高网络通信的稳定性。

在本书后续章节，网络功能比较复杂，建议使用Packet Tracer提供的Simulation运行模式查看数据包传输路径或排除网络故障。

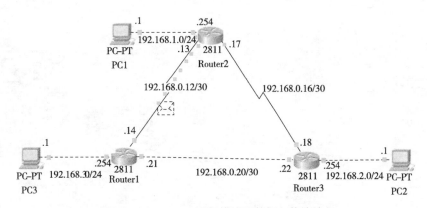

图14-8 Simulation运行模式下数据包传输路径

14.5.5 查看路由信息

用show ip route命令查看路由器Router1的路由表，会发现IOS只列出当前有效的路由，这里只列出优先级别高的默认路由。显示的这条路由信息也说明当前网络线路处于正常工作状态：

```
Router1#show ip route
Codes: C - connected, S - static, I - IGRP, R - RIP, M - mobile, B - BGP
       D - EIGRP, EX - EIGRP external, O - OSPF, IA - OSPF inter area
       N1 - OSPF NSSA external type 1, N2 - OSPF NSSA external type 2
       E1 - OSPF external type 1, E2 - OSPF external type 2, E - EGP
       i - IS-IS, L1 - IS-IS level-1, L2 - IS-IS level-2, ia - IS-IS inter area
       * - candidate default, U - per-user static route, o - ODR
       P - periodic downloaded static route

Gateway of last resort is 192.168.0.22 to network 0.0.0.0

     192.168.0.0/30 is subnetted, 2 subnets
C       192.168.0.12 is directly connected, Serial0/0/0
C       192.168.0.20 is directly connected, Ethernet1/2
C    192.168.3.0/24 is directly connected, FastEthernet0/0
S*   0.0.0.0/0 [1/0] via 192.168.0.22
Router1#
```

习　　题

1. 为了预防线路故障，如何设计备份路由？

2. 如何在一个设备的路由表中添加多条默认路由？

3. 如果在学习情景中，再增加一条路由规则，即默认情况下，路由器Router2的数据包传送给路由器Router1，当该线路有故障时，则传送给路由器Router3。那么设计路由，并在Packet Tracer上验证能否同时实现这3条规则。如果不行，请说明理由。

第15章

路由信息协议（RIP）

学习目标

- 掌握RIP配置的常用命令。
- 掌握RIP配置的步骤方法。
- 能排除RIP配置过程中常见的疑难问题。
- 理解RIP1和RIP2功能上的差别。
- 理解路由汇总与路由器被动接口的概念。

15.1　RIP基础知识

15.1.1　路由协议

　　网际网络中的所有路由器都必须了解详尽的最新路由，但通过手工静态配置来维护路由表，有时却并不可行。在网络路由器上配置一些动态路由协议，是保证路由器更新的更有效的方法。

　　路由协议是路由器动态共享其路由所依据的规则集。当路由器注意到自身充当网关的网络发生变化，或者路由器之间的链路变更时，会将此信息传送给其他路由器。当一台路由器收到有关新路由或路由更改的信息时，它会更新自己的路由表，并依次将该信息传递给其他路由器。通过这种方式，所有路由器都会有准确的动态更新路由表，而且可以掌握相距很多跳的远程网络的路由。

　　本书介绍的常用路由协议包括路由信息协议（RIP）、开放最短路径优先协议（OSPF）和增强型内部网关路由协议（EIGRP）。尽管路由协议能为路由器提供最新的路由表，但需要付出代价。首先，交换路由信息增加了消耗网络带宽的开销，这种开销对于路由器之间带宽不高的链路可能是个问题。其次，是路由器处理器的开销。路由器不仅要处理每个数据包并路由，从路由协议接收的更新也要经过复杂的算法计算才能被路由表所用。这意味着采用此类协议的路由器必须拥有足够的处理能力才能实施协议的算法，并及时执行数据包路由和转发。

　　静态路由不会产生任何网络开销，而且将条目直接放入路由表中，路由器无需做任何处理。静态路由的代价在于管理成本，即通过手动配置和维护路由表来确保高效率的有效路由。许多网际网络中通过结合使用静态路由、动态路由和默认路由来提供所需要的路由。

15.1.2　RIP概述

　　RIP（Routing Information Protocol）是应用较早、使用较普遍的内部网关协议（Interior Gateway Protocol，IGP），适用于小型同类网络，是典型的距离矢量（Distance-Vector）协议。

距离矢量是指以距离和方向构成的矢量来通告每个子网的少量简单信息给它们的邻居，邻居再将信息通告给它们的邻居，直到所有路由器都接收到这个信息。

距离矢量协议运行的特征是：周期性发送全部的路由更新；更新中只包括子网和各自的距离，即度量值；除了邻居路由器之外，路由器不了解网络拓扑的细节；像所有的路由协议一样，如果到达相同的子网有多条路由时，路由器选择具有最低度量值的路由。使用距离矢量算法的优点是简单，只需要占用很小的带宽。

RIP通过广播UDP报文来交换路由信息，每30 s发送一次路由信息更新。RIP提供跳跃计数（Hop Count）作为度量来衡量路由距离，跳跃计数是一个包到达目标所必须经过的路由器的数目。如果到相同目标有两个不等速或不同带宽的路由器，但跳跃计数相同，则RIP认为两个路由是等距离的。RIP最多支持的跳数为15，即在源和目的网间所要经过的最多路由器的数目为15，跳数16表示不可达。

在RIP的应用发展过程中，先后开发了两个版本，表15-1所示对RIPv1和RIPv2进行了比较。

表15-1　RIPv1和RIPv2的比较

功　　能	RIPv1	RIPv2
路由更新的过程中的子网信息	不携带	携带
认证	不提供	提供明文和MD5认证
变长子网掩码（VLSM）和CIDR	不支持	支持
更新方式	广播	采用组播（224.0.0.0）
IP类别	有类别（Classful）路由协议	无类别（Classless）路由协议
支持路由标记	否	是
支持验证	否	是

15.1.3　度量

度量是用来测量和比较的途径。路由协议使用度量来决定哪条路由是最佳路径，不同的路由协议使用不同的度量。一个协议使用的度量和另一个协议使用的度量没有可比性。由于使用的度量不同，两种不同的路由协议对于同一目的的网络可能会选择不同的路径。

路由协议中经常使用的度量有：

① 跳数。一种简单的度量，计算的是数据包所必须经过的路由器数量。

② 带宽。通过优先考虑最高带宽的路径来做出选择。

③ 负载。考虑特定链路的通信量使用率。

④ 延迟。考虑数据包经过某个路径所花费的时间。

⑤ 可靠性。通过接口错误计数或以往的链路故障次数来估计出现链路故障的可能性。

⑥ 开销。由IOS或网络管理员确定的值，表示优先选择某个路由。开销既可以表示一个度量，也可以表示多个度量的组合，还可以表示路由策略。

如果通往同一目的网络的多条路由具有相同的度量值，在这种情况下，路由器不只是选择一条路由。它会在这些开销相同的路径之间进行负载均衡，数据分组会使用所有路由开销相同的路径转发出去。

查看路由器的路由表，如果有多个路由条目与同一目的网络关联，就说明负载均衡正在起作用。

15.1.4 管理距离

管理距离（AD）定义路由来源的优先级别。对于每个路由来源（包括特定路由协议、静态路由或是直连的网络），使用管理距离值按从高到低的顺序来排定优先级。如果从多个不同的路由来源获取到同一目的网络的路由信息，Cisco路由器会使用AD功能来选择最佳路径。

管理距离是0～255的整数值，值越低表示路由器来源的优先级别越高，管理距离值为0表示优先级别最高。只有直连网络的管理距离为0，而且这个值不能更改。管理距离值为255表示路由器不信任该路由来源，而且不会将其添加到路由表中。

15.1.5 路由环路

路由环路是指在网络中数据包在一系列路由器之间不断传输却始终无法到达其预期目的地的一种现象。造成环路的原因可能有：静态路由配置错误；路由重新分布配置错误；发生改变的网络的收敛速度缓慢，不一致的路由表未能得到更新。

路由环路会对网络造成严重影响，导致网络性能降低，甚至使网络瘫痪。路由环路一般是由距离矢量路由协议引发的，目前有多种机制可以消除路由环路。这些机制包括：定义最大度量以防止计数至无穷大，抑制计数器，水平分割等。水平分割规则规定，路由器不能使用接收更新的同一接口来通告同一网络。例如，路由器从接口Serial0/0接收到10.4.0.0网段的路由，那么它就不能再通过这个接口通告10.4.0.0网段的路由。

15.2 RIP配置常用命令

配置RIP的常用命令如下：

① 启动RIP路由协议：

```
router rip
```

② RIP路由协议有两个版本，在与其他厂商路由器相连时，注意版本要一致。默认状态下，Cisco路由器接收RIP版本1和2的路由信息，但只发送版本1的路由信息。可用命令：

```
version {1|2}
```

设置RIP的版本。

③ 设置本路由器参加动态路由的网络，其格式为：

```
network {与本路由器直连的网络号}
```

注意：该命令中的{与本路由器直连的网络号}不能包含子网号，而应是主类网络号。例如，输入命令RTA(config-router)#network 172.16.1.0，IOS会自动改成主网络号172.16.0.0。

④ 允许在非广播型网络中进行RIP路由广播（可选），其格式为：

```
neighbor {相邻路由器相邻接口的IP地址}
```

⑤ 路由汇总，其格式为：

```
auto-summary
```

⑥ 一般把不需要发送路由信息的接口设置为被动接口。例如，直接连接计算机的接口。其格式为：

```
passive-interface {端口名}
```

例如，RTD(config-router)#passive-interface f0/1。

⑦查看IP路由协议统计信息：

```
show ip protocols
```

15.3 RIP配置学习情境

A公司搭建了图15-1所示的计算机网络，共计有6个网段，若采用静态路由配置，会比较麻烦，容易出错且效率低。因此，拟用动态路由协议RIP来解决网络的路由问题。

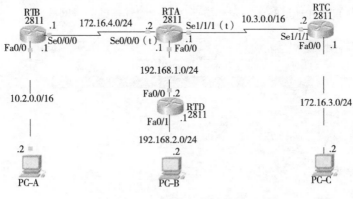

图15-1 网络拓扑结构图

15.4 RIP配置任务计划与设计

设计网络中分别用了A、B和C类地址。为了验证RIPv1和RIPv2的区别，A类和B类IP地址划分了子网，并且子网地址交叉配置。

根据路由器接口的IP地址设计原则，表15-2列出了网络设备详细的IP地址参数，特别是子网掩码。为方便读者配置子网地址和排除网络故障，表15-2中的网络IP地址设计结果也标注在图15-1中。

表15-2 IP地址设计表

设 备 名	接 口	IP地址
PC-A	网卡	10.2.0.2/16
PC-B	网卡	192.168.2.2/24
PC-C	网卡	172.16.3.2/24
RTA	Se0/0/0	172.16.4.2/24
	Se1/1/1	10.3.0.1/16
	Fa0/0	192.168.1.1/24
RTB	Se0/0/0	172.16.4.1/24
	Fa0/0	10.3.0.1/16
RTC	Se1/1/1	10.3.0.2/16
	Fa0/0	172.16.3.1/24
RTD	Fa0/0	192.168.1.2/24
	Fa0/1	192.168.2.1/24

　　在后续的实践过程中，先用RIPv1配置，再用RIPv2配置，最后体验路由汇总与不汇总的区别。

15.5　RIP配置任务实施与验证

15.5.1　配置IP地址

1. 配置计算机IP地址

　　图15-2是配置计算机PC-A的IP地址示例，按照同样的方法，分别配置好图15-1所示网络中其他计算机的IP地址。配置IP地址时，一定要按照表15-2配置正确的子网掩码。

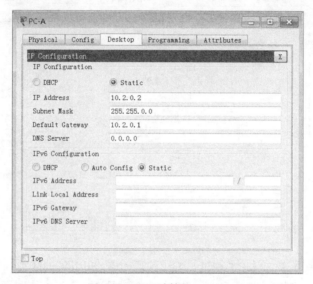

图15-2　配置计算机IP地址

2. 配置RTA的IP地址

```
RTA(config)#interface FastEthernet0/0
RTA(config-if)#ip address 192.168.1.1 255.255.255.0
RTA(config-if)#no shutdown
RTA(config-if)#interface Serial0/0/0
RTA(config-if)#ip address 172.16.4.2 255.255.255.0
RTA(config-if)#clock rate 128000
RTA(config-if)#no shutdown
RTA(config-if)#interface Serial1/1/1
RTA(config-if)#ip address 10.3.0.1 255.255.0.0
RTA(config-if)#clock rate 64000
RTA(config-if)#no shutdown
```

3. 配置RTB的IP地址

```
RTB(config)#interface FastEthernet0/0
RTB(config-if)#ip address 10.2.0.1 255.255.0.0
RTB(config-if)#no shutdown
RTB(config-if)#interface Serial0/0/0
RTB(config-if)#ip address 172.16.4.1 255.255.255.0
RTB(config-if)#no shutdown
```

4. 配置RTC的IP地址

```
RTC(config)#interface FastEthernet0/0
RTC(config-if)#ip address 172.16.3.1 255.255.255.0
RTC(config-if)#no shutdown
RTC(config-if)#interface Serial1/1/1
RTC(config-if)#ip address 10.3.0.2 255.255.0.0
RTC(config-if)#no shutdown
```

5. 配置RTD的IP地址

```
RTD(config)#interface FastEthernet0/1
RTD(config-if)#ip address 192.168.2.1 255.255.255.0
RTD(config-if)#no shutdown
RTD(config-if)#interface FastEthernet0/0
RTD(config-if)#ip address 192.168.1.2 255.255.255.0
RTD(config-if)#no shutdown
```

6. 验证

图15-3表明，在未配置动态路由之前由于路由器缺乏必要的路由项，PC-A与其他网络的主机PC-B和PC-C是不能通信的。

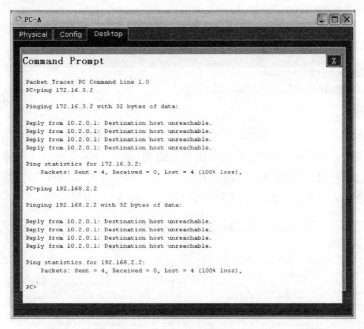

图15-3　未启用动态路由的情况

15.5.2　配置RIPv1

1. 配置RTA

```
RTA>ena
RTA#conf t
RTA(config)#route rip
RTA(config-router)#ver 1
RTA(config-router)#network 172.16.0.0
RTA(config-router)#network 10.0.0.0
RTA(config-router)#network 192.168.1.0
```

如上所述，在输入网络号时路由器只认主网络号，不认子网号，因此在输入命令时，只须输入主网络号。即使输入了子网号，路由器也会自动更改为主网络号。

2. 配置RTB

```
RTB>ena
RTB#conf t
RTB(config)#router rip
RTB(config-router)#ver 1
RTB(config-router)#network 172.16.0.0
RTB(config-router)#network 10.0.0.0
```

3. 配置RTC

```
RTC>ena
RTC#conf t
RTC(config)#router rip
RTC(config-router)#ver 1
RTC(config-router)#network 10.0.0.0
RTC(config-router)#network 172.16.0.0
```

4. 配置RTD

```
RTD>ena
RTD#conf t
RTD(config)#router rip
RTD(config-router)#ver 1
RTD(config-router)#network 192.168.1.0
RTD(config-router)#network 192.168.2.0
```

5. 验证与测试

启用RIP后，图15-4～图15-7给出了应用RIPv1所得到的路由器表。路由表中的C表示路由器直连网络的路由项，R表示由RIP生成的路由项。因为图15-1有6个网段，在路由不汇总的情况下，应有6条路由表项，目前都只有4条路由表项。所以不难发现，由于RTD位置的特殊性（可进行路由汇总），除了该路由器之外，其他路由器都缺少2条路由表项。

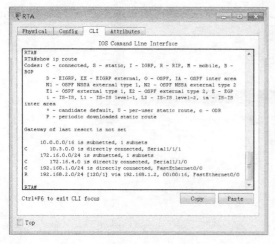

图15-4　RIPv1的RTA路由表

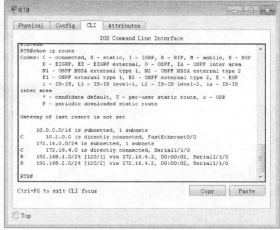

图15-5　RIPv1的RTB路由表

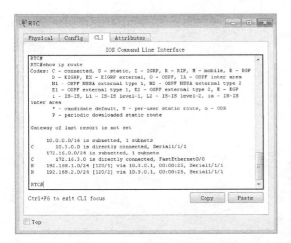

图15-6　RIPv1的RTC路由表

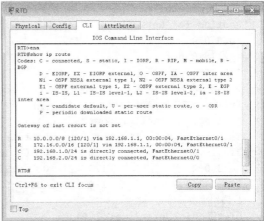

图15-7　RIPv1的RTD路由表

图15-8表明，由于路由器采用RIPv1，路由表中缺少子网的路由项，所以网络不通。

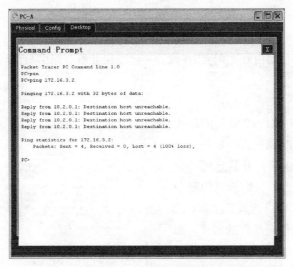

图15-8　测试连通性

在路由器RTA上查看IP路由协议配置与统计信息，可了解RIP当前的主要参数值：

```
RTA#show ip protocols
Routing Protocol is "rip"
Sending updates every 30 seconds, next due in 11 seconds
Invalid after 180 seconds, hold down 180, flushed after 240
! 有关RIP的时间参数
Outgoing update filter list for all interfaces is not set
Incoming update filter list for all interfaces is not set
Redistributing: rip
Default version control: send version 2, receive 2
  Interface        Send  Recv  Triggered RIP  Key-chain
  Serial1/1/1        2     2
  Serial1/1/0        2     2
  FastEthernet0/0    2     2
! 各个接口发送和接收路由信息的统计次数
Automatic network summarization is not in effect
```

```
Maximum path: 4
Routing for Networks:
10.0.0.0
172.16.0.0
192.168.1.0
! 参与路由的主网络号
Passive Interface(s):
Routing Information Sources:
Gateway          Distance      Last Update
172.16.4.1       120           00:00:13
10.3.0.2         120           00:00:12
192.168.1.2      120           00:00:03
! 详细路由源信息列表
Distance: (default is 120)
```

15.5.3 配置RIPv2

1. 配置RTA

RTA(config)#route rip
RTA(config-router)#ver 2

按上述方式，在其他路由器上配置RIPv2。一定要保证所有路由器都启用RIPv2，否则仍得不到完整的路由。

2. 验证

图15-9所示是采用RIPv2得到的路由表。与图15-4相比，RTA路由器中的路由表明显多了2条网络的路由项，并且这两条路由项都是主网络路由，并不是子网的路由项。采用同样的方法，可以比较RTB和RTC路由器的路由表，也会得到同样的结果。那么这些新增的主网络路由的路由表项能提供正确的路由而保证网络主机互通吗？

仔细查看路由表，每个主网络路由表项下，还有一个直连的相同主网络的子网路由表项，根据路由匹配原则，先匹配子网路由表项；若不成功，然后再匹配主网络路由表项，从而保证图15-1所示网络的所有目的网络都有路由表项，所以就有了图15-10所示的结果，3台计算机之间可以互通。

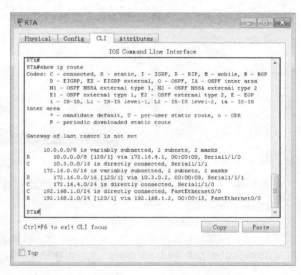

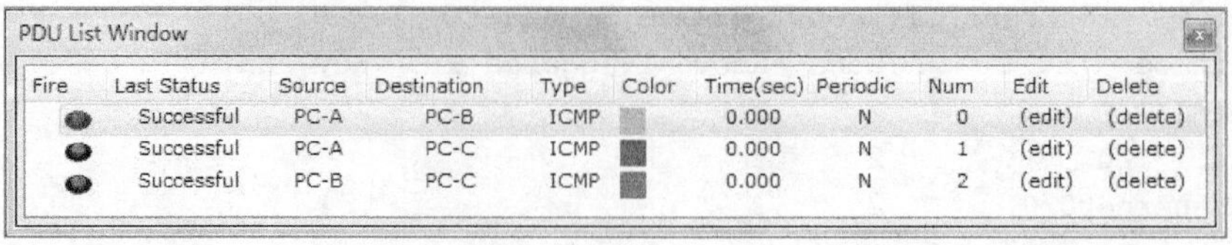

图15-9　RIPv2的RTA路由表

图15-10　计算机能够互通

3. 路由汇总

图15-11所示是采用RIPv2得到的路由表。与图15-7比较，RTD路由器表没有改变。这是因为RTD在图15-1中所处的特殊位置，思科路由器默认进行了路由汇总，由RIP生成的路由项只给出主网络的路由项，导致路由表相同。在路由器RTD上运行如下命令，即可关闭路由自动汇总功能：

```
RTD(config)#route rip
RTD(config-router)#no auto-summary
```

图15-12所示是RTD关闭路由自动汇总功能后得到的路由器表，这里增加了2条子网的明细路由，分别是10.3.0.0/16和172.16.4.0/24。需要说明的是，在Packet Tracer 7.0以前的版本中，路由表会显示全部的子网路由表项。

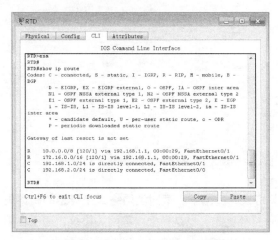

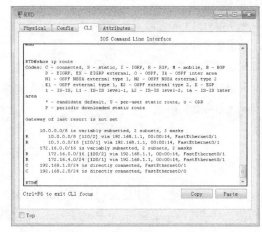

图15-11　RIPv2的RTD路由表　　　　图15-12　取消汇总后RTD路由表

注意：如果在初始配置RIP时就关闭自动汇总，则子网路由项很容易得到。否则后面再配置时，需要等一段时间才可得到稳定的明细路由项。

15.5.4　配置被动接口

由于连接主机的以太口不需要向它们发送路由更新，可以考虑将这些接口设置为被动接口。例如，RTD的f0/1，命令如下：

```
RTD(config)#route rip
RTD(config-router)#passive-interface f0/1
```

被动接口只能接收路由更新，不能以广播或组播方式发送更新，以节省网络宝贵的带宽资源。

习　　题

1. 简述RIP协议。
2. 总结配置RIP的一般步骤。
3. 在Packet Tracer中验证图15-1所示网络的静态路由配置，以巩固有关静态路由的知识。

第**16**章

OSPF路由协议

学习目标

- 掌握OSPF配置的常用命令。
- 掌握OSPF配置的步骤方法。
- 能排除OSPF配置过程中常见的疑难问题。
- 掌握查看和调试OSPF路由协议的相关信息。
- 理解OSPF原理。

16.1　OSPF基础知识

如第15章所述，RIP是使用较普遍的内部网关协议，适用于小型同类网络，是典型的距离矢量协议。OSPF（Open Shortest Path First，开放最短路径优先）也是一个内部网关协议，用于在单一自治系统（Autonomous System，AS）内决策路由。与RIP相比，OSPF是链路状态路由协议。

链路状态路由协议在它们的路由更新中会比距离矢量路由协议包含更多的信息。因此链路状态路由协议需要更好的CPU，具有更快的收敛速度。使用链路状态路由协议的路由器需要将网络的所有细节以泛洪的方式通告给其他所有路由器，然后网络中的每台路由器都具有相同的网络信息，这些信息称为链路状态数据库（LSDB），LSDB将被用于以后的路由发现中。因为泛洪的详细信息非常多，所以相较于距离矢量路由协议，运行链路状态协议的路由器需要占用更多的资源。

链路状态协议适用于以下情形：

① 网络进行了分层设计。大型网络通常如此。

② 管理员对网络中采用的链路状态路由协议非常熟悉。

③ 网络对收敛速度的要求极高。这里的收敛是指所有路由器的路由表达到一致的过程。当所有路由器都获取到完整而准确的网络信息时，网络即完成收敛。收敛时间是指路由器共享网络信息、计算最佳路径并更新路由表所花费的时间。网络在完成收敛后才可以正常运行，因此大部分网络都需要在很短的时间内完成收敛。

OSPF是最流行的链路状态路由协议，在路由更新中通告的信息称为链路状态通告（LSA）。LSA有两种主要类型，一是路由器LSA，包括路由器ID、路由器接口的IP地址、每个接口的状态（up或down）以及与接口相关的开销（即度量值）；二是链路LSA，它是每条链路的标识和与那条链路相连的路由器，也包括链路状态（up或down）。

使用链路状态路由协议时，每台路由器创建自己的LSA并在路由更新中泛洪LSA给其他所有路由器，直到网络中所有路由器都收到这个LSA。最后每台路由器都有每个路由器的LSA和所有链路LSA。

LSA泛洪之后，类似于距离矢量路由协议，即使LSA不变化，链路状态协议也周期性地发送

LSA。然而距离矢量协议的更新时间比较短，如RIP每30 s为一个更新周期，而OSPF每30 min重发LSA。这样，在一个稳定的网络中发送路由信息，链路状态协议要比距离矢量协议使用更少的带宽。当LSA发生变化时，路由器立即泛洪变化的LSA。

链路状态的泛洪过程使得每台路由器的内存中都有相同的 LSDB，但是这个过程不会让路由器确定路由表中的最佳路由，这就需要用链路状态算法，即Dijkstra最短路径优先（SPF）算法找到添加到IP路由表中的路由。SPF算法类似于人们拿着地图去旅行。任何人都可到商店买到相同的地图，所以所有人知道都相同的道路信息。然而人们看地图时，首先会找到自己的位置和目的地的位置，然后再找出可能的路线，如果几条路看起来差不多远，则选择最优路径。

LSDB类似于地图，SPF算法就相当于人们研究地图。LSDB存有所用路由器和链路的信息，SPF算法决定路由器CPU如何处理LSDB，每台路由器都将自己当作路由的起点。SPF算法计算每个目的网络的所有可能路由及每条路由的总度量值，从而在LSDB中找出到达每个子网的最佳路由。

为了向非常大的网络提供可伸缩性，OSPF支持两个重要的概念：自治系统（AS）和区域。

AS是在一个管理控制下的一组网络，它可以是公司、公司的分部或集团公司。AS可以为路由选择协议提供清楚的边界，从而提供某些功能。例如，可以控制路由器传播网络号的距离，还可以控制通告给其他自治系统的路由以及控制接收这些系统通告的路由。

要将一个自治系统与其他自治系统区别开，可以给每个AS分配一个范围在1～65 535的唯一号码。因特网地址分配管理机构（IANA）负责这些号码的分配。如同IP地址有公有和私有地址之分，AS号也有公有和私有之分。如果要连接到因特网骨干，就需要一个公有的AS号；如果只须将自己的内部网络划分成不同的系统，那么只须使用私有AS号。需要强调的是，OSPF明白AS概念，并不需要配置AS号，但其他协议需要，如EIGRP。

区域用于提供分层路由选择。一个区域就是一组连续的网络，区域一般用于控制路由选择信息何时以及如何通过网络共享。OSPF实施两层的分层：骨干和连接到骨干的区域。每个区域都给予一个唯一的编号，长度是32 bit。区域号可以由单个的十进制数表示，如1；也可以用点分十进制格式表示，如0.0.0.1。区域0是一个特殊的区域，表示OSPF网络层次的顶层，通常是骨干。通过正确的IP寻址设计，可以在区域间汇总路由选择信息。通过汇总路由选择信息，可以为每个区域使用一条汇总路由，从而减少了路由器需要知道的信息量。

本书只涉及单区域OSPF的配置。

16.2　OSPF配置常用命令

配置OSPF的常用命令如下：

① 启用OSPF动态路由协议。其格式为：

```
router ospf  {进程号}
```

进程号在1～65 535范围内可以随意设置，只用于区分正在同一路由器上运行的不同OSPF进程。某台路由器可能是两个OSPF自治系统之间的边界路由器，为在路由器上区分它们，要给它们分配唯一的进程号。注意这个进程不需要在不同路由器之间匹配，它与自治系统号没有任何关系。

② 指定路由器ID：

```
router-id  {A.B.C.D}
```

例如，router-id 1.1.1.1就是给路由器指定ID号为1.1.1.1。

OSPF在计算最佳路径时，需要用ID号标识路由器。OSPF确定路由器ID遵循如下顺序：

a. 最优先是在OSPF进程中用命令router-id指定路由器的ID号。

b. 如果没有指定路由器ID号，那么选择IP地址最大的环回接口的IP地址为ID。

c. 如果没有环回地址，就选择最大的活动的物理接口的IP地址为路由器的ID号。

建议用命令router-id来指定路由器的ID号，这样可控性好。

③ 定义参与OSPF的子网。定义该子网属于哪一个OSPF路由信息交换区域，其格式为：

`network  {与本路由器直连的ip子网号} {通配符}  area {区域号}`

路由器将限制只能在相同区域（即自治系统）内交换子网信息，不同区域间不交换路由信息。区域号取值范围为0～4 294 967 295，区域0为主干OSPF区域。注意，不同区域交换路由信息必须经过区域0。某一区域要接入OSPF路由区域0，该区域必须至少有一台路由器为区域边界路由器，它既参与本区域路由又参与区域0路由。区域号也可以是IP地址的格式，如区域0可表示为0.0.0.0。

该命令的语法与RIP配置不同，配置RIP时要指定一个有类地址，而OSPF使用无类地址。因此，该命令中可以包括子网号。注意，这里的通配符与子网掩码不同。它告诉路由器地址有意义的组件，换句话说，它告诉路由器的IP地址的哪个部分应当匹配。通配符也用于访问控制列表，其内容将在第24章介绍。

通配符的长度与子网掩码一样为32 bit。比特位为0意味着地址必须匹配，为1意味着路由器不关心对应位的内容。实际上，通配符就是该网络子网掩码的反码。所以计算通配符的简单公式为

$$通配符=255.255.255.255-子网掩码$$

④ OSPF区域间的路由信息汇总（可选）。如果区域中的子网是连续的，则区域边界路由器向外传播路由信息时，实施路由汇总功能，路由器就会将所有这些连续的子网汇总为一条路由传播给其他区域，这样在其他区域内的路由器看到这个区域的路由就只有一条，从而达到节省路由时所需网络带宽的目的。

设置对某一特定范围的子网进行汇总命令为：

`area {区域号}  range {子网范围掩码}`

⑤ 查看IP路由协议的配置与统计信息：

`show ip protocols`

⑥ 查看OSPF进程及区域的细节：

`show ip ospf`

⑦ 查看路由器上OSPF数据库信息：

`show ip ospf database`

⑧ 查看路由器上所有接口的OSPF信息：

`Show ip ospf interface`

16.3　OSPF配置学习情境

A公司搭建了图16-1所示的计算机网络，有9个网段，若采用静态路由配置解决路由问题，会比较复杂且效率低下，因此拟用动态路由协议OSPF解决网络的路由问题。

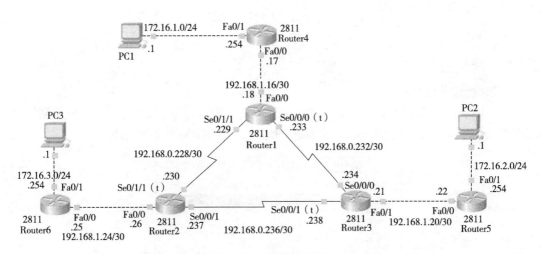

图16-1 网络拓扑结构图

16.4 OSPF配置任务计划与设计

设计图16-1中的所有路由器都在区域0中。设计网络中所有IP地址均使用划分子网的地址。例如，连接计算机的局域网的IP地址为172.16.1.0/24、172.16.2.0/24和172.16.3.0/24。路由器之间用串口连接的网络使用192.168.0.0/24的子网，而路由器之间用快速以太网口连接的网络使用192.168.1.0/24的子网。具体实现方式是把主网络划分为64个子网，从其中选择3个子网地址用于本网络环境。图16-2给出了192.168.0.0/24划分子网的结果，这里选择第58到第60号子网的地址用于本网络中。具体的子网信息如表16-1所示。配置路由器时，一定要注意表16-1中的通配符。

图16-2 用工具划分子网

表16-1 子网信息

序　号	子　网　号	子　网　掩　码	子　网　地　址	通　配　符
1	192.168.0.228	255.255.255.252	192.168.0.229 192.168.0.230	0.0.0.3
2	192.168.0.232	255.255.255.252	192.168.0.233 192.168.0.234	0.0.0.3
3	192.168.0.236	255.255.255.252	192.168.0.237 192.168.0.238	0.0.0.3
4	192.168.1.16	255.255.255.252	192.168.1.17 192.168.1.18	0.0.0.3
5	192.168.1.20	255.255.255.252	192.168.1.21 192.168.1.22	0.0.0.3
6	192.168.1.24	255.255.255.252	192.168.1.25 192.168.1.26	0.0.0.3

16.5 OSPF配置任务实施与验证

16.5.1 配置IP地址

1. 配置计算机的IP地址

图16-3是配置计算机PC1的IP地址示例，按照同样的方法，分别配置好图16-1所示网络中的其他计算机的IP地址。由于这里不用域名系统，所以没有配置DNS服务器地址。

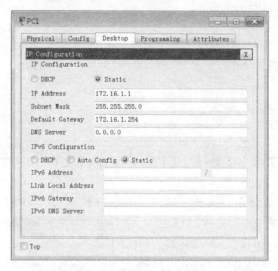

图16-3 配置PC1的IP地址

2. 配置Router1的IP地址

```
Router>enable
Router#configure terminal
Router(config)#hostname Router1
Router1(config)#int s0/0/0
Router1(config-if)#ip add 192.168.0.233 255.255.255.252
Router1(config-if)#clock rate 64000
Router1(config-if)#no shut
Router1(config)#int s 0/1/1
Router1(config-if)#ip add 192.168.0.229 255.255.255.252
Router1(config-if)#no shut
Router1(config)#int f0/0
Router1(config-if)#ip address 192.168.1.18 255.255.255.252
Router1(config-if)#no shut
```

3. 配置Router2的IP地址

```
Router>enable
Router#configure terminal
Router(config)#hostname Router2
Router2(config)#int s0/0/1
Router2(config-if)#ip add 192.168.0.237 255.255.255.252
Router2(config-if)#no shut
Router2(config)#int s0/1/1
Router2(config-if)#ip add 192.168.0.230 255.255.255.252
Router2(config-if)#clock rate 64000
```

```
Router2(config-if)#no shut
Router2(config)#int f0/0
Router2(config-if)#ip address 192.168.1.26 255.255.255.252
Router2(config-if)#no shut
```

4. 配置Router3的IP地址

```
Router>enable
Router#configure terminal
Router(config)#hostname Router3
Router3(config)#int s0/0/0
Router3(config-if)#ip add 192.168.0.234 255.255.255.252
Router3(config-if)#no shut
Router3(config)#int s0/0/1
Router3(config-if)#ip add 192.168.0.238 255.255.255.252
Router3(config-if)#clock rate 64000
Router3(config-if)#no shut
Router3(config)#int f0/0
Router3(config-if)#ip address 192.168.1.21 255.255.255.252
Router3(config-if)#no shut
```

5. 配置Router4的IP地址

```
Router>enable
Router#configure terminal
Router(config)#hostname Router4
Router4(config)#int f0/0
Router4(config-if)#ip address 192.168.1.17 255.255.255.252
Router4(config-if)#no shut
Router4(config)#int f0/1
Router4(config-if)#ip address 172.16.1.254 255.255.255.0
Router4(config-if)#no shut
```

6. 配置Router5的IP地址

```
Router>enable
Router#configure terminal
Router(config)#hostname Router5
Router5(config)#int f0/0
Router5(config-if)#ip address 192.168.1.22 255.255.255.252
Router5(config-if)#no shut
Router5(config)#int f0/1
Router5(config-if)#ip address 172.16.2.254 255.255.255.0
Router5(config-if)#no shut
```

7. 配置Router6的IP地址

```
Router>enable
Router#configure terminal
Router(config)#hostname Router6
Router6(config)#int f0/0
Router6(config-if)#ip address 192.168.1.25 255.255.255.252
Router6(config-if)#no shut
Router6(config)#int f0/1
Router6(config-if)#ip address 172.16.3.254 255.255.255.0
Router6(config-if)#no shut
```

8. 验证

由于目前路由器的路由表中只有直连路由，因此，PC1试图与网络中其他主机PC2和PC3通信时显示目标网络不可达，如图16-4所示。

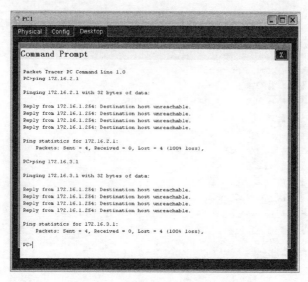

图16-4　未配置OSPF时目标网络不可达

16.5.2　配置OSPF

1. 配置Router1

```
Router1#conf t
Router1(config)#router ospf 1
Router1(config-router)#router-id 1.1.1.1
!路由器id号全网具有唯一性
Router1(config-router)#network 192.168.0.228 0.0.0.3 area 0
Router1(config-router)#network 192.168.0.232 0.0.0.3 area 0
Router1(config-router)#network 192.168.1.16 0.0.0.3 area 0
```

注意：路由器的ID号在网络中必须是唯一的，如果有重复的ID号，将不能获取网络完整的路由表。

2. 配置Router2

```
Router2#conf t
Router2(config)#router ospf 10
!进程号只在本地路由器有效，不必要求区域内所有路由器的进程号一致
Router2(config-router)#router-id 2.2.2.2
Router2(config-router)#network 192.168.0.228 0.0.0.3 area 0
Router2(config-router)#network 192.168.0.236 0.0.0.3 area 0
Router2(config-router)#network 192.168.1.24 0.0.0.3 area 0
```

3. 配置Router3

```
Router3#conf t
Router3(config)#router ospf 10
Router3(config-router)#router-id 3.3.3.3
Router3(config-router)#network 192.168.0.232 0.0.0.3 area 0
Router3(config-router)#network 192.168.0.236 0.0.0.3 area 0
Router3(config-router)#network 192.168.1.20 0.0.0.3 area 0
```

4. 配置Router4

```
Router4#conf t
Router4(config)#router ospf 1
Router4(config-router)#router-id 4.4.4.4
Router4(config-router)#network 192.168.1.16 0.0.0.3 area 0
Router4(config-router)#network 172.16.1.0 0.0.0.255 area 0
```

5. 配置Router5

```
Router5#conf t
Router5(config)#router ospf 1
Router5(config-router)#router-id 5.5.5.5
Router5(config-router)#network 192.168.1.20 0.0.0.3 area 0
Router5(config-router)#network 172.16.2.0 0.0.0.255 area 0
```

6. 配置Router6

```
Router6#conf t
Router6(config)#router ospf 1
Router6(config-router)#router-id 6.6.6.6
Router6(config-router)#network 192.168.1.24 0.0.0.3 area 0
Router6(config-router)#network 172.16.3.0 0.0.0.255 area 0
```

7. 验证与调试

图16-5是查看Router1的路由表结果。路由表显示有6条由OSPF生成的路由表项。从而Router1有了全网所有目的网络的路由表项，所以图16-6中测试PC3与PC1、PC2的连通性的结果是成功的。按同样的方法，查看其他路由器的路由表，也会得到类似的结果。

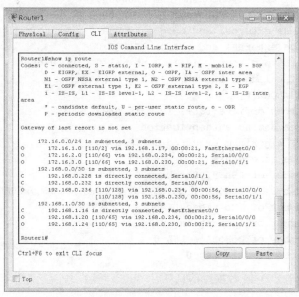

图16-5　Router1上由OSPF生成的路由表项

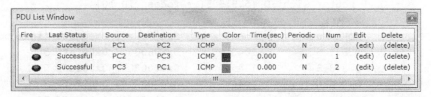

图16-6　测试连通性

在路由器Router6上查看IP路由协议配置与统计信息：

```
Router6#show ip protocol
Routing Protocol is "ospf 10"
  Outgoing update filter list for all interfaces is not set
  Incoming update filter list for all interfaces is not set
  Router ID 6.6.6.6
  Number of areas in this router is 1. 1 normal 0 stub 0 nssa
  Maximum path: 4
  Routing for Networks:
    172.16.3.0 0.0.0.255 area 0
    192.168.1.24 0.0.0.3 area 0
  ! 广告参与路由的网络号和区域
  Routing Information Sources:
    Gateway           Distance        Last Update
    192.168.1.26         110          00:14:29
  ! 路由信息源
  Distance: (default is 110)
```

在路由器Router2上查看OSPF进程及区域的细节，如路由器运行SPF算法的次数等：

```
Router2# show ip ospf
Routing Process "ospf 10" with ID 5.5.5.5
Supports only single TOS(TOS0) routes
Supports opaque LSA
SPF schedule delay 5 secs, Hold time between two SPFs 10 secs
Minimum LSA interval 5 secs. Minimum LSA arrival 1 secs
Number of external LSA 0. Checksum Sum 0x000000
Number of opaque AS LSA 0. Checksum Sum 0x000000
Number of DCbitless external and opaque AS LSA 0
Number of DoNotAge external and opaque AS LSA 0
Number of areas in this router is 1. 1 normal 0 stub 0 nssa
External flood list length 0
        Area BACKBONE(0)
                Number of interfaces in this area is 3
                Area has no authentication
                SPF algorithm executed 5 times
                Area ranges are
                Number of LSA 9. Checksum Sum 0x08129f
                Number of opaque link LSA 0. Checksum Sum 0x000000
                Number of DCbitless LSA 0
                Number of indication LSA 0
                Number of DoNotAge LSA 0
                Flood list length 0
```

在路由器Router2上查看OSPF数据库信息：

```
Router2# show ip ospf database
            OSPF Router with ID (5.5.5.5) (Process ID 10)
                Router Link States (Area 0)
Link ID         ADV Router      Age        Seq#        Checksum Link count
5.5.5.5         5.5.5.5         1043       0x80000007 0x00feff 5
3.3.3.3         3.3.3.3         1045       0x80000007 0x00feff 5
6.6.6.6         6.6.6.6         1044       0x80000004 0x00feff 2
2.2.2.2         2.2.2.2         1044       0x80000007 0x00feff 5
```

```
1.1.1.1            1.1.1.1            1044        0x80000004 0x00feff 2
4.4.4.4            4.4.4.4            1044        0x80000004 0x00feff 2


                   Net Link States (Area 0)
Link ID            ADV Router         Age         Seq#       Checksum
192.168.1.25       6.6.6.6            1044        0x80000002 0x001aa7
192.168.1.18       2.2.2.2            1044        0x80000002 0x00feff
192.168.1.22       4.4.4.4            1044        0x80000002 0x00feff
```

上述标题行的解释如下：

① Link ID：代表整个路由器，而不是某个链路。

② ADV Router：指通告链路状态信息的路由器ID。

③ Age：老化时间。

④ Seq#：序列号。

⑤ Checksum：校验和。

⑥ Link count：通告路由器在本区域内的链路数目。

下面在路由器Router1上查看所有接口的OSPF信息，包括接口状态、路由器ID号、所在区域、OSPF交换路由通告的统计信息等。当然，也可以查看指定接口，这时只显示该接口的信息。

```
Router1#show ip ospf interface
FastEthernet0/0 is up, line protocol is up
  Internet address is 192.168.1.18/30, Area 0
  Process ID 1, Router ID 2.2.2.2, Network Type BROADCAST, Cost: 1
  Transmit Delay is 1 sec, State DR, Priority 1
  Designated Router (ID) 2.2.2.2, Interface address 192.168.1.18
  Backup Designated Router (ID) 1.1.1.1, Interface address 192.168.1.17
  Timer intervals configured, Hello 10, Dead 40, Wait 40, Retransmit 5
    Hello due in 00:00:04
  Index 1/1, flood queue length 0
  Next 0x0(0)/0x0(0)
  Last flood scan length is 1, maximum is 1
  Last flood scan time is 0 msec, maximum is 0 msec
  Neighbor Count is 1, Adjacent neighbor count is 1
    Adjacent with neighbor 192.168.1.17  (Backup Designated Router)
  Suppress hello for 0 neighbor(s)
Serial0/0/0 is up, line protocol is up
  Internet address is 192.168.0.233/30, Area 0
  Process ID 1, Router ID 2.2.2.2, Network Type POINT-TO-POINT, Cost: 64
  Transmit Delay is 1 sec, State POINT-TO-POINT,
  Timer intervals configured, Hello 10, Dead 40, Wait 40, Retransmit 5
    Hello due in 00:00:04
  Index 2/2, flood queue length 0
  Next 0x0(0)/0x0(0)
  Last flood scan length is 1, maximum is 1
  Last flood scan time is 0 msec, maximum is 0 msec
  Neighbor Count is 1 , Adjacent neighbor count is 1
    Adjacent with neighbor 192.168.0.234
  Suppress hello for 0 neighbor(s)
Serial0/1/1 is up, line protocol is up
  Internet address is 192.168.0.229/30, Area 0
```

```
Process ID 1, Router ID 2.2.2.2, Network Type POINT-TO-POINT, Cost: 64
Transmit Delay is 1 sec, State POINT-TO-POINT,
Timer intervals configured, Hello 10, Dead 40, Wait 40, Retransmit 5
   Hello due in 00:00:04
Index 3/3, flood queue length 0
Next 0x0(0)/0x0(0)
Last flood scan length is 1, maximum is 1
Last flood scan time is 0 msec, maximum is 0 msec
Neighbor Count is 1 , Adjacent neighbor count is 1
   Adjacent with neighbor 192.168.0.230
Suppress hello for 0 neighbor(s)
```

在路由器Router2上查看其OSPF的邻居信息，方便网络工程师调试网络和排除网络故障。

```
Router2#show ip ospf neighbor
Neighbor ID     Pri   State         Dead Time     Address          Interface
6.6.6.6          1    FULL/DR       00:00:37      192.168.1.25     FastEthernet0/0
3.3.3.3          1    FULL/-        00:00:37      192.168.0.238    Serial0/0/1
1.1.1.1          1    FULL/-        00:00:37      192.168.0.229    Serial0/1/1
```

习　　题

1. 简述OSPF协议。

2. 总结配置OSPF的一般步骤。

3. 根据图16-1所示的网络环境，写出满足网络通信要求的静态路由，并在Packet Tracer中验证。

第**17**章

加强型内部网关路由协议（EIGRP）

学习目标
- 掌握EIGRP配置的常用命令。
- 掌握EIGRP配置的步骤方法。
- 能排除EIGRP配置过程中常见的疑难问题。
- 理解EIGRP路由汇总的概念。

17.1　EIGRP基础知识

　　IGRP（Interior Gateway Routing Protocol）是一种动态距离矢量路由协议，它由Cisco公司设计，是Cisco网络所专用的。它使用综合度量值进行路由选择，路由度量值包括延迟、带宽、可靠性和负载。

　　默认情况下，IGRP每90 s发送一次路由更新广播，在3个更新周期内（即270 s），某路由表项没有从路由器中接收到更新，则宣布该路由不可访问。在7个更新周期（即630 s）后，Cisco IOS软件从路由表中清除该路由。

　　EIGRP即增强型IGRP，它是基于距离矢量算法的内部网关路由协议。EIGRP比IGRP有很多的优势，它在大型网络上收敛很快，需要较少的带宽，具有很好的规模扩展性，最大的跳数为224，通过协议相关模块支持IP、Novell IPX和AppleTalk等协议，它完全兼容于IGRP。

　　EIGRP同时具备链路状态、距离矢量路由选择协议的优点。它是从距离矢量路由选择协议派生而来的，与IGRP协议一样配置相对简单，适用于各种网络拓扑。但EIGRP 也包含部分链路状态协议的功能，如动态邻居发现。

　　EIGRP采用扩散更新算法（DUAL）来实现快速收敛。它属于一种无类路由选择协议，这意味着它将通告每个目标网络的子网掩码信息，因此支持不连续的网络和VLSM。

　　EIGRP 发送部分更新而不是周期更新，仅在路由的路径或者度量值发生变化时才发送，更新中只包含已变化的链路信息，而不是整个路由表。使用EIGRP 协议并不需要对第二层协议区别对待，这和OSPF有着较大的区别。例如，OSPF针对点对点、广播网、NBMA等网络类型有着不同的行为和配置。

　　EIGRP使用32 位标识度量值，衡量链路的精度得到很大提升，另外EIGRP 还有一个重要的特性，即支持在度量值不等的路径之间实现负载均衡。

　　EIGRP使用组播、单播传送路由刷新和更新报文，使用的组播地址为224.0.0.10。

　　为了帮助理解并掌握常用的动态路由协议，表17-1列出了3种主要的动态路由协议的特性，表17-2总结了各种路由协议的不同管理距离值。

表17-1 动态路由协议特性比较

特 性	RIP	OSPF	EIGRP
算法	距离矢量	链路状态	高级距离矢量
度量值	跳计数	链路开销	带宽、延迟的函数
开放或专用标准	开放	开放	专用
周期的发送更新	30 s	否	否
全部或部分路由更新	全部	部分	部分
广播或组播发送更新	广播	组播	组播
被认为无穷大的度量值	16	224−1	232−1
支持非等值负载均衡	否	否	是
收敛速度	慢	快	快
网络规模可扩展性	小	大	大
资源使用率	低	高	中
实施和维护	简单	复杂	复杂

表17-2 默认管理距离

路 由 来 源	管 理 距 离	路 由 来 源	管 理 距 离
直连	0	IGRP	100
静态	1	EIGRP汇总路由	5
RIP	120	内部EIGRP	90
OSPF	110	—	—

17.2 EIGRP配置常用命令

配置EIGRP的常用命令如下：

① 在全局配置模式下，启动EIGRP路由协议，其格式为：

router eigrp {自治系统号}

只有在同一自治系统内的路由器才能交换路由信息。有关自治系统的内容参考第16章。

② 本路由器参加动态路由的网络，其格式为：

network {网段地址} [{通配符}]

指明直接相连的同段，以便EIGRP动态学习路由信息。如果是主类网络，只须输入网络地址；如果是子网，则输入通配符，可避免将所有子网都加入到EIGRP进程中。

EIGRP只是将由Network指定的网络在各端口中进行传递以交换路由信息，如果不指定网络，路由器不会将该网络广播给其他路由器。

③ 指定某路由器所知的EIGRP路由信息广播给那些与其邻接的路由器（可选），其格式为：

neighbor {邻接路由器的相邻端口地址}

④ 默认EIGRP的自动汇总功能是开启的，但自动汇总只对本地产生的EIGRP路由汇总。可以通过no auto-summary命令关闭自动汇总，然后在路由器的接口上使用命令。

ip summary-address eigrp {自治系统号} {ip地址} {子网掩码}

进行手工汇总以缩小路由表。

17.3 EIGRP配置学习情境

A公司搭建了图17-1所示的计算机网络，有10个网段，若采用静态路由配置，容易出错且效率低下，拟用动态路由协议EIGRP解决网络的路由问题。

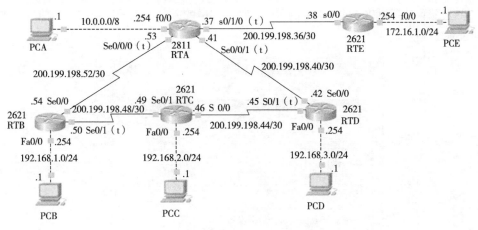

图17-1 网络拓扑结构图

17.4 EIGRP配置任务计划与设计

图17-1所示的网络中路由器之间用串口连接的链路有5条，那么设计这些链路的接口使用主网络为200.199.198.0/24的子网地址。具体实现方式是把主网络划分为64个子网，从其中选择5个子网地址用于本网络环境。图17-2给出了主网络为200.199.198.0/24划分成64个子网的结果，本网络选择第10到第14号子网的地址，具体的子网信息如表17-3所示。

如图17-1所示，路由器与局域网之间均使用私有IP地址。

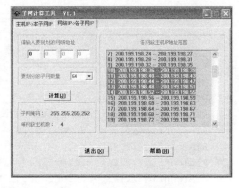

图17-2 用工具划分子网

表17-3 子网信息

网 络	子 网 号	子 网 掩 码	子 网 地 址	通 配 符
RTA–RTB	200.199.198.52	255.255.255.252	200.199.198.53 200.199.198.54	0.0.0.3
RTB–RTC	200.199.198.48	255.255.255.252	200.199.198.50 200.199.198.49	0.0.0.3
RTC–RTD	200.199.198.44	255.255.255.252	200.199.198.46 200.199.198.45	0.0.0.3
RTA–RTD	200.199.198.40	255.255.255.252	200.199.198.41 200.199.198.42	0.0.0.3
RTA–RTE	200.199.198.36	255.255.255.252	200.199.198.37 200.199.198.38	0.0.0.3

17.5 EIGRP配置任务实施与验证

17.5.1 配置IP地址

1. 配置计算机IP地址

图17-3是配置计算机PCA的IP地址的示例，按照同样的方法，根据表17-3，给图17-1中的其他计算机配置IP地址。

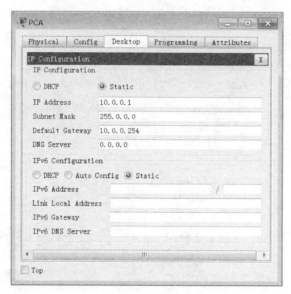

图17-3 配置计算机PCA的IP地址

2. 配置RTA的IP地址

```
RTA>enable
RTA#configure terminal
RTA(config)#interface FastEthernet0/0
RTA(config-if)#ip address 10.0.0.254 255.0.0.0
RTA(config-if)#no shut
RTA(config)#interface Serial0/0/0
RTA(config-if)#ip address 200.199.198.53 255.255.255.252
RTA(config-if)#clock rate 64000
RTA(config-if)#no shut
RTA(config)#interface Serial0/0/1
RTA(config-if)#ip address 200.199.198.41 255.255.255.252
RTA(config-if)#clock rate 64000
RTA(config-if)#no shut
RTA(config)#interface Serial0/1/0
RTA(config-if)#ip address 200.199.198.37 255.255.255.252
RTA(config-if)#clock rate 64000
RTA(config-if)#no shut
```

3. 配置RTB的IP地址

```
RTB>enable
RTB#configure terminal
RTB(config)#interface Serial0/0
```

```
RTB(config-if)#ip address 200.199.198.54 255.255.255.252
RTB(config-if)#no shut
RTB(config)#interface Serial0/1
RTB(config-if)#ip address 200.199.198.50 255.255.255.252
RTB(config-if)#clock rate 64000
RTB(config-if)#no shut
RTB(config)#interface FastEthernet0/0
RTB(config-if)#ip address 192.168.1.254 255.255.255.0
RTB(config-if)#no shut
```

4. 配置RTC的IP地址

```
RTC>enable
RTC#configure terminal
RTC(config)#interface Serial0/0
RTC(config-if)#ip address 200.199.198.46 255.255.255.252
RTC(config-if)#no shut
RTC(config)#interface Serial0/1
RTC(config-if)#ip address 200.199.198.49 255.255.255.252
RTC(config-if)#no shut
RTC(config)#interface FastEthernet0/0
RTC(config-if)#ip address 192.168.2.254 255.255.255.0
RTC(config-if)#no shut
```

5. 配置RTD的IP地址

```
RTD>enable
RTD#configure terminal
RTD(config)#interface FastEthernet0/0
RTD(config-if)#ip address 192.168.3.254 255.255.255.0
RTD(config-if)#no shut
RTD(config)#interface Serial0/0
RTD(config-if)#ip address 200.199.198.42 255.255.255.252
RTD(config-if)#no shut
RTD(config)#interface Serial0/1
RTD(config-if)#ip address 200.199.198.45 255.255.255.252
RTD(config-if)#clock rate 64000
RTD(config-if)#no shut
```

6. 配置RTE的IP地址

```
RTE>enable
RTE#configure terminal
RTE(config)#interface Serial0/0
RTE(config-if)#ip address 200.199.198.38 255.255.255.252
RTE(config-if)#no shut
RTE(config)#interface FastEthernet0/0
RTE(config-if)#ip address 172.17.1.254 255.255.255.0
RTE(config-if)#no shut
```

7. 验证直连网络和跨网段的连通性

这里要验证两个功能，一是直连网络的连通性，二是跨网段的连通性。只要网关配置正确，就能保证直连网络的连通，需要有正确到达目的网络的路由才能保证跨网段的连通性。图17-4表明，由于目前路由器的路由表中只有直连路由表项，所以无法实现跨网段的通信。

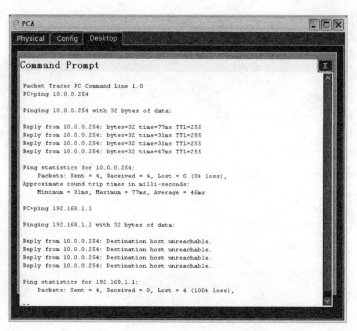

图17-4　无路由情况

17.5.2 配置EIGRP

1. 配置RTA

RTA(config)#route eigrp 100
RTA(config-router)#no auto
RTA(config-router)#network 10.0.0.0
RTA(config-router)#network 200.199.198.36 0.0.0.3
RTA(config-router)#network 200.199.198.40 0.0.0.3
RTA(config-router)#network 200.199.198.52 0.0.0.3

注意：在输入网络号时，10.0.0.0是主网络号，不用配通配符。

2. 配置RTB

RTB(config)#route eigrp 100
RTB(config-router)#no auto
RTB(config-router)#network 192.168.1.0
RTB(config-router)#network 200.199.198.52 0.0.0.3
RTB(config-router)#network 200.199.198.48 0.0.0.3

3. 配置RTC

RTC(config)#route eigrp 100
RTC(config-router)#no auto
RTC(config-router)#network 192.168.2.0
RTC(config-router)#network 200.199.198.48 0.0.0.3
RTC(config-router)#network 200.199.198.44 0.0.0.3

4. 配置RTD

RTD(config)#route eigrp 100
RTD(config-router)#no auto
RTD(config-router)#network 192.168.3.0
RTD(config-router)#network 200.199.198.44 0.0.0.3

```
RTD(config-router)#network 200.199.198.40 0.0.0.3
```

5. 配置RTE

```
RTE(config)#route eigrp 100
RTE(config-router)#no auto
RTE(config-router)#network 200.199.198.36 0.0.0.3
RTE(config-router)#network 172.17.1.0 0.0.0.255
```

6. 验证与测试

图17-5表明，EIGRP生成了6条非直连网络的路由。加上4条直连路由，这样RTA的路由表中就有了图17-1中所有目的网络的路由项，这是图17-6测试连通性成功的基础。

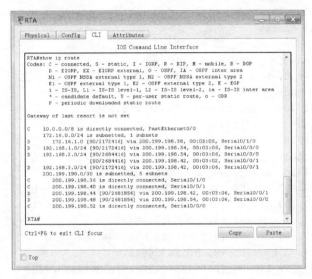

图17-5　RTA路由表

图17-6　测试连通性

在路由器RTA上查看所建立的邻居关系：

```
RTA#Show ip eigrp neighbors
```

IP-EIGRP neighbors for process 100

H	Address	Interface	Hold (sec)	Uptime	SRTT (ms)	RTO	Q Cnt	Seq Num
0	200.199.198.54	Ser0/0/0	12	00:07:45	40	1000	0	22
1	200.199.198.42	Ser0/0/1	14	00:05:43	40	1000	0	26
2	200.199.198.38	Ser0/1/0	13	00:04:56	40	1000	0	17

上面输出的主要字段的含义如下：

① H：表示与邻居建立会话的顺序。从0开始编号。

② Address：邻居路由器的接口地址。

③ Interface：本地到邻居路由器的接口。

④ Hold：认为邻居关系不存在所能等待的最长时间。

⑤ Uptime：从邻居管理建立到目前的时间。

⑥ SRTT：向邻居路由器发送一个数据包到本路由器收到确认包的时间。

⑦ RTO：路由器在重新传输包之前等待ACK的时间。

⑧ Q Cnt：等待发送的对列。

⑨ Seq Num：邻居收到的发送数据包的序列号。

在路由器RTA上查看网络拓扑表：

```
RTA#Show ip eigrp topology
IP-EIGRP Topology Table for AS 100
Codes: P - Passive, A - Active, U - Update, Q - Query, R - Reply,
       r - Reply status
P 10.0.0.0/8, 1 successors, FD is 28160
         via Connected, FastEthernet0/0
P 200.199.198.36/30, 1 successors, FD is 2169856
         via Connected, Serial0/1/0
P 200.199.198.40/30, 1 successors, FD is 2169856
         via Connected, Serial0/0/1
P 200.199.198.52/30, 1 successors, FD is 2169856
         via Connected, Serial0/0/0
P 200.199.198.48/30, 1 successors, FD is 2681856
         via 200.199.198.54 (2681856/2169856), Serial0/0/0
         via 200.199.198.42 (3193856/2681856), Serial0/0/1
P 192.168.1.0/24, 1 successors, FD is 2172416
         via 200.199.198.54 (2172416/28160), Serial0/0/0
P 192.168.2.0/24, 2 successors, FD is 2684416
         via 200.199.198.54 (2684416/2172416), Serial0/0/0
         via 200.199.198.42 (2684416/2172416), Serial0/0/1
P 200.199.198.44/30, 1 successors, FD is 2681856
         via 200.199.198.42 (2681856/2169856), Serial0/0/1
         via 200.199.198.54 (4294967295/2681856), Serial0/0/0
P 192.168.3.0/24, 1 successors, FD is 2172416
         via 200.199.198.42 (2172416/28160), Serial0/0/1
P 172.17.1.0/24, 1 successors, FD is 2172416
         via 200.199.198.38 (2172416/28160), Serial0/1/0
```

从以上输出可以清楚地看到每条路由条目的FD（到达一个目的网络的最小度量值）和RD（邻居路由器所通告其自己到达目的网络的最小度量值）的值，而拓扑结构数据库中状态代码最常见的是P、A和s，其含义如下：

① P表示网络处于收敛的稳定状态。

② A表示当前网络不可用，正处于发送查询状态。

③ s表示在3 min内，如果被查询的路由没有收到回应，查询的路由就被置为stuck in active状态。

17.5.3　路由汇总

在配置EIGRP时，关闭了路由器的路由汇总功能，因此这时RTE路由器的路由表如图17-7所示。路由表列出了到达每个子网的路由表项。

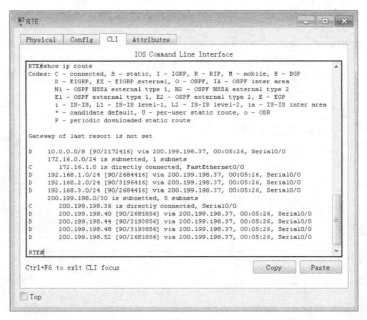

图17-7　关闭路由汇总功能的RTE路由表

这时，如果在RTA路由器的s0/1/0上运行如下命令启用手工汇总路由

```
RTA#conf t
RTA(config)#int s0/1/0
RTA(config-if)#ip summary-address eigrp 100 200.199.198.0 255.255.255.0
```

那么，RTA和RTE路由器上的路由表就会有变化，如图17-8和图17-9所示，RTA多了一条汇总路由200.199.198.0/24，而RTE上的200.199.198.0/24主网络中有4个子网40、44、48和52的路由项被合并。

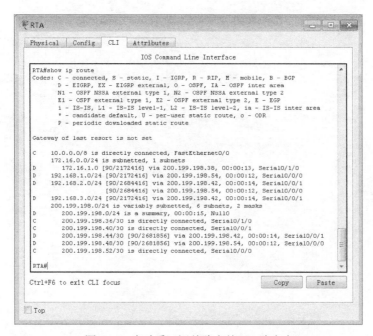

图17-8　启动手工汇总路由的RTA路由表

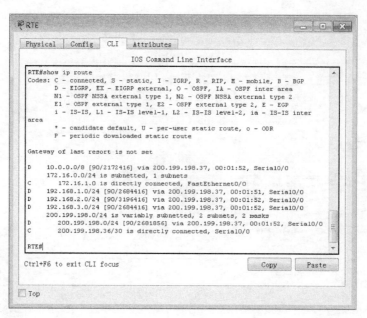

图17-9 启动手工汇总路由的RTE路由表

习　　题

1. 简述EIGRP协议。
2. 总结配置EIGRP的一般步骤。
3. 根据图17-1所示的网络环境，写出满足网络通信要求的静态路由。

第18章

路由重分布

学习目标

- 了解路由重分布的作用。
- 掌握不同路由选择协议之间路由重分布的配置步骤和方法。
- 掌握查看和调试路由重分布的命令与方法。

18.1　路由重分布概述

一般来说，一个组织或者一个跨国公司很少只使用一种路由协议，而如果一个公司同时运行了多个路由协议，或者一个公司和另外一个公司合并时两个公司所用的路由协议并不一样，这时该怎么办？为了使整个网络正常工作，必须在这些不同的路由选择协议之间共享路由信息。在路由选择协议之间交换路由信息的过程被称为路由重分布（Route Redistribution）。路由重分布可以使得多种路由协议之间、多重厂商环境中进行路由信息交换。路由重分布为在同一个互联网络中高效地支持多种路由协议提供了可能。执行路由重分布的路由器被称为边界路由器。因为它们位于两个或多个自治系统的边界上。

路由重分布主要涉及3个方面：

① 将A协议重分布到B协议中。

② 将静态路由重分布到B协议中。

③ 将直连路由重分布到B协议中。

路由重分布涉及将从一个路由选择域（如静态路由）中获悉的路由加入到另一个路由选择域（例如RIP）中。每种路由选择协议在确定到达目的网络的最佳路径时都有自己的度量标准。例如RIP使用跳数，而EIGRP使用带宽、延迟、可靠性、负载、MTU长度等组成的复合度量标准。由于计算度量值的方法不同，所以在进行路由重分布时，必须转换度量标准，使得路由选择协议相互之间兼容。

种子度量值（Seed Metric）是路由重分布中转换度量的关键参数，它是一条从外部重分布进来的路由的初始度量值。路由协议默认的种子度量值如表18–1所示。

路由重分布过程比较复杂，容易引入新的问题，因此在进行此项工作时，要关注以下问题：

① 路由环路。路由器有可能从一个自治系统学习到的路由信息发送回该自治系统，特别是在做双向重分布时，一定要注意。

② 路由信息的兼容问题。每一种路由协议的度量标准不同，所以路由器通过重分布所选择的路径可能并非是最佳路径。

③ 不一致的收敛时间。因为不同的路由协议收敛的时间不同。

表18-1　路由协议默认的种子度量值

路 由 协 议	默认种子度量值
RIP	无限大
EIGRP	无限大
OSPF	BGP为1，其他为20
BGP	IGP的度量值

18.2　路由重分布配置常用命令

配置路由重分布的常用命令如下：

① 重分布静态路由：

redistribute static subnet

静态路由重分布到其他路由协议，默认metric值就是1，可以在重分布时不加metric值，让它默认即可。

② 重分布直连路由：

redistribute connected subnet

③ 重分布OSPF路由：

redistribute ospf {进程号} metric {metric值}

例如，命令redistribute ospf 1 metric 1就是把OSPF路由重分布到RIP路由选择协议中。由于EIGRP的度量相对复杂，所以把OSPF的路由重分布到EIGRP中时，需要分别指定带宽、延迟、可靠性、负载及MTU参数的值，如命令redistribute ospf 1 metric 1 metric 1000 100 255 1 1500。如果有多个路由选择协议重新分布到EIGRP中，也可以使用default-metric一次定义所有路由选择协议默认的开销值，这样就方便了很多。

④ 重分布RIP路由：

redistribute rip metric　{metric值}

在向RIP区域重分布路由时，必须指定度量值，或者通过default-metric命令设置默认种子度量值。但参数metric指定的种子度量值优先于使用default-metric命令设定的默认种子度量值。与OSPF相同，当把RIP的路由重分布到EIGRP中时，也需要分别指定相应的带宽等参数，如命令redistribute rip metric 1000 100 255 1 1500。

⑤ 重分布EIGRP路由：

redistribute eigrp {自治系统号} metric {metric值}　metric-type {度量类型} subnets

例如，要在OSPF中重分布EIGRP路由，可用命令redistribute eigrp 2 metric 30 metric-type 1 subnets。

metric-type的主要作用就是定义被重分布到OSPF路由选择域中的默认路由的外部类型。可以选择1和2。OSPF默认的类型为2。subnets是一个可选的参数，这个命令用于将路由重分布到OSPF的时指定重分发范围，如果要重分发分类网络中的子网，可使用该参数。

18.3 路由重分布配置学习情境

A公司是一家ISP，面向社会提供互联网接入服务。如图18-1所示，公司内部路由器之间采用OSPF路由协议，而三家社会企业分别采用RIP、EIGRP路由协议和静态路由接入到A公司。因此，这里需要采用路由重分布技术，使得整个网络互联互通。

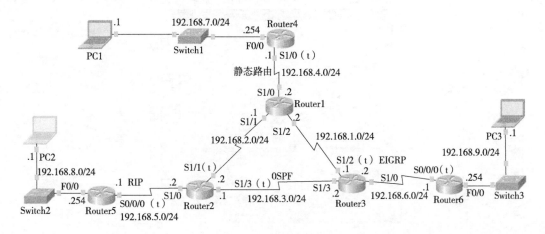

图18-1 网络拓扑结构图

18.4 路由重分布配置任务计划与设计

为方便查看路由信息，这里设计网络的IP地址使用连续的网段，从192.168.1.0/24到192.168.9.0/24。网络设备的具体IP地址设计已标注在图18-1中。

Router1、Router2和Router3之间采用OSPF路由选择协议，其进程号为1，区域号为0。路由器的ID号与路由器的编号相同。Router1和Router4之间采用静态路由，并且Router4采用默认路由。Router2和Router5之间采用RIP版本2路由选择协议。Router3和Router6之间采EIGRP路由选择协议，其自治系统号为2。

18.5 路由重分布配置任务实施与验证

18.5.1 配置IP地址

1. 配置计算机IP地址

图18-2是配置计算机PC1的IP地址的示例，按照同样的方法，给图18-1中其他计算机配置IP地址。要配置正确的网关，千万不要忘记配置网关。

2. 配置Router1的IP地址

```
Router1>enable
Router1#configure terminal
Router1(config)#int s1/0
Router1(config-if)#ip add 192.168.4.2 255.255.255.0
Router1(config-if)#no shut
Router1(config-if)#int s1/1
```

```
Router1(config-if)#ip add 192.168.2.1 255.255.255.0
Router1(config-if)#no shut
Router1(config-if)#int s1/2
Router1(config-if)#ip add 192.168.1.2 255.255.255.0
Router1(config-if)#no shut
```

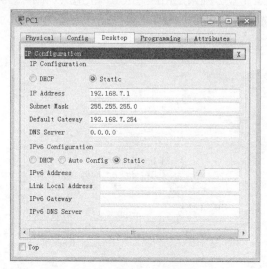

图18-2　配置计算机PC1的IP地址

3. 配置Router2的IP地址

```
Router2>enable
Router2#configure terminal
Router2(config)#int s1/1
Router2(config-if)#ip address 192.168.2.2 255.255.255.0
Router2(config-if)#clock rate 64000
Router2(config-if)#no shut
Router2(config-if)#int s1/3
Router2(config-if)#ip address 192.168.3.1 255.255.255.0
Router2(config-if)#clock rate 64000
Router2(config-if)#no shut
Router2(config-if)#int s1/0
Router2(config-if)#ip address 192.168.5.2 255.255.255.0
Router2(config-if)#no shut
```

4. 配置Router3的IP地址

```
Router3>enable
Router3#config terminal
Router3(config)#int s1/2
Router3(config-if)#ip address 192.168.1.1 255.255.255.0
Router3(config-if)#clock rate 64000
Router3(config-if)#no shut
Router3(config-if)#int s1/3
Router3(config-if)#ip address 192.168.3.2 255.255.255.0
Router3(config-if)#no shut
Router3(config-if)#int s1/0
Router3(config-if)#ip address 192.168.6.2 255.255.255.0
Router3(config-if)#no shut
```

5. 配置Router4的IP地址

```
Router4>enable
Router4#config terminal
```

```
Router4(config)#int s1/0
Router4(config-if)#ip address 192.168.4.1 255.255.255.0
Router4(config-if)#clock rate 64000
Router4(config-if)#no shut
Router4(config-if)#int f0/0
Router4(config-if)#ip address 192.168.7.254 255.255.255.0
Router4(config-if)#no shut
```

6. 配置Router5的IP地址

```
Router5>enable
Router5#config terminal
Router5(config)#int s0/0/0
Router5(config-if)#ip address 192.168.5.1 255.255.255.0
Router5(config-if)#clock rate 64000
Router5(config-if)#no shut
Router5(config-if)#int f0/0
Router5(config-if)#ip address 192.168.8.254 255.255.255.0
Router5(config-if)#no shut
```

7. 配置Router6的IP地址

```
Router6>enable
Router6#config terminal
Router6(config)#int s0/0/0
Router6(config-if)#ip address 192.168.6.1 255.255.255.0
Router6(config-if)#clock rate 64000
Router6(config-if)#no shut
Router6(config-if)#int F0/0
Router6(config-if)#ip address 192.168.9.254 255.255.255.0
Router6(config-if)#no shut
```

在配置路由器IP地址时，最容易忽视的是给连接DCE线缆的接口配置时钟。如果上述配置正确，如图18-3所示，所有路由器相邻接口都能正常通信。

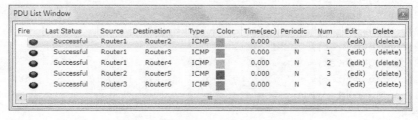

图18-3 验证Router1接口的连通性

18.5.2 配置路由

1. 配置Router1

Router1需要将静态路由重分布到OSPF中。因为静态路由是固定的，不用把其他路由重分布到静态路由中。

```
Router1#conf t
Router1(config)#router ospf 1
Router1(config-router)#router-id 1.1.1.1
Router1(config-router)#network 192.168.1.0 0.0.0.255 area 0
Router1(config-router)#network 192.168.2.0 0.0.0.255 area 0
Router1(config-router)#redistribute connected subnets
```

```
Router1(config-router)#redistribute static subnet
Router1(config-router)#exit
Router1(config)#ip route 192.168.7.0 255.255.255.0 192.168.4.1
```

注意：静态路由重分布到OSPF中时，即要重分布静态路由，还要重分布直连路由。

2. 配置Router2

配置Router2需要将RIP的路由信息重分布到OSPF中，同理，也要把OSPF的路由信息重分布到RIP中。

```
Router2>ena
Router2#conf t
Router2(config)#router ospf 1
Router2(config-router)#router-id 2.2.2.2
Router2(config-router)#network 192.168.2.0 255.255.255.0 area 0
Router2(config-router)#network 192.168.3.0 255.255.255.0 area 0
Router2(config-router)#redistribute rip metric 1
Router2(config-router)#router rip
Router2(config-router)#ver 2
Router2(config-router)#network 192.168.5.0
Router2(config-router)#redistribute ospf 1 metric 1
Router2(config-router)#
```

3. 配置Router3

配置Router3需要将EIGRP的路由信息重分布到OSPF中，同理，也要把OSPF的路由信息重分布到EIGRP中。

```
Router3>ena
Router3#conf t
Router3(config)#router ospf 1
Router3(config-router)#router-id 3.3.3.3
Router3(config-router)#network 192.168.1.0 0.0.0.255 area 0
Router3(config-router)#network 192.168.3.0 0.0.0.255 area 0
Router3(config-router)#redistribute eigrp 2 metric 30 metric-type 1 subnets
Router3(config-router)#default-information originate
Router3(config-router)#router eigrp 2
Router3(config-router)#network 192.168.6.0 0.0.0.255
Router3(config-router)#redistribute ospf 1 metric 1000 100 255 1 1500
Router3(config-router)#distance eigrp 90 150
```

4. 配置Router4

Router4不是边界路由器，无须路由重分布。

```
Router4>ena
Router4#conf t
Router4(config)#ip route 0.0.0.0 0.0.0.0 192.168.4.2
Router4(config)#
```

5. 配置Router5

Router5不是边界路由器，无须路由重分布。

```
Router5>ena
Router5#conf t
Router5(config)#router rip
Router5(config-router)#ver 2
```

```
Router5(config-router)#network 192.168.5.0
Router5(config-router)#network 192.168.8.0
```

6. 配置Router6

Router6不是边界路由器，无须路由重分布。

```
Router6>ena
Router6#conf t
Router6(config)#router eigrp 2
Router6(config-router)#network 192.168.6.0 0.0.0.255
Router6(config-router)#network 192.168.9.0 0.0.0.255
```

18.5.3 验证

1. 查看路由表

图18-4是查看Router6路由信息的结果，表明通过路由重分布，Router6成功获得了网络中所有的路由项。采用同样的方式，可检测其他路由器是否正确获得了网络路由项。

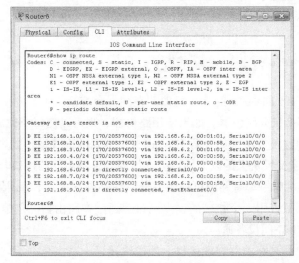

图18-4 查看Router6的路由信息

2. 验证

如图18-5所示，由于网络中路由器都获得了正确路由，所以3个局域网中的计算机都能互通。

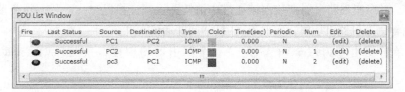

图18-5 测试局域网之间的连通性

习 题

1. 什么是路由重分布？
2. 总结不同路由协议路由重分布配置的命令和步骤。
3. 自行设计一个网络结构，学习RIP与EIGRP之间的路由重分布。

第**19**章
单臂路由实现VLAN间通信

学习目标

- 掌握路由器以太网接口上子接口的配置方法。
- 能排除VLAN配置过程中常见的疑难问题。
- 掌握查看和调试VLAN相关信息的命令与方法。
- 理解单臂路由实现VLAN间通信的原理。

19.1　单臂路由实现VLAN间通信基础知识

如第4章所述，处于不同VLAN的计算机即使在同一台交换机上，它们之间的通信也必须使用三层设备，如三层交换机或路由器。如果使用路由器，则可以使每个VLAN上都有一个以太网口和路由器连接。采用这种方法，如果要实现m个VLAN间的设备通信，则路由器需要m个以太网口，同时也会占用m个交换机上的以太网口。众所周知，路由器的接口非常宝贵，在实际应用中采用上述方法不太实际时，单臂路由可提供另外一种解决方案。不管网络中有多少个VLAN，路由器和交换机之间都只占用一个物理的以太网口。通过在路由器上创建多个子接口和不同的VLAN连接，实现多个VLAN间设备通信。

路由器上的子接口就是路由器物理接口上的逻辑接口，其实是基于软件的虚拟接口。使用单臂路由配置VLAN间路由时，路由器的物理接口必须与相邻交换机的中继链路相连接，并针对网络上每个唯一的VLAN创建子接口。每个子接口配置有自己的IP地址、子网掩码和唯一的VLAN分配。在子接口上封装802.1Q协议，可对与其交互的VLAN帧添加VLAN标记，达到识别不同的VLAN的目的。最终实现路由器在数据帧通过中继链路返回交换机时，区分不同子接口的流量，同时利用路由器固有的路由功能，实现不同VLAN间的通信。

表19-1单臂路由和为每个VLAN配置一个路由器物理接口这两种VLAN间路由方法的对比。

表19-1　路由接口和子接口对比

物理接口（每个VLAN配置一个物理接口）	子接口（单臂路由）
每个VLAN占用一个物流接口	多个VLAN占用一个物流接口
无带宽争用	带宽争用
连接到接入模式交换机端口	连接到中继模式交换机端口
成本高	成本低
连接配置较复杂	连接配置较简单

19.2　单臂路由实现VLAN间通信的常用命令

实现VLAN间通信单臂路由的常用命令如下：

① 进入子接口：

`interface {interface-type interface-number. Number}`

例如，命令interface fa0/0.1，即进入物理接口f0/0的第一个子接口模式。

② 在子接口上封装IEEE 802.1Q协议，并确定该接口承载哪个VLAN流量：

`encapsulation dot1q {VLAN号 }`

例如，在子接口f0/0.1上承载VLAN10流量，对其封装802.1Q协议，命令为Router (config-subif)#encapsulation dot1q 10。

19.3　单臂路由学习情境

如图19-1所示，A公司的局域网由4台Cisco公司2960系列交换机组成，并划分了4个VLAN，其中有3个VLAN用于管理网络中的计算机，还有1个VLAN用于管理公司的服务器，包括Web服务器和DNS服务器。现需要这4个VLAN间设备能够进行通信，例如网络中处于不同VLAN中的计算机需要能够用域名访问公司网络服务器VLAN中的网络资源。考虑到成本因素，公司不准备购买三层交换机，而是希望利用公司现成的一台2620路由器完成这项网络功能。

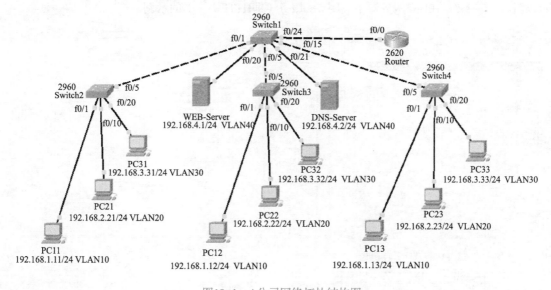

图19-1　A公司网络拓扑结构图

19.4　单臂路由实现VLAN间通信的任务计划与设计

图19-1中标出了每台计算机和服务器的IP地址。根据图19-1，设计表19-2所示的网络参数。

表19-2　网络参数设计表

项目名称	参数	项目名称	参数
PC11、PC12和PC13的VLAN号	10	VLAN10的网关	192.168.1.254/24
PC21、PC22和PC23的VLAN号	20	VLAN20的网关	192.168.2.254/24
PC31、PC32和PC33的VLAN号	30	VLAN30的网关	192.168.3.254/24。
服务器的VLAN号	40	VLAN40的网关	192.168.4.254/24。
Web服务器的域名	www.sziit.com	管理VLAN的VTP域名	sziit

建议在Web服务器上关闭DNS服务，而在DNS服务器上关闭Web服务。

Switch1配置为VTP服务器模式，其他交换机配置为客户端模式。

19.5　单臂路由实现VLAN间通信的任务实施与验证

19.5.1　相关准备工作

1. 配置计算机IP地址

图19-2是配置计算机PC11的IP地址的示例，按照同样的方法，给图19-1中的其他计算机配置IP地址。

2. 关闭相关服务

在Packet Tracer 6.0及以后版本中，服务器上默认是关闭DNS服务，开启HTTP和HTTPS。根据设计建议，图19-3是在DNS服务器上关闭Web服务（即HTTP协议）的示例。

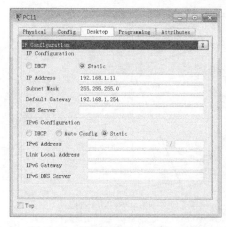

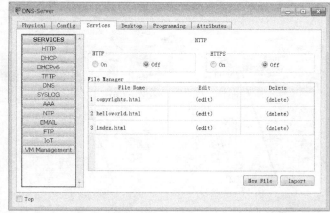

图19-2　配置计算机PC11的IP地址　　　　图19-3　关闭DNS服务

3. 检查Switch1的当前VLAN配置

Switch1#show vlan

```
VLAN Name                         Status    Ports
---------------------------------  --------  -------------------------------
1    default                      active    Fa0/1, Fa0/2, Fa0/3, Fa0/4
                                            Fa0/5, Fa0/6, Fa0/7, Fa0/8
                                            Fa0/9, Fa0/10, Fa0/11, Fa0/12
                                            Fa0/13, Fa0/14, Fa0/15, Fa0/16
                                            Fa0/17, Fa0/18, Fa0/19, Fa0/20
                                            Fa0/21, Fa0/22, Fa0/23, Fa0/24
```

```
                                        Gig1/1, Gig1/2
1002 fddi-default                  active
1003 token-ring-default            active
1004 fddinet-default               active
1005 trnet-default                 active
```

上述显示的内容是交换机的初始VLAN的状态信息。如果计算机上有原来配置过的VLAN信息，可用如下命令还原交换机的初始VLAN状态：

```
Switch1#delete flash:vlan.dat
Switch1#erase startup-config
Switch1#reload
```

19.5.2　配置VTP

1.　配置Switch1

```
Switch1>ena
Switch1#conf t
Switch1(config)#vtp domain sziit
Switch1(config)#vtp version 2
Switch1(config)#vlan 10
Switch1(config-vlan)#name dca
Switch1(config-vlan)#vlan 20
Switch1(config-vlan)#name soft
Switch1(config-vlan)#vlan 30
Switch1(config-vlan)#name control
Switch1(config-vlan)#vlan 40
Switch1(config-vlan)#name servers
Switch1(config-vlan)#exit
Switch1(config)#int f0/1
Switch1(config-if)#switchport mode trunk
Switch1(config-if)#int f0/5
Switch1(config-if)#switchport mode trunk
Switch1(config-if)#int f0/15
Switch1(config-if)#switchport mode trunk
```

查看Switch1上的VLAN信息，会发现已经创建好了4个新的VLAN，即VLAN10、VLAN20、VLAN 30和VLAN 40：

```
Switch1#show vlan

VLAN Name                             Status    Ports
---------------------------------------------- ------------------------------
1    default                          active    Fa0/1, Fa0/2, Fa0/3, Fa0/4
                                                Fa0/5, Fa0/6, Fa0/7, Fa0/8
                                                Fa0/9, Fa0/10, Fa0/11, Fa0/12
                                                Fa0/13, Fa0/14, Fa0/15, Fa0/16
                                                Fa0/17, Fa0/18, Fa0/19, Fa0/20
                                                Fa0/21, Fa0/22, Fa0/23, Fa0/24
                                                Gig1/1, Gig1/2
10   dca                              active
20   soft                             active
30   control                          active
40   servers                          active
```

```
1002 fddi-default                    active
1003 token-ring-default              active
1004 fddinet-default                 active
1005 trnet-default                   active
```

查看Switch1上的Trunk接口信息，会发现该交换机的3个级联端口都配置了Trunk功能，而且默认封装了802.1Q协议。如果有一个级联端口未配置Trunk功能，那么与之相连的交换机将得不到Switch1上所创建的VLAN信息。

```
Switch1#show int trunk
Port        Mode          Encapsulation   Status        Native vlan
Fa0/1       on            802.1q          trunking      1
Fa0/5       on            802.1q          trunking      1
Fa0/15      on            802.1q          trunking      1

Port        Vlans allowed on trunk
Fa0/1       1-1005
Fa0/5       1-1005
Fa0/15      1-1005

Port        Vlans allowed and active in management domain
Fa0/1       1,10,20,30,40,1002,1003,1004,1005
Fa0/5       1,10,20,30,40,1002,1003,1004,1005
Fa0/15      1,10,20,30,40,1002,1003,1004,1005

Port        Vlans in spanning tree forwarding state and not pruned
Fa0/1       1,10,20,30,40,1002,1003,1004,1005
Fa0/5       1,10,20,30,40,1002,1003,1004,1005
Fa0/15      1,10,20,30,40,1002,1003,1004,1005
```

2. 配置Switch2

```
Switch2#conf t
Switch2(config)#vtp domain sziit
Switch2(config)#vtp mode client
Switch2(config)#int f0/5
Switch2(config-if)#switchport mode trunk
```

查看VTP状态信息，发现Switch2已配置成VTP的客户模式，并在名为sziit的VTP域内。

```
Switch2#show vtp sta
VTP Version                       : 2
Configuration Revision            : 1
Maximum VLANs supported locally   : 255
Number of existing VLANs          : 9
VTP Operating Mode                : Client
VTP Domain Name                   : sziit
VTP Pruning Mode                  : Disabled
VTP V2 Mode                       : Enabled
VTP Traps Generation              : Disabled
MD5 digest                        : 0x61 0x13 0xBF 0x1A 0x67 0x7E 0x83 0xB3
Configuration last modified by 0.0.0.0 at 3-1-93 05:04:24
```

查看Switch2的VLAN信息可知，通过Trunk接口Switch2得到了Switch1所创建的VLAN信息。按照同样的步骤和命令，分别配置交换机Switch3和Switch4。

```
Switch2#show vlan

VLAN Name                            Status    Ports
---------------------------------    -------   --------------------------------
1    default                         active    Fa0/1, Fa0/2, Fa0/3, Fa0/4
                                               Fa0/6, Fa0/7, Fa0/8, Fa0/9
                                               Fa0/10, Fa0/11, Fa0/12, Fa0/13
                                               Fa0/14, Fa0/15, Fa0/16, Fa0/17
                                               Fa0/18, Fa0/19, Fa0/20, Fa0/21
                                               Fa0/22, Fa0/23, Fa0/24
10   dca                             active
20   soft                            active
30   control                         active
40   servers                         active
1002 fddi-default                    active
1003 token-ring-default              active
1004 fddinet-default                 active
1005 trnet-default                   active
```

3. 配置Switch3

```
Switch3>ena
Switch3#conf t
Switch3(config)#vtp domain sziit
Switch3(config)#vtp mode client
Switch3(config)#int f0/5
Switch3(config-if)#switchport mode trunk
```

4. 配置Switch4

```
Switch4#conf t
Switch4(config)#vtp domain sziit
Switch4(config)#vtp mode client
Switch4(config)#int f0/5
Switch4(config-if)#switchport mode trunk
```

19.5.3　在交换机上划分VLAN

1. 配置Switch1

```
Switch1>ena
Switch1#conf t
Switch1(config)#int range f0/20 - 21
Switch1(config-if-range)#switchport mode access
Switch1(config-if-range)#switchport access vlan 40
```

2. 配置Switch2

```
Switch2#conf t
Switch2(config)#int range f0/1 - 4
Switch2(config-if-range)#switchport mode access
Switch2(config-if-range)#switchport access vlan 10
Switch2(config-if-range)#int range f0/10 - 15
Switch2(config-if-range)#switchport mode access
Switch2(config-if-range)#switchport access vlan 20
Switch2(config-if-range)#int range f0/20 - 21
Switch2(config-if-range)#switchport mode access
```

```
Switch2(config-if-range)#switchport access vlan 30
Switch2(config-if-range)#end
```

3. 配置Switch3

```
Switch3>ena
Switch3#conf t
Switch3(config)#int range f0/1 - 4
Switch3(config-if-range)#switchport mode access
Switch3(config-if-range)#switchport access vlan 10
Switch3(config-if-range)#int range f0/10 - 14
Switch3(config-if-range)#switchport mode access
Switch3(config-if-range)#switchport access vlan 20
Switch3(config-if-range)#int range f0/20 - 21
Switch3(config-if-range)#switchport mode access
Switch3(config-if-range)#switchport access vlan 30
```

4. 配置Switch4

```
Switch4>ena
Switch4#conf t
Switch4(config)#int range f0/1 - 4
Switch4(config-if-range)#switchport mode access
Switch4(config-if-range)#switchport access vlan 10
Switch4(config-if-range)#int range f0/10 - 14
Switch4(config-if-range)#switchport mode access
Switch4(config-if-range)#switchport access vlan 20
Switch4(config-if-range)#int range f0/20 - 21
Switch4(config-if-range)#switchport mode access
Switch4(config-if-range)#switchport access vlan 30
```

5. 验证

图19-4表明，PC31能够连通同一个VLAN中的计算机PC33，但不能连通另一个VLAN中的计算机PC13。因此，上述有关图19-1所示的计算机网络的VLAN配置是成功的。下面的任务是通过配置路由，使不同VLAN中的计算机也能连通。

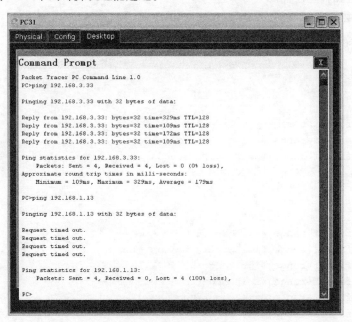

图19-4 验证VLAN功能是否正常

19.5.4　配置路由

1. 配置Switch1与路由器链路的中继端口

Switch1>ena
Switch1#conf t
Switch1(config)#int f0/24
Switch1(config-if)#switchport mode trunk

2. 配置路由器

Router>ena
Router#conf t
Router(config)#int f0/0
Router(config-if)#no shut
Router(config-if)#int f0/0.1
Router(config-subif)#encapsulation dot1q 10
！在子接口上封装802.1q协议，并指定要封装的**VLAN**号
Router(config-subif)#ip address 192.168.1.254 255.255.255.0
Router(config-subif)#int f0/0.2
Router(config-subif)#encapsulation dot1q 20
Router(config-subif)#ip address 192.168.2.254 255.255.255.0
Router(config-subif)#int f0/0.3
Router(config-subif)#encapsulation dot1q 30
Router(config-subif)#ip address 192.168.3.254 255.255.255.0
Router(config-subif)#int f0/0.4
Router(config-subif)#encapsulation dot1q 40
Router(config-subif)#ip address 192.168.4.254 255.255.255.0

3. 验证

查看路由器的路由表，有4条直连网络的路由表项，这是保证不同VLAN间设备通信的基础。所以图19-5中不同VLAN中的计算机都实现了连通。

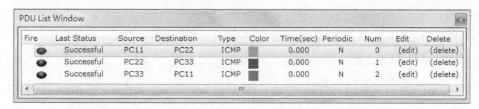

图19-5　实现了不同VLAN间的通信

Router#show ip route
Codes: C - connected, S - static, I - IGRP, R - RIP, M - mobile, B - BGP
       D - EIGRP, EX - EIGRP external, O - OSPF, IA - OSPF inter area
       N1 - OSPF NSSA external type 1, N2 - OSPF NSSA external type 2
       E1 - OSPF external type 1, E2 - OSPF external type 2, E - EGP
       i - IS-IS, L1 - IS-IS level-1, L2 - IS-IS level-2, ia - IS-IS inter area
       * - candidate default, U - per-user static route, o - ODR
       P - periodic downloaded static route

Gateway of last resort is not set

C   192.168.1.0/24 is directly connected, FastEthernet0/0.1
C   192.168.2.0/24 is directly connected, FastEthernet0/0.2

```
C    192.168.3.0/24 is directly connected, FastEthernet0/0.3
C    192.168.4.0/24 is directly connected, FastEthernet0/0.4
```

19.5.5 验证因特网服务

1. 配置Web服务

为了验证Web服务功能是否正常，图19-6给出了如何修改Packet Tracer上默认的Web网页内容。这里修改了网页标题字的大小与标题的内容。注意，修改完后一定要单击"Save"按钮，以保存修改的内容。

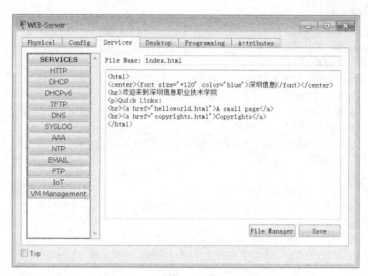

图19-6 配置Web服务

2. 配置DNS服务

为了在计算机上用域名访问Web服务器，图19-7为DNS服务器配置了正确的主机记录，并开启了DNS服务。

图19-7 配置DNS服务

3. 配置计算机网卡

在计算机上用域名访问Web服务器不成功时，经常出现的问题是忽略了配置网卡上的DNS参数，导致域名无法成功解析。图19-8给出了PC11上的配置示例。

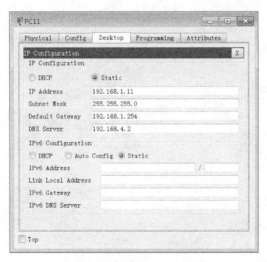

图19-8　配置网卡的DNS参数

4. 浏览Web服务器

图19-9表明，VLAN10中的计算机能用域名正常访问VLAN40中的Web服务器，单臂路由功能配置成功。

图19-9　Web服务功能正常

习　　题

1. 利用路由器实现不同VLAN间通信的原理是什么？

2. 如何配置路由器的子端口？

3. 总结配置单臂路由实现VLAN间通信的主要步骤。

4. 日常工作中，常发生在计算机上无法用域名访问Web页面的问题，请结合本堂课学习内容，分析会有哪些原因导致此网络故障。

5. 如果两个VLAN分配同一网段的IP地址，那么采用单臂路由能使这两个不同VLAN间的设备通信吗？请说明理由。

学习目标

- 理解掌握HSRP的基本原理。
- 熟练掌握HSRP配置的基本方法与命令。
- 巩固掌握VLAN的配置。
- 巩固掌握以太通道的配置。
- 巩固掌握STP协议的配置。

20.1　热备份路由协议基础知识

随着Internet的日益普及，人们对网络的依赖性也越来越强，这也对网络的稳定性提出了更高的要求，人们自然想到了基于设备的备份结构。路由器或三层交换机是整个网络的核心，如果这些设备发生致命的故障，将导致本地网络的瘫痪，如果是骨干路由器发生故障，影响的范围将更大，所造成的损失也是难以估计的。因此，对路由器或三层交换机采用热备份是提高网络可靠性的必然选择。在一个路由器完全不能工作的情况下，它的全部功能便被系统中的另一个备份路由器完全接管，直至出现问题的路由器恢复正常，这就是热备份路由协议（Hot Standby Router Protocol，HSRP）要解决的问题。

HSRP是Cisco私有的第3层协议，它的作用是能够把一台或多台路由器用来做备份，为IP网络提供网络冗余。所谓热备份，是指当使用的路由器不能正常工作时，候补的路由器能够实现平滑的替换，确保用户流量能立即并透明地恢复网络边界设备。

HSRP用于广播或多播局域网上的路由器热备份，并适于静态的路由配置，实际上 HSRP 正是解决设备不能动态适应路由改变的问题。假设主机 A 是局域网中一台需要访问远程数据的服务器，要求远程访问能力可靠。由于主机 A 设置一个实际默认网关后，一旦该网关故障，想更换此网关就必须在主机中重新进行配置。那么使用 HSRP，主机中设置一个虚拟路由器为默认网关，网络实际运行中具体由网络中的哪台实际路由器完成网关的实际工作，主机并不关心，这就为应用提供了较好的可靠性和灵活性。

采用 HSRP 的局域网中，至少有一个路由器备份组。一个备份组有一台虚拟路由器，该虚拟路由器有自己的虚拟 IP 地址和虚拟 MAC 地址，备份组共享虚拟路由器的IP和MAC地址。备份组内由一台活动路由器、一台备份路由器以及群众路由器构成。活动路由器转发指向组内虚拟IP的数据流，并发送HSRP hello包给所有其他备份组成员，以告知自己没有坏掉。备份路由器不转发指向虚拟IP的数据流，但发送HSRP hello包给所有其他备份组成员，以告知自己没有坏掉，并监控活动路由器的状态。群众路由器不转发指向虚拟IP的数据流，不发送且只监控HSRP hello包。它们执行普通路由器的工作，只转发目标为它们自己的分组，不转发目标为虚拟IP的分组。

一般情况下，一旦活动路由器故障，那么备份路由器就成为活动路由器，然后备份组内选举组内的另一台路由器为备份路由器。组内路由器通过接受来自活动路由器的周期性 Hello 报文来判断活动路由器是否工作正常。如果组内备份路由器 R 在一定时间间隔未收到活动路由器 Hello 报文，就认为活动路由器坏掉，优先权值高的备份路由器最终成为活动路由器。这样总能保证备份组中有一台活动路由器和一台备份路由器。

HSRP的消息类型有以下3种：

① hello消息。HSRP路由器每3 s发送一个hello消息。

② coup（政变）消息。当备份路由器接替活跃路由器功能时，会发送政变消息。

③ resign（辞职）消息。表明路由器不想再当活跃路由器，或者收到另一个优先级更高的路由器发出的hello消息。

备份组内的路由器处于各自的状态，根据相互间发送 HSRP 报文来调整新的状态。HSRP 状态如下：

① init：所有备份组内组员的初始状态为INIT，当组员配置属性或启用端口时，进入INIT状态。

② learn：该组员未设定虚拟 IP 地址，并等待从本组活动路由器发出的认证 Hello 报文中学习得到自己的虚拟 IP 地址。

③ listen：该组员已得知或设置了虚拟 IP 地址，通过监听 Hello 报文监视活动/备份路由器，一旦发现活动/备份路由器长时间未发送 Hello 报文，则进入SPEAK 状态，开始竞选。

④ speak：参加竞选活动/备份路由器的组员所处的状态，通过发送 Hello 报文使竞选者间相互比较、竞争。

⑤ standby：组内备份路由器所处的状态，备份组员监视活动路由器，准备随时在活动路由器坏掉时接替活动路由器。

⑥ ACTIVE：组内活动路由器即负责虚拟路由器实际路由工作的组员所处的状态。

HSRP 运行在UDP上，采用端口号1985。路由器转发协议数据包的源地址使用的是实际 IP 地址，而并非虚拟地址，正是基于这一点，HSRP 路由器间能相互识别。

在一个局域网内，多个备份组可以共存，最多支持255个备份组。每个备份组模拟成一个虚拟路由器，每个这样的虚拟路由器配置一个虚拟MAC 地址和一个虚拟 IP 地址。该虚拟IP地址应属于本网段，而且不与网段内的任何路由器和主机的IP地址相同，也不与网络内的其他虚拟路由器的虚拟IP地址相同。一台路由器也可以参加多个备份组，为多个组做备份。路由器的 HSRP 配置是针对具体接口的，因此需要在接口模式下配置。在一台路由器上，备份组由接口、组号确定。每个备份组都有属于自己的数据和状态。

20.2 热备份路由协议配置常用命令

配置HSRP的常用命令如下：

① 使路由器在指定局域网段加入一个备份组：

```
standby {group-number} ip {virtual-ip-address}
```

group-number默认为0，可配置范围为0～255。如果不指定虚拟IP地址，路由器不会参与备份，直到从备份组中的活动路由器获得虚拟 IP 地址。注意虚拟 IP 地址应该是接口所在网段的地址。一旦退出 HSRP 备份组，则路由器在该备份组上设置的所有 HSRP 特性不再有效（如优先级、授权字等）。

② 设定路由器在当前备份组的优先权值：

```
standby {group-number} priority {priority-value}
```

HSRP 中根据优先级来确定参与备份组的每台路由器的地位，备份组中优先级最大并且已获得虚拟 IP 地址的路由器将成为活动路由器，优先级其次的路由器将成为备份路由器。优先级默认值是 100，可设置范围为 0～255。

③ 设置路由器为抢占方式：

```
standby {group-number} preempt
```

一旦备份组中的某台路由器成为活动路由器，只要它没有出现故障，其他路由器即使随后被配置更高的优先权值，也不会成为活动路由器。如果设置路由器为抢占方式，它一旦发现自己的优先级比当前的活动路由器的优先级高，就会成为活动路由器。相应地，原活动路由器会退出活动态，成为备份路由器或其他。默认方式是不抢占。

④ 设置HSRP的Hello报文的参数：

```
standby {group-number} {hellotime} {holdtime}
```

HSRP 备份组路由器之间通过定时发送 Hello 报文确认相互的状态，超过一定时间（hold time）没有收到某台路由器的 Hello 报文，则认为它已关机或出现故障。用户可以调整发送 Hello 报文的间隔时间（hello time）和超时时间（hold time）。默认值分别是 3 s 和 10 s。可配置范围均为1～255，时间单位是秒。注意：同一备份组要设置相同的 hello time 和 hold time。

⑤ 查看路由器备份组状态：

```
show standby {type number|brief}
```

例如，Switch#show standby brief查看当前交换机的备份组状态。

⑥ HSRP的端口跟踪技术：

```
standby {group-number} track {被跟踪接口名} {要降低的优先权值}
```

HSRP 监视接口功能，更好地扩充了备份功能，即不仅在路由器出现故障时提供备份功能，而且在某网络接口不可用时，也可以使用备份功能。命令的作用是监视接口interface_name，如果接口变为不可用，则将优先权值减少 {要降低的优先权值}（默认值为 10）。

例如，standby 1 track Fa0/1 30就是当Fa0/1接口出故障时，优先权值降低30。

⑦ 指定当前设备为某个VLAN的首要或第二根桥：

```
Spanning-tree vlan {vlan_ID} root {priority|secondary}
```

例如，命令Switch(config)#spanning-tree vlan 10 root secondary指定当前设备为VLAN 10的第二根桥。

20.3 热备份路由协议配置学习情境

桑达公司是一家国内知名企业，企业信息化水平高，公司的业务有赖于稳定的计算机网络系统，要求网络中主机设备的网关实现自动切换，为此，公司配置了2台三层交换机Cisco 3560作为核心设备，互为备份，最终保证网络宕机的可能性降为最低。所以，为网络中的2台三层交换机建立千兆以太通道。

公司的计算机网络由3部分组成，一是业务应用部（dca），二是软件开发部（soft），三是信息服务部（servers）。通过划分VLAN实现不同部门的业务信息管理。为了使公司业务信息系统负载均衡，每台三层交换机承担不同的主营业务。Sed-L3-switch1主要承担业务应用部的数据通信，而Sed-L3-switch2则承担软件开发部与信息服务部的数据通信。

公司通过一台路由器接入因特网，其网络拓扑结构图如图20-1所示。

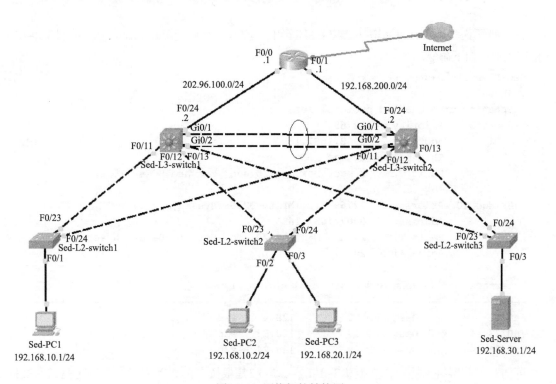

图20-1 网络拓扑结构图

20.4 热备份路由协议配置任务计划与设计

一般公司的局域网都是一台三层核心交换机。当这台三层交换机宕机时，主机是无法自动切换网关的，所以，桑达公司用2台三层交换机配置HSRP协议，实现网关的自动切换。

图20-1中标出了设备名称、连接端口和IP地址，根据此图，设计表20-1所示的网络参数。

表20-1 网络参数

项 目 名 称	参 数	项 目 名 称	参 数
Sed-PC1、Sed-PC2的VLAN信息	10，dca	VLAN10在Sed-L3-switch1的网关	192.168.10.253/24
VLAN10在Sed-L3-switch2的网关	192.168.10.252/24	VLAN10的主机网关	192.168.10.254/24
Sed-PC 3的VLAN信息	20，soft	VLAN20在Sed-L3-switch1的网关	192.168.20.253/24
VLAN20在Sed-L3-switch2的网关	192.168.20.252/24	VLAN20的主机网关	192.168.20.254/24
Sed-Server的VLAN信息	30，servers	VLAN30在Sed-L3-switch1的网关	192.168.30.253/24
VLAN30在Sed-L3-switch2的网关	192.168.30.252/24	VLAN30的主机网关	192.168.30.254/24。
WEB服务器的域名	www.sed.com	管理VLAN的VTP域名	sziit

Sed–L3–switch1和 Sed–L3–switch2之间建立千兆以太通道，通道号为48。Sed–L3–switch1和 Sed–L3–switch2配置为VTP服务器模式，建立VTP域的密码为cisco，其他交换机配置为客户端模式。

Sed–L3–switch1是VLAN1和VLAN20的首要根桥，是VLAN10和VLAN30的第二根桥；Sed–L3–switch2是VLAN1和VLAN20的第二根桥，是VLAN10和VLAN30的首要根桥。

20.5　热备份路由协议配置任务实施与验证

在开始配置前，当前网络拓扑结构受SPT影响，部分线路处于阻塞状态。在交换机Sed–L2–switch3上运行如下命令：

```
Sed-L2-switch3#show spa
VLAN0001
  Spanning tree enabled protocol ieee
  Root ID     Priority    32769
              Address     0002.1687.16D5
              This bridge is the root
              Hello Time  2 sec  Max Age 20 sec  Forward Delay 15 sec

  Bridge ID   Priority    32769  (priority 32768 sys-id-ext 1)
              Address     0002.1687.16D5
              Hello Time  2 sec  Max Age 20 sec  Forward Delay 15 sec
              Aging Time  20

Interface        Role Sts Cost      Prio.Nbr Type
---------------- ---- --- --------- -------- ---------------------------------
Fa0/4            Desg FWD 19        128.4    P2p
Fa0/23           Desg FWD 19        128.23   P2p
Fa0/24           Desg FWD 19        128.24   P2p
```

可知，当前网络拓扑中，交换机Sed–L2–switch3是根桥（读者练习时，不一定是这台交换机，它不影响后续的配置）。2台三层交换机之间未建立以太通道，因此，下面首先建立千兆以太通道。

20.5.1　建立以太通道

1. 创建以太通道

首先在交换机Sed–L3–switch1上创建号码为48的以太通道：

```
Sed-L3-switch1#conf t
Sed-L3-switch1(config)#interface port-channel 48
```

同样，在交换机Sed–L3–switch2上创建号码为48的以太通道。

2. 配置以太通道

在交换机Sed–L3–switch1上配置48号以太通道：

```
Sed-L3-switch1(config-if)#int gi0/1
Sed-L3-switch1(config-if)#channel-group 48 mode on
Sed-L3-switch1(config-if)#int gi0/2
Sed-L3-switch1(config-if)#channel-group 48 mode on
```

在交换机Sed–L3–switch2上执行同样的命令，完成其配置48号以太通道的任务。至此，完成了三层交换机之间建立千兆以太通道的任务，接下来，该通道可以像一条物理通道一样，配置

VLAN的中继链路。

注意：由于此时的根桥是交换机Sed-L2-switch3，所以，虽然三层交换机之间建立了千兆以太通道，但通道处于阻塞状态。需要配置SPT，使得该通道处于转发状态。由于SPT的配置与VLAN有关，所以，必须先配置好VLAN后，才能配置SPT。

20.5.2　创建VLAN

1. 配置三层交换机

```
Sed-L3-switch1#conf t
Sed-L3-switch1(config)#vtp domain sziit
Sed-L3-switch1(config)#vtp password cisco
Sed-L3-switch1(config)#vlan 10
Sed-L3-switch1(config-vlan)#name dca
Sed-L3-switch1(config-vlan)#vlan 20
Sed-L3-switch1(config-vlan)#name soft
Sed-L3-switch1(config-vlan)#vlan 30
Sed-L3-switch1(config-vlan)#name servers
Sed-L3-switch1(config-vlan)#end
```

查看当前的VLAN信息：

```
Sed-L3-switch1#show vlan
```

VLAN	Name	Status	Ports
1	default	active	Fa0/1, Fa0/2, Fa0/3, Fa0/4
			Fa0/5, Fa0/6, Fa0/7, Fa0/8
			Fa0/9, Fa0/10, Fa0/11, Fa0/12
			Fa0/13, Fa0/14, Fa0/15, Fa0/16
			Fa0/17, Fa0/18, Fa0/19, Fa0/20
			Fa0/21, Fa0/22, Fa0/23, Fa0/24
			Gig0/1, Gig0/2, Po48
10	dca	active	
20	soft	active	
30	servers	active	
1002	fddi-default	act/unsup	
1003	token-ring-default	act/unsup	
1004	fddinet-default	act/unsup	
1005	trnet-default	act/unsup	

在交换机Sed-L3-switch2上执行同样的命令，创建VLAN。然后查看VTP信息：

```
Sed-L3-switch2#show vtp status
VTP Version                     : 2
Configuration Revision          : 6
Maximum VLANs supported locally : 1005
Number of existing VLANs        : 8
VTP Operating Mode              : Server
VTP Domain Name                 : sziit
VTP Pruning Mode                : Disabled
VTP V2 Mode                     : Disabled
VTP Traps Generation            : Disabled
MD5 digest                      : 0x0B 0x96 0x6C 0x4C 0xCC 0xF4 0xA8 0xC5
```

2. 配置二层交换机

由于二层交换机的配置过程相似，所以，这里以Sed-L2-switch1为例，为二层交换机配置VTP域信息，其他二层交换机Sed-L2-switch2和Sed-L2-switch3照此配置：

```
Sed-L2-switch1#conf t
Sed-L2-switch1(config)#vtp mode client
Sed-L2-switch1(config)#vtp domain sziit
Sed-L2-switch1(config)#vtp password cisco
Sed-L2-switch1(config)#end
Sed-L2-switch1#show vtp sta
VTP Version                      : 2
Configuration Revision           : 0
Maximum VLANs supported locally  : 255
Number of existing VLANs         : 5
VTP Operating Mode               : Client
VTP Domain Name                  : sziit
VTP Pruning Mode                 : Disabled
VTP V2 Mode                      : Disabled
VTP Traps Generation             : Disabled
MD5 digest                       : 0x82 0xFA 0x70 0xFE 0x63 0x68 0xD0 0x34
Configuration last modified by 0.0.0.0 at 0-0-00 00:00:00
```

20.5.3 配置STP

如上所述，目前的网络拓扑中，根桥是交换机Sed-L2-switch3。接下来，通过配置SPT，使得2台三层交换机成为网络拓扑中的根桥。

根据设计，三层交换机Sed-L3-switch1是VLAN 1和VLAN20的首要根桥，是VLAN 10和VLAN30的第二根桥。所以，配置命令如下：

```
Sed-L3-switch1#conf t
Sed-L3-switch1(config)#spanning-tree vlan 1 root primary
Sed-L3-switch1(config)#spanning-tree vlan 10 root secondary
Sed-L3-switch1(config)#spanning-tree vlan 20 root primary
Sed-L3-switch1(config)#spanning-tree vlan 30 root secondary
```

同样，根据设计，三层交换机Sed-L3-switch2是VLAN 1和VLAN20的第二根桥，是VLAN 10和VLAN30的首要根桥。配置命令如下：

```
Sed-L3-switch2#conf t
Sed-L3-switch2(config)#spanning-tree vlan 1 root secondary
Sed-L3-switch2(config)#spanning-tree vlan 10 root primary
Sed-L3-switch2(config)#spanning-tree vlan 20 root secondary
Sed-L3-switch2(config)#spanning-tree vlan 30 root primary
```

完成STP配置后，网络拓扑结构中的千兆以太通道处于转发状态，而且只有三层交换机Sed-L3-switch2所有连接二层交换机的链路均处于阻塞状态。

20.5.4 配置中继链路

首先，配置三层交换机的千兆以太通道为中继链路。由于这里的Cisco 3560默认的中继协商模式是auto方式，不能协商中继链路，所以要采用主动模式形成中继链路。

```
Sed-L3-switch1#conf t
Sed-L3-switch1(config)#int port
```

```
Sed-L3-switch1(config)#int port-channel 48
Sed-L3-switch1(config-if)#switchport mode dynamic desirable
```

接下来配置三层交换机与二层交换机之间的中继链路。这里以Sed-L2-switch1为例，其它二层交换机Sed-L2-switch2和Sed-L2-switch3照此配置。

```
Sed-L2-switch1#conf t
Sed-L2-switch1(config)#int range f0/23 - 24
Sed-L2-switch1(config-if-range)#switch mode trunk
Sed-L2-switch1(config-if-range)#end
```

验证二层交换机Sed-L2-switch1是否获得了VTP域sziit的相关VLAN信息：

```
Sed-L2-switch1#show vlan

VLAN Name                             Status    Ports
---- -------------------------------- --------- -------------------------------
1    default                          active    Fa0/1, Fa0/2, Fa0/3, Fa0/4
                                                Fa0/5, Fa0/6, Fa0/7, Fa0/8
                                                Fa0/9, Fa0/10, Fa0/11, Fa0/12
                                                Fa0/13, Fa0/14, Fa0/15, Fa0/16
                                                Fa0/17, Fa0/18, Fa0/19, Fa0/20
                                                Fa0/21, Fa0/22, Gig1/1, Gig1/2
10   dca                              active
20   soft                             active
30   servers                          active
1002 fddi-default                     act/unsup
1003 token-ring-default               act/unsup
1004 fddinet-default                  act/unsup
1005 trnet-default                    act/unsup
```

待所有二层交换机配置完中继链路，此时网络拓扑中的所有链路都处于转发状态，实现了三层交换机的互为备份。所有信号灯变绿后，在任何一台三层交换机上增加一个VLAN，其它交换机上都会收到新增加的VLAN。

20.5.5　划分VLAN

由于二层交换机上获得了VTP域sziit所管理的VLAN信息，即可根据设计要求，把交换机的端口划分到相应的VLAN中。由于这些端口都连接计算机，所以，它们都可设置为protfast端口，以提高计算机接入网络的速度。

1. 配置Sed-L2-switch1

```
Sed-L2-switch1#conf t
Sed-L2-switch1(config)#int f0/1
Sed-L2-switch1(config-if)#spanning-tree portfast
Sed-L2-switch1(config-if)#switch mode access
Sed-L2-switch1(config-if)#switch access vlan 10
```

2. 配置Sed-L2-switch2

```
Sed-L2-switch2#conf t
Sed-L2-switch2(config)#int range f0/2 -3
Sed-L2-switch2(config-if-range)#spanning-tree portfast
Sed-L2-switch2(config-if-range)#switch mode access
Sed-L2-switch2(config-if-range)#int f0/2
```

```
Sed-L2-switch2(config-if)#switch access vlan 10
Sed-L2-switch2(config-if)#int f0/3
Sed-L2-switch2(config-if)#switch access vlan 20
```

3. 配置Sed-L2-switch3

```
Sed-L2-switch3#conf t
Sed-L2-switch3(config)#int f0/3
Sed-L2-switch3(config-if)#spanning-tree portfast
Sed-L2-switch3(config-if)#switch mode access
Sed-L2-switch3(config-if)#switch access vlan 30
```

20.5.6 配置IP地址

1. 配置计算机

如图20-2所示，根据设计要求，配置Sed-PC1的IP地址。这里特别要注意配置网关的参数是虚拟路由器的IP：192.168.10.254。如果配置三层交换机的IP 是192.168.10.253或192.168.10.252，虽然不影响通信，但无法实现HSRP的网关自动切换功能。

参照同样的方法，配置图20-1所示网络中的其他计算机和服务器的IP地址。

图20-2　配置Sed-PC1的IP地址

2. 配置三层交换机

根据设计要求，在三层交换机上Sed-L3-switch1配置接口的IP地址：

```
Sed-L3-switch1#conf t
Sed-L3-switch1(config)#int vlan 10
Sed-L3-switch1(config-if)#ip add 192.168.10.253 255.255.255.0
Sed-L3-switch1(config-if)#int vlan 20
Sed-L3-switch1(config-if)#ip add 192.168.20.253 255.255.255.0
Sed-L3-switch1(config-if)#int vlan 30
Sed-L3-switch1(config-if)#ip add 192.168.30.253 255.255.255.0
Sed-L3-switch1(config-if)#no shut
Sed-L3-switch1(config)#int f0/24
Sed-L3-switch1(config-if)#no switchport
Sed-L3-switch1(config-if)#ip add 202.96.100.2 255.255.255.0
Sed-L3-switch1(config-if)#no shut
```

接着，在三层交换机上Sed-L3-switch2配置接口的IP地址。

```
Sed-L3-switch2#conf t
Sed-L3-switch2(config)#int vlan 10
Sed-L3-switch2(config-if)#ip add 192.168.10.252 255.255.255.0
Sed-L3-switch2(config-if)#int vlan 20
Sed-L3-switch2(config-if)#ip add 192.168.20.252 255.255.255.0
Sed-L3-switch2(config-if)#int vlan 30
Sed-L3-switch2(config-if)#ip add 192.168.30.252 255.255.255.0
Sed-L3-switch2(config-if)#no shut
Sed-L3-switch2(config)#int f0/24
Sed-L3-switch2(config-if)#no switchport
Sed-L3-switch2(config-if)#ip add 202.96.200.2 255.255.255.0
Sed-L3-switch2(config-if)#no shut
```

20.5.7　配置路由

1.　配置路由器

```
Router#conf t
Router(config)#int f0/0
Router(config-if)#ip add 202.96.100.1 255.255.255.0
Router(config-if)#no shut
Router(config-if)#int f0/1
Router(config-if)#ip add 202.96.200.1 255.255.255.0
Router(config-if)#no shut
Router(config-if)#exit
Router(config)#router rip
Router(config-router)#version 2
Router(config-router)#network 202.96.100.0
Router(config-router)#network 202.96.200.0
Router(config-router)#end
```

2.　配置交换机Sed-L3-switch1

```
Sed-L3-switch1(config)#ip routing
Sed-L3-switch1(config)#route rip
Sed-L3-switch1(config-router)#version 2
Sed-L3-switch1(config-router)#network 192.168.10.0
Sed-L3-switch1(config-router)#network 192.168.20.0
Sed-L3-switch1(config-router)#network 192.168.30.0
Sed-L3-switch1(config-router)#network 202.96.100.0
Sed-L3-switch1(config-router)#end
```

3.　配置交换机Sed-L3-switch2

```
Sed-L3-switch2(config)#ip routing
Sed-L3-switch2(config)#router rip
Sed-L3-switch2(config-router)#version 2
Sed-L3-switch2(config-router)#network 192.168.10.0
Sed-L3-switch2(config-router)#network 192.168.20.0
Sed-L3-switch2(config-router)#network 192.168.30.0
Sed-L3-switch2(config-router)#network 202.96.200.0
Sed-L3-switch2(config-router)#end
```

20.5.8　配置HSRP

1.　配置交换机Sed-L3-switch1

```
Sed-L3-switch1#conf t
Sed-L3-switch1(config)#int vlan 10
Sed-L3-switch1(config-if)#standby 1 ip 192.168.10.254
```

```
Sed-L3-switch1(config-if)#standby 1 priority 150
Sed-L3-switch1(config-if)#standby 1 preempt
Sed-L3-switch1(config-if)#int vlan 20
Sed-L3-switch1(config-if)#standby 2 ip 192.168.20.254
Sed-L3-switch1(config-if)#standby 2 priority 180
Sed-L3-switch1(config-if)#standby 2 preempt
Sed-L3-switch1(config-if)#int vlan 30
Sed-L3-switch1(config-if)#standby 3 ip 192.168.30.254
Sed-L3-switch1(config-if)#standby 3 priority 150
Sed-L3-switch1(config-if)#standby 3 preempt
```

2. 配置交换机Sed-L3-switch2

```
Sed-L3-switch2#conf t
Sed-L3-switch2(config)#int vlan 10
Sed-L3-switch2(config-if)#standby 1 ip 192.168.10.254
Sed-L3-switch2(config-if)#standby 1 priority 180
Sed-L3-switch2(config-if)#standby 1 preempt
Sed-L3-switch2(config-if)#int vlan 20
Sed-L3-switch2(config-if)#standby 2 ip 192.168.20.254
Sed-L3-switch2(config-if)#standby 2 priority 150
Sed-L3-switch2(config-if)#standby 2 preempt
Sed-L3-switch2(config-if)#int vlan 30
Sed-L3-switch2(config-if)#standby 3 ip 192.168.30.254
Sed-L3-switch2(config-if)#standby 3 priority 180
Sed-L3-switch2(config-if)#standby 3 preempt
```

20.5.9 配置网络服务

图20-1中的服务器Sed-Server既是Web服务器，又是DNS服务器。如图20-3和图20-4所示，参照7.5.1节，配置Web服务和DNS服务，并及时开启DNS服务。

图20-3 配置Web服务

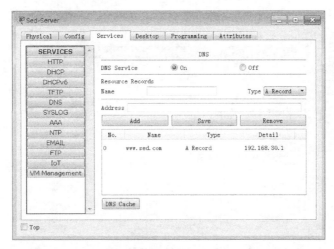

图20-4 配置DNS服务

20.5.10 验证

首先，在三层交换机Sed-L3-switch1上查看活动路由器和备份路由器：

```
Sed-L3-switch1>ena
Sed-L3-switch1#show standby brief
P indicates configured to preempt.

Interface Grp Pri P State Active Standby Virtual IP
Vl10      1   150 P Standby 192.168.10.252 local 192.168.10.254
Vl20      2   180 P Active local 192.168.20.252 192.168.20.254
Vl30      3   150 P Standby 192.168.30.252 local 192.168.30.254
```

可知，Sed-L3-switch1是VLAN20的活动路由器，虚拟IP即主机网关是192.168.20.254。同理，查看Sed-L3-switch2的活动路由器和备份路由器如下：

```
Sed-L3-switch2>ena
Sed-L3-switch2#show standby brief
P indicates configured to preempt.
Interface Grp Pri P State Active Standby Virtual IP
Vl10      1   180 P Active local 192.168.10.253 192.168.10.254
Vl20      2   150 P Standby 192.168.20.253 local 192.168.20.254
Vl30      3   180 P Active local 192.168.30.253 192.168.30.254
```

可知，Sed-L3-switch2是VLAN10和VLAN30的活动路由器。虚拟IP即主机网关分别是192.168.10.254和192.168.30.254。

图20-5表明，不同VLAN之间的主机均能通信，图20-6是VLAN10中的主机成功访问VLAN30中的Web服务。

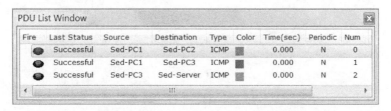

图20-5 不同VLAN间设备的连通性测试

图20-6　Sed-PC1成功访问公司网站

习　题

1. 简述HSRP的工作原理？

2. 图20-1中的计算机和服务器的网关可否配置三层交换机中的任何一个同网段的IP地址？为什么？

3. 关闭图20-1中的交换机Sed-L3-switch1的VLAN20接口，再观察备份组中路由器状态变化情况。

4. 可否只在Sed-L3-switch1上创建VLAN，待以太通道中继链路形成后，Sed-L3-switch2自动获取到Sed-L3-switch1所创建的VLAN信息？

5. 关闭图20-1中2台三层交换机中的任何一台的F0/0接口，验证HSRP端口跟踪技术。

6. 在Packet Tracer中练习有关路由器的HSRP应用案例。

第**21**章

广域网协议HDLC和PPP

学习目标

- 掌握路由器串行链路上的封装协议的概念。
- 掌握封装HDLC和PPP的配置步骤和方法。
- 掌握PPP两种认证方法的配置要点与命令。
- 能排除封装HDLC和PPP协议中常见的疑难问题。
- 掌握查看和调试HDLC和PPP协议相关信息的命令与方法。

21.1 HDLC与PPP基础知识

广域网（Wide Area Network，WAN）是作用距离或延伸范围比局域网大的数据通信网络,它工作在OSI参考模型的物理层和数据链路层。WAN使用的设备类型多种多样，包括以下几种：

① 路由器：提供多种服务，包括网络互联和WAN的连接端口。

② 广域网交换机：提供连接到WAN上，进行语音、数据资料及视频通信。

广域网交换机是一种多端口的网络设备，典型的交换方式如帧中继、X.25等。广域网交换机工作在OSI参考模型的数据链路层。

③ 调制解调器CSU/DSU（信道服务单元/数字服务单元）。它是一种数字接口设备，将DTE设备的物理接口适配到DCE接口。

④ 通信服务器：集中拨入和拨出的用户通信。

正是距离的量变引起了技术的质变，广域网使用与局域网不同的物理层和数据链路层协议。WAN连接类型有专线（Dedicated）、电路交换（Circuit Switched）和包交换（Packet Switched）。专线使用同步串行线路，是一条专用的点对点链路，提供永久的服务。电路交换使用异步串行线路，也就是传统的电话网络。包交换也称为分组交换，使用同步串行线路，网络设备共享一条点到点的线路，将数据包从源主机经过通信网络传送到目的地址，如帧中继。

公用传输网络如PSTN、ISDN、ATM、DSL、帧中继、DDN等都是广域网的实例。而为了实现Intranet之间的远程连接或Intranet接入Internet的目标，对广域网的掌握侧重于如何利用公用传输网络提供的物理接口在路由器上正确配置相应的广域网协议。

广域网的数据链路层协议定义了数据帧的封装格式和在广域网上的传送方式，包括点对点协议（Point-to-Point Protocol，PPP）、高级数据链路控制（High-Level Data Link Control，HDLC）协议以及帧中继（Frame-Relay，FR）协议等。图21-1总结了广域网的数据链路层在不同的物理线路上所用的封装协议。

HDLC是国际标准化组织ISO定义的标准，也是用于同步或异步串行链路上的协议。由于不同的厂家对标准有不同的发展，因此不同厂家的HDLC协议是不兼容的。例如Cisco IOS的HDLC就是Cisco公司专用的，它定义的数据帧格式和ISO的是不一样的，两者不兼容。表21-1给出了3种WAN帧格式实例，分别是ISO HDLC、Cisco HDLC和PPP。ISO HDLC与Cisco HDLC的主要差别是Cisco有一个专有字段——类型。ISO HDLC没有定义如何在单一链路

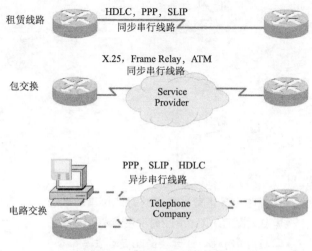

图21-1　典型WAN封装协议

上承载多个协议，而Cisco HDLC用类型字段实现了该功能，因此ISO HDLC通常用于只有一个协议的串行链路。Cisco路由器的同步串行口上默认封装是HDLC，HDLC的配置十分简单，但对于Cisco路由器和非Cisco路由器之间的连接则不能使用默认的配置，都应启用PPP。

　　PPP是IETF推出的点到点类型的数据链路层协议，用于同步或异步串行线路的协议，支持专线与拨号连接。PPP封装的串行线路支持CHAP和PAP安全性认证。使用CHAP和PAP认证时，每个路由器通过名字来识别，并使用密码来防止未经授权的访问。

表21-1　WAN帧格式

帧 类 型	字　　段
ISO HDLC	标志、地址、控制、数据、帧校验序列、标志
Cisco HDLC	标志、地址、控制、类型、数据、帧校验序列、标志
PPP	标志、地址、控制、协议、数据、帧校验序列、标志

　　PAP是两种PPP认证协议中最简单的一种，也最不安全。在认证阶段，PAP经历两次握手过程。在该阶段，发送站以明文方式将用户名（或主机名）和密码发送到接收站，接收站将其与存储在本地的用户名和密码进行比较。如果发现匹配项，接收站会送回一条接收信息。如果目标无法找到匹配，它会送回一条拒绝消息。PAP的配置是直接的，首先需要确定哪边作为客户端（发送用户名和密码）和哪边作为服务器端（验证用户名和密码）。

　　PAP最大的问题是以明文方式在连接中传送用户名和密码。如果有人接近连接并且在PPP通信中窃听，那么这个人能看到正在使用的实际密码，因此PAP不是一种安全的认证方法。而与此相反，CHAP使用标准的基于消息摘要5（MD-5）散列算法的单向散列函数来对密码进行处理。经过散列运算的值随后从线路上发送出去。在该情形下并没有发送实际密码，任何一个分接线路的人无法将散列值还原成原始的密码，这是因为MD-5是不能被反向还原的。

　　CHAP使用3次握手过程来执行认证。首先发送站将它的用户名（不是密码）发送给接收站，接收站送回一个挑战，这是一个接收站生成的随机值，然后两端取出发送站的名称、匹配密码与挑战，让它们通过MD-5散列函数进行运算，接着发送站将函数运算结果取出并发送到接收站，接收站再把这个值与自己产生的散列（Hash）值进行比较。如果两个值匹配，发送站使用的密码必定与接收站使用的密码相同，这样接收站会允许该链接。特别强调，在CHAP验证中，两端配置

的密码一定要相同，因为两端的路由器要基于密码计算散列值，如果密码不同，计算出来的散列值就不同，会导致验证失败。

21.2 HDLC与PPP配置常用命令

配置HDLC和PPP的常用命令如下：

① 配置当前本路由器的名字和密码：

hostname {名字}
enable secret {密码}

② 在当前路由器上记录对端路由器的名字和密码：

username {对端路由器名称} password {对端路由器密码}

③ 封装协议：

encapsulation {HDLC|PPP}

④ 指定PPP用户验证协议配置认证方式：

ppp authentication {chap | pap}

⑤ 查看路由器端口封装协议：

show interface {串口名称}

21.3 HDLC和PPP配置学习情境

A公司是一家国内企业，经过多年发展成为一家著名的跨国公司，分别在纽约、东京和伦敦设有分公司。为了跟上公司业务快速发展的步伐，公司逐步建成了图21-2所示的计算机广域网。其中公司国内部分的路由器Router1、Router2和Router3为Cisco路由器；而公司分部的路由器Router4、Router5和 Router6均为其他品牌。根据公司当前网络设备的实际配备情况，决定公司国内部分的路由器之间的广域网链路的连接使用其默认的HDLC封装，而公司国内部分路由器与公司分部路由器之间的广域网链路的连接，则必须封装PPP。考虑到PPP认证方面的要求，还必须配置PAP或CHAP安全认证协议。

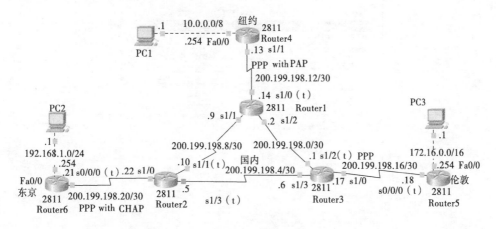

图21-2 网络拓扑结构图

21.4　HDLC与PPP配置任务计划与设计

由于是路由器广域网链路间的问题，同样要面临解决各个路由器接口IP地址子网划分的问题和路由问题。这里设计所有路由器的串行链路都用200.199.198.0/24网段的子网地址，子网掩码的长度为30。如图21-3所示，这里只使用了该网段的第1到第6号子网，每个子网中两个有效的IP地址分别分配给了串行链路的两个接口，路由器与计算机组成的局域网分别采用标准的A、B和C类IP地址。图21-1中标出了每台计算机网卡的IP地址及其网关，还有每台路由器串行口的IP地址，方便网络工程师配置网络设备的IP地址，以及调试网络和排除网络故障。

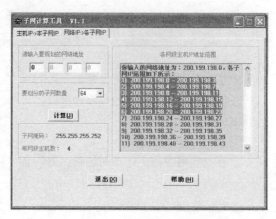

图21-3　划分子网的设计

如上所述，这里设计串行链路Router1～Router2、Router2～Router3和Router3～Router1封装HDLC协议，而串行链路Router1～Router4封装带PAP认证的PPP协议，Router1的密码是123456，而Router4的密码是654321。Router2～Router6封装带CHAP认证的PPP协议，由于CHAP认证原理的特殊性要求，使用CHAP认证的路由器双方的密码必须一致，这里设计为Cisco。Router3～Router5则封装不带认证的PPP协议。

21.5　HDLC与PPP配置任务实施与验证

21.5.1　配置IP地址

1. 配置计算机IP地址

图21-4所示是配置计算机PC1的IP地址的示例，按照同样的方法给图21-1中的其他计算机配置IP地址。配置计算机网卡时，注意子网掩码的长度。另外还要配置正确的网关。

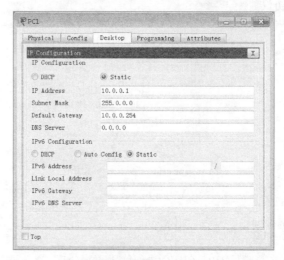

图21-4　配置计算机PC1的IP地址

2. 配置Router1的IP地址

```
Router1>ena
Router1#conf t
Router1(config)#int s1/0
Router1(config-if)#ip add 200.199.198.14 255.255.255.252
Router1(config-if)#clock rate 64000
Router1(config-if)#no shut
Router1(config-if)#int s1/2
Router1(config-if)#ip add 200.199.198.2 255.255.255.252
Router1(config-if)#no shut
Router1(config-if)#int s1/1
Router1(config-if)#ip add 200.199.198.9 255.255.255.252
Router1(config-if)#no shut
```

3. 配置Router2的IP地址

```
Router2>ena
Router2#conf t
Router2(config)#int s1/1
Router2(config-if)#clock rate 64000
Router2(config-if)#ip add 200.199.198.10 255.255.255.252
Router2(config-if)#no shut
Router2(config-if)#int s1/3
Router2(config-if)#clock rate 64000
Router2(config-if)#ip add 200.199.198.5 255.255.255.252
Router2(config-if)#no shut
Router2(config-if)#int s1/0
Router2(config-if)#ip add 200.199.198.22 255.255.255.252
Router2(config-if)#no shut
```

4. 配置Router3的IP地址

```
Router3>ena
Router3#conf t
Router3(config)#int s1/2
Router3(config-if)#clock rate 64000
Router3(config-if)#ip add 200.199.198.1 255.255.255.252
Router3(config-if)#no shut
Router3(config-if)#int s1/0
Router3(config-if)#ip add 200.199.198.17 255.255.255.252
Router3(config-if)#no shut
Router3(config-if)#int s1/3
Router3(config-if)#ip add 200.199.198.6 255.255.255.252
Router3(config-if)#no shut
```

5. 配置Router4的IP地址

```
Router4>ena
Router4#conf t
Router4(config)#int f0/0
Router4(config-if)#ip add 10.0.0.254 255.0.0.0
Router4(config-if)#no shut
Router4(config-if)#int s1/1
Router4(config-if)#ip add 200.199.198.13 255.255.255.252
Router4(config-if)#no shut
```

6. 配置Router5的IP地址

```
Router5>ena
Router5#conf t
Router5(config)#int f0/0
Router5(config-if)#ip add 172.16.0.254 255.255.0.0
Router5(config-if)#no shut
Router5(config-if)#int s0/0/0
Router5(config-if)#ip add 200.199.198.18 255.255.255.252
Router5(config-if)#clock rate 64000
Router5(config-if)#no shut
```

7. 配置Router6的IP地址

```
Router6>ena
Router6#conf t
Router6(config)#int f0/0
Router6(config-if)#ip add 192.168.1.254 255.255.255.0
Router6(config-if)#no shut
Router6(config-if)#int s0/0/0
Router6(config-if)#clock rate 64000
Router6(config-if)#ip add 200.199.198.21 255.255.255.252
Router6(config-if)#no shut
```

在配置路由器IP地址时，最容易忽视的是给连接DCE线缆的接口配置时钟。

21.5.2   配置路由

1. 配置Router1

```
Router1(config)#route rip
Router1(config-router)#ver 2
Router1(config-router)#network 200.199.198.0
```

注意：在配置RIP参与路由的网络号时只能配置主网络号。因此，虽然Router1连接了3条串行链路，有3个子网，但只须配置一条主网络号即可。

2. 配置Router2

```
Router2(config)#route rip
Router2(config-router)#ver 2
Router2(config-router)#network 200.199.198.0
```

3. 配置Router3

```
Router3(config)#route rip
Router3(config-router)#ver 2
Router3(config-router)#network 200.199.198.0
```

4. 配置Router4

```
Router4(config)#route rip
Router4(config-router)#ver 2
Router4(config-router)#network 10.0.0.0
Router4(config-router)#network 200.199.198.0
```

5. 配置Router5

```
Router5(config)#route rip
Router5(config-router)#ver 2
Router5(config-router)#network 172.16.0.0
```

```
Router5(config-router)#network 200.199.198.0
```

6. 配置Router6

```
Router6(config)#route rip
Router6(config-router)#ver 2
Router6(config-router)#network 192.168.1.0
Router6(config-router)#network 200.199.198.0
```

7. 测试

图21-4表明，PC1能与网络中其他主机正常通信，说明上述IP地址配置和路由配置任务成功完成。需要说明的是，虽然在学习情境中明确Router4、Router5和 Router6均为其他品牌路由器，但实际在Packet Tracer中路由器均为Cisco品牌，所以均默认封住了HDLC协议，这样只要配置正确的路由，就能得到图21-4所示的结果。如果按照实际配备的路由器，则必须先封装好PPP协议，再配置路由，才能得到图21-5所示的结果。

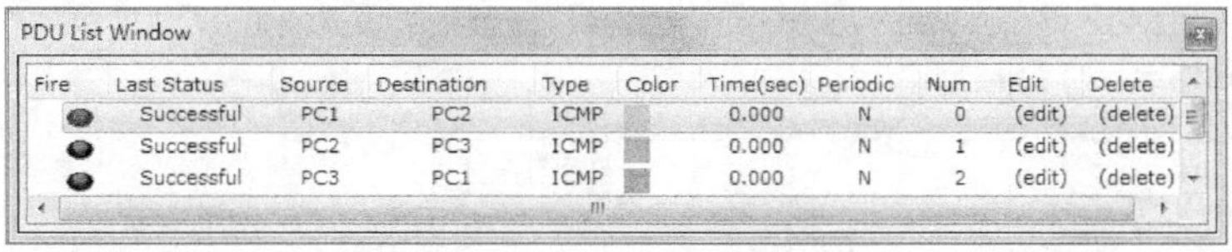
PDU List Window

Fire	Last Status	Source	Destination	Type	Color	Time(sec)	Periodic	Num	Edit	Delete
	Successful	PC1	PC2	ICMP		0.000	N	0	(edit)	(delete)
	Successful	PC2	PC3	ICMP		0.000	N	1	(edit)	(delete)
	Successful	PC3	PC1	ICMP		0.000	N	2	(edit)	(delete)

图21-5 测试网络连通性

再查看Router1上接口Serial1/1所封装的协议，其接口封装的是HDLC协议。

```
Router1#show interfaces se1/1
Serial1/1 is up, line protocol is up (connected)
  Hardware is HD64570
  Internet address is 200.199.198.9/30
  MTU 1500 bytes, BW 128 Kbit, DLY 20000 usec, rely 255/255, load 1/255
  Encapsulation HDLC, loopback not set, keepalive set (10 sec)
```

注意，这里输入接口名时，不能简单用s表示串口，因为该命令参数下至少有两个s开头的参数。

21.5.3 封装不带认证的PPP

1. 配置Router3

```
Router3(config)#int s1/0
Router3(config-if)#encapsulation PPP
```

2. 配置Router5

```
Router5(config)#int s0/0/0
Router5(config-if)#encapsulation ppp
```

3. 验证

查看R5上接口se0/0/0所封装的协议。如果出现"Closed: IPCP, CDPCP"等字样，意味着PPP协议未配置正确。

```
Router5#show int se0/0/0
Serial0/0/0 is up, line protocol is up (connected)
  Hardware is HD64570
  Internet address is 200.199.198.18/30
  MTU 1500 bytes, BW 128 Kbit, DLY 20000 usec, rely 255/255, load 1/255
  Encapsulation PPP, loopback not set, keepalive set (10 sec)
  LCP Open
  Open: IPCP, CDPCP
```

上面显示当前PPP协议配置正确，因此采用ping的方式测试网络连通性就会成功，如图21-6所示。

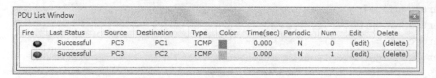

图21-6　测试PC3的连通性

21.5.4　封装带PAP认证的PPP

1. 配置Router1

```
Router1#conf t
Router1(config)#int s1/0
Router1(config-if)#encapsulation ppp
Router1(config-if)#ppp pap sent-username router1 password 123456
Router1(config-if)#exit
Router1(config)#username router4 password 654321
```

2. 配置Router4

```
Router4>ena
Router4#conf t
Router4(config)#int s1/1
Router4(config-if)#encapsulation ppp
Router4(config-if)#ppp pap sent-username router4 password 654321
Router4(config-if)#exit
Router4(config)#username router1 password 123456
```

3. 验证

这时，再查看Router1接口se1/0，发现所封装的协议已经改成PPP。

```
Router1#show int se1/0
Serial1/0 is up, line protocol is up (connected)
  Hardware is HD64570
  Internet address is 200.199.198.14/30
  MTU 1500 bytes, BW 128 Kbit, DLY 20000 usec, rely 255/255, load 1/255
  Encapsulation PPP, loopback not set, keepalive set (10 sec)
  LCP Open
  Open: IPCP, CDPCP
```

上面显示当前PPP配置正确，因此在Router4上采用ping的方式测试网络连通性就会成功。

```
Router4#ping 192.168.1.1
Type escape sequence to abort.
Sending 5, 100-byte ICMP Echos to 192.168.1.1, timeout is 2 seconds:
!!!!!
Success rate is 100 percent (5/5), round-trip min/avg/max = 109/122/142 ms


Router4#ping 172.16.0.1

Type escape sequence to abort.
Sending 5, 100-byte ICMP Echos to 172.16.0.1, timeout is 2 seconds:
!!!!!
Success rate is 100 percent (5/5), round-trip min/avg/max = 93/112/125 ms
```

21.5.5 封装带CHAP认证的PPP

1. 配置Router2

与PAP不同的是，配置CHAP认证时，路由器的密码必须要用特权用户的密码，因此这里一定要配置特权密码。

```
Router2>ena
Router2#conf t
Router2(config)#enable secret cisco
Router2(config)#username Router6 password cisco
Router2(config)#int s1/0
Router2(config-if)#encapsulation ppp
Router2(config-if)#ppp authentication chap
```

2. 配置Router6

```
Router6>ena
Router6#conf t
Router6(config)#enable secret cisco
Router6(config)#username Router2 password cisco
Router6(config)#int s0/0/0
Router6(config-if)#encapsulation ppp
Router6(config-if)#ppp authentication chap
```

3. 验证

查看Router2的接口se1/0，它所封装的协议是PPP。

```
Router2#show int se1/0
Serial1/0 is up, line protocol is up (connected)
  Hardware is HD64570
  Internet address is 200.199.198.22/30
  MTU 1500 bytes, BW 128 Kbit, DLY 20000 usec, rely 255/255, load 1/255
  Encapsulation PPP, loopback not set, keepalive set (10 sec)
  LCP Open
  Open: IPCP, CDPCP
```

上面显示当前PPP配置正确，因此在Router6上采用ping的方式测试网络连通性就会成功。

```
Router6#ping 10.0.0.1
Type escape sequence to abort.
Sending 5, 100-byte ICMP Echos to 10.0.0.1, timeout is 2 seconds:
!!!!!
Success rate is 100 percent (5/5), round-trip min/avg/max = 109/122/142 ms
```

习　　题

1. 常用的广域网有哪些？
2. PPP认证的方法有哪些？各自的特点是什么？
3. 常用的广域网数据链路层协议有哪些？
4. 总结PPP配置的基本步骤。
5. 在使用CHAP认证时，需要双方的密码相同。当修改Router6的enable secret密码不为cisco，并在Router2中用no命令先删除旧的Router6的路由器名称和密码，然后添加Router6新的路由器名称和密码时，验证PPP是否工作正常。

第 **22** 章

广域网协议帧中继

学习目标
- ●理解帧中继协议的基本知识。
- ●熟练掌握帧中继协议的配置步骤与方法。
- ●掌握帧中继链路的调试方法。

22.1 帧中继基础知识

帧中继（Frame Relay）是CCITT和ANSI标准，它定义了在公共数据网上发送数据的流程，属于高性能的数据链路层协议。帧中继线路是中小企业常用的广域网线路。帧中继技术是在分组交换技术的基础上发展起来的一种快速分组交换技术。帧中继协议可以认为是X.25协议的简化版，它去掉了X.25的纠错功能，依赖高层协议（如TCP）进行纠错控制。

帧中继的主要优点：

① 吞吐量大，能够处理突发性数据业务。

② 能动态、合理地分配带宽。

③ 端口可以共享，费用较低。

④ 帧中继的主要缺点是无法保证传输质量，即可靠性较差，这也同样源自对校验机制的省略。也就是说，省略检验机制带来优点的同时也带来了缺点，但优点是主要的。

⑤ 帧中继也是数据链路层的协议。

帧中继主要用于传递数据业务，传递数据时不带确认机制，没有纠错功能。但它提供了一套合理的带宽管理和防止阻塞的机制，用户能有效地利用预先约定的带宽，同时还允许用户在帧中继交换网络比较空闲时以高于ISP所承诺的速率进行传输。

帧中继采用面向连接的虚电路（Virtual Circuit，VC）技术。VC是两台设备之间的逻辑连接，因此在相同物理连接上可以存在很多VC。VC也是全双工的，可以在相同的VC上同时收发数据。根据建立虚电路的不同方式，可以将帧中继虚电路分为两种类型：永久虚电路（PVC）和交换虚电路（SVC）。手工设置产生的虚电路称为永久虚电路；通过协议协商产生的虚电路称为交换虚电路。这种虚电路根据协议自动创建和删除。目前，在帧中继中使用较多的方式是永久虚电路。

帧中继协议是一种统计复用的协议，它在单一物理传输线路上能够提供若干条虚电路，每条虚电路用数据链路连接标识符（Data Link Connection Identifier，DLCI）来标识。DLCI实际上就是帧中继网络中的第二层地址。帧中继交换机中的交换数据的交换表会用到这个地址。DLCI只在本地与之直接相连的对端接口有效，即不同物理接口上的相同DLCI并不表示是同一个虚连接。帧中继网络用户接口上最多可支持1 024条虚电路，其中用户可用的DLCI范围是16～991。由于虚电路是面向连接的。本地不同的DLCI连接到不同的对端设备，因此可以认为本地DLCI就是对端设备的"帧中继地址"。

正是由于在单一物理网络传输线路上能够提供多条虚电路，所以租用帧中继比租用 DDN 专线更便宜。

帧中继的工作范围在DTE设备和帧中继交换机之间。在实际应用中，Cisco路由器为DTE端，通过V.35线缆连接CSU/DSU，CSU/DSU的另一端口接入帧中继网络。LMI（local management interface，本地管理接口）是用户端设备DTE和帧中继交换机之间的信令标准，负责管理设备之间的连接，维护设备之间的状态。

LMI的作用是：确定路由器所知道的PVC的操作状态；通知路由器被分配了哪些DLCI；发送维持分组，以保证PVC处于激活状态。如图22-1所示，左边路由器通过LMI得知DLCI为400的PVC处于非活动状态。

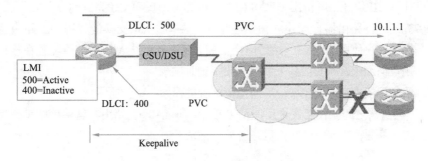

图22-1 LMI操作

LMI有3种类型：ANSI、Cisco、Q933A。DTE端LMI的类型要与帧中继交换机上的配置一致，否则LMI不能正常工作，导致PVC失败。

帧中继交换机利用帧中继交换表对数据帧进行转发，每台帧中继交换机都保存和维护一张帧中继交换表。帧中继交换表由4个条目组成：表示数据帧流入的端口号和DLCI号，表示数据帧流出的端口号和DLCI号。

如图22-2所示，假设路由器R1要发送一个IP数据包给R2，则在帧中继网络数据帧的转发过程如下：

IN_Port	IN_DLCI	OUT_Port	OUT_DLCI
S1	200	S2	100

图22-2 帧中继交换表

① R1首先查找自己的帧中继地址映射表，找到目的IP地址10.1.1.2对应的本地DLCI号200，R1用DLCI号200封装数据帧，并发送给帧中继交换机。

② 帧中继交换机收到这个帧后，根据进入的端口号S1和帧中的DLCI号200查找帧中继交换表，找到出去的端口号S2和DLCI号100。

③ 帧中继交换机把数据帧中的DLCI号修改为100，然后从端口S2发送出去。

④ R2收到帧中继交换机发送过来的数据帧，解封装后交给上层协议处理。

由此可知：在帧中继交换机上，没有检测数据包的IP层，只执行了DLCI的重新映射。

路由器要通过帧中继网络把IP数据包发到下一跳路由器时，它必须知道IP和DLCI的映射才能进行帧的封装。这个过程通过查找帧中继地址映射表来完成，因为地址映射表中存放的是本段DLCI和下一跳的IP地址之间的映射关系。从ISP那里得到本地的DLCI号，建立目的IP地址和本地DLCI之间的映射关系可以在路由器中静态配置，也可以由反向 ARP协议动态增加或删除。

在帧中继链路上，从IP地址解析出DLCI号的过程与IP地址到MAC地址的解析过程类似。在帧中继中，已知对方的IP地址，解析出本地DLCI号的过程是由反向ARP完成的。

反向ARP机制允许路由器自动建立帧中继映射。在初始LMI交换的过程中，路由器可以从帧中继交换机上找出正在使用的DLCI，然后路由器就发送一个反向ARP请求给配置在接口上的每个协议的DLCI。用反向ARP返回的信息来创建帧中继地址映射。

路由器默认启用帧中继反向ARP。反向ARP解析过程如图22-3所示。

每隔60 s，路由器之间就相互发送反向ARP消息。每隔10 s，路由器就给帧中继交换机发送一个维持消息，其作用是验证帧中继交换机是否处于激活状态。

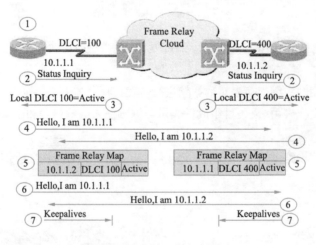

图22-3　反向ARP解析过程

22.2　帧中继协议配置常用命令

配置帧中继的常用命令如下：

① 指定帧中继封装格式：

```
encapsulation frame-relay {cisco|ietf}
```

Cisco路由器默认的封装格式为Cisco，在Cisco路由器和其他公司的路由器之间的连接，则使用ietf封装。

② 配置本地虚电路的DLCI编号，以标识虚电路，使用命令：

```
frame relay interface-dlci {dlci}
```

为本路由器接口指定DLCI号，取值范围为16～991，实际应用时由服务商分配，实验中自行指定。另一端路由器接口的DLCI号可以和本地的路由器接口号相同，也可以不同。

③ 建立下一跳协议地址与DLCI的映射：

```
frame-relay map {protocol-type} {protocol-address} {dlci} [broadcast][ietf]
[cisco]
```

其中，broadcast选项允许在帧中继网络上传输路由广播信息。Protocol-type包括的协议有IP、IPX、Decent、appletalk等。protocol-address是本地DLCI所对应的下一跳协议地址，如常用的是IP地址。显然，点对多点的连接须指定多个对应。

④ 配置本地管理端口LMI，命令格式为：

```
frame-relay lmi-type {cisco|ansi|q933a}
```

LMI提供了一个帧中继交换机和路由器之间的简单信令标准，用于管理和维护两个通信设备间的运行状态。在帧中继交换机和路由器之间必须采用相同的LMI类型。Cisco IOS 11.2及以后版本支持本地管理端口LMI的自动识别，不用显示配置此项。

⑤ 在特权配置模式下，使用命令：

```
show interface {serial-number}
```

显示DLCI和LMI信息。

⑥ 查看LMI统计信息：

```
show frame-relay lmi
```

⑦ 查看所有PVC统计信息：

```
show frame-relay pvc
```

⑧ 查看路由器上的帧中继映射：

```
show frame-relay map
```

⑨ 查看接口进入和送出的DLCI以及状态：

```
show frame-relay route
```

⑩ 显示传输状态：

```
show frame-relay traffic
```

22.3 帧中继协议配置学习情境

A公司总部在北京，并且分别在深圳和上海设立了分公司。由于业务的需要，要求实现公司内部之间计算机连网。考虑成本因素，现在选择租用帧中继线路。并且北京总部与深圳、北京总部与上海之间各申请一条永久虚电路，分别是R1-FR-R2和R1-FR-R3。图22-4中的帧中继云模拟ISP提供帧中继线路服务。

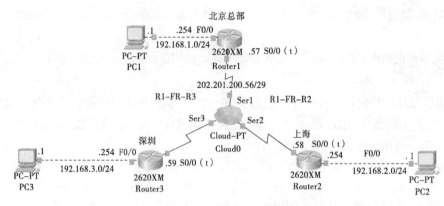

图22-4　网络拓扑结构图

22.4　帧中继协议配置任务计划与设计

在Packet Tracer中搭建图22-4所示的计算机网络环境时，路由器要在断电的情况下才能安装所需的模块。路由器与云的连接用DTE线缆。

图22-5　划分IP子网

分析图22-4，这里帧中继链路需要3个IP地址，所以子网掩码长度必须为29，每个子网中的有效IP地址数为6。显然，这里会浪费3个有效地址。如图22-5所示，采用IP子网划分软件，得到连接帧中继云的3个接口的IP地址。这里选择子网202.201.200.56/29中的前3个地址，即202.201.200.57/29、202.201.200.58/29和202.201.200.59/29。ISP分配的DLCI号如表22-1所示。

表22-1　DLCI分配表

路　由　器	接　　口	PVC	DLCI
Router1	S0/0	R1-FR-R2	102
Router1	S0/0	R1-FR-R3	103
Router2	S0/0	R2-FR-R1	201
Router3	S0/0	R3-FR-R1	301

22.5　帧中继协议配置任务实施与验证

22.5.1　相关准备工作

1. 配置帧中继云

表22-1中的DLCI信息是通过配置帧中继云来完成的。帧中继云有3个串口，分别是Serial1、Serial2和Serial3。那么图22-6～图22-8就是分别对这3个串口配置帧中继参数DLCI号。这里设置的DLCI号会分别分配给连接到云的路由器物理接口中的PVC。例如，图22-6所配置的两个DLCI将分别配置给Router1的物理接口s0/0的两条PVC，即R1-FR-R2和R1-FR-R3。单击图22-8左边的"Frame Relay"按钮，得到图22-9配置两条PVC的操作界面。

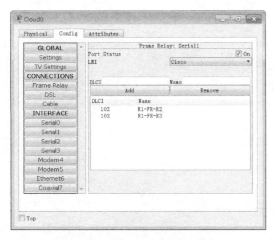

图22-6 配置Serial1的帧中继参数

图22-7 配置Serial2的帧中继参数

图22-8 配置Serial3的帧中继参数

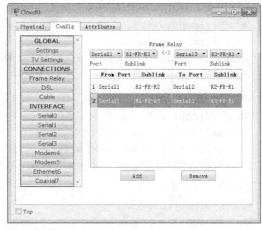

图22-9 配置帧中继线路

2. 配置IP地址

图22-10是配置计算机PC1的IP地址示例。按照同样的方法，配置图22-4中其他计算机的IP地址。

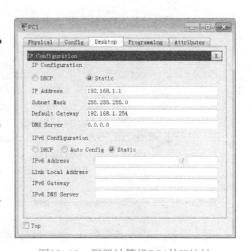

图22-10 配置计算机PC1的IP地址

配置Router1的IP地址：

```
Router1(config)#int f0/0
Router1(config-if)#ip add 192.168.1.254
255.255.255.0
Router1(config-if)#no shut
Router1(config-if)#int s0/0
Router1(config-if)#clock rate 64000
Router1(config-if)#ip add 202.201.200.57
255.255.255.248
Router1(config-if)#no shut
```

配置Router2的IP地址：

```
Router2(config)#int f0/0
Router2(config-if)#ip add 192.168.2.254 255.255.255.0
```

```
Router2(config-if)#no shut
Router2(config-if)#int s0/0
Router2(config-if)#clock rate 64000
Router2(config-if)#ip add 202.201.200.58 255.255.255.248
Router2(config-if)#no shut
```

配置Router3的IP地址。

```
Router3(config)#int f0/0
Router3(config-if)#ip add 192.168.3.254 255.255.255.0
Router3(config-if)#no shut
Router3(config-if)#int s0/0
Router3(config-if)#clock rate 64000
Router3(config-if)#ip add 202.201.200.59 255.255.255.248
Router3(config-if)#no shut
```

22.5.2　配置路由

配置Router1路由：

```
Router1(config)#route rip
Router1(config-router)#ver 2
Router1(config-router)#network 192.168.1.0
Router1(config-router)#network 202.201.200.0
```

配置Router2路由：

```
Router2(config)#route rip
Router2(config-router)#ver 2
Router2(config-router)#network 192.168.2.0
Router2(config-router)#network 202.201.200.0
```

配置Router3路由：

```
Router3(config)#route rip
Router3(config-router)#ver 2
Router3(config-router)#network 192.168.3.0
Router3(config-router)#network 202.201.200.0
```

查看Router1路由，这时路由表中只有直连路由。为什么配置了RIP，但路由器没有学习到路由呢？

```
Router1#show ip route
Codes: C - connected, S - static, I - IGRP, R - RIP, M - mobile, B - BGP
       D - EIGRP, EX - EIGRP external, O - OSPF, IA - OSPF inter area
       N1 - OSPF NSSA external type 1, N2 - OSPF NSSA external type 2
       E1 - OSPF external type 1, E2 - OSPF external type 2, E - EGP
       i - IS-IS, L1 - IS-IS level-1, L2 - IS-IS level-2, ia - IS-IS inter area
       * - candidate default, U - per-user static route, o - ODR
       P - periodic downloaded static route

Gateway of last resort is not set

C    192.168.1.0/24 is directly connected, FastEthernet0/0
```

查看Router1接口，发现链路状态处于up状态，但链路协议状态处于down状态，因此该接口工作不正常。该路由器收不到其他路由器的路由通告信息，因此上述路由表中无动态路由表项。该接口工作不正常的原因是没有配置帧中继协议。

```
Router1#show interfaces se0/0
Serial0/0 is up, line protocol is down (disabled)
  Hardware is HD64570
  Internet address is 202.202.200.57/29
  MTU 1500 bytes, BW 128 Kbit, DLY 20000 usec, rely 255/255, load 1/255
  Encapsulation HDLC, loopback not set, keepalive set (10 sec)
```

22.5.3　配置帧中继协议

配置Router1的帧中继协议：

```
Router1(config)#int s0/0
Router1(config-if)#encapsulation frame-relay
Router1(config-if)#frame-relay lmi-type cisco
```

配置Router2的帧中继协议：

```
Router2(config)#int s0/0
Router2(config-if)#encapsulation frame-relay
Router2(config-if)#frame-relay lmi-type cisco
```

配置Router3的帧中继协议：

```
Router3(config)#int s0/0
Router3(config-if)#encapsulation frame-relay
Router3(config-if)#frame-relay lmi-type cisco
```

22.5.4　测试与验证

查看Router1接口，链路状态和链路协议状态都处于up状态，所以该接口工作正常。各个接口可以正常通告路由信息。

```
Router1#show int se0/0
Serial0/0 is up, line protocol is up (connected)
  Hardware is HD64570
  Internet address is 202.201.200.57/29
  MTU 1500 bytes, BW 128 Kbit, DLY 20000 usec, rely 255/255, load 1/255
  Encapsulation Frame Relay, loopback not set, keepalive set (10 sec)
  LMI enq sent  27, LMI stat recvd 27, LMI upd recvd 0, DTE LMI up
  LMI enq recvd 0, LMI stat sent  0, LMI upd sent  0
  LMI DLCI 1023  LMI type is CISCO  frame relay DTE
```

这时查看Router1路由时，路由表中就有了RIP学习到的路由项：

```
Router1#show ip route
Codes: C - connected, S - static, I - IGRP, R - RIP, M - mobile, B - BGP
       D - EIGRP, EX - EIGRP external, O - OSPF, IA - OSPF inter area
       N1 - OSPF NSSA external type 1, N2 - OSPF NSSA external type 2
       E1 - OSPF external type 1, E2 - OSPF external type 2, E - EGP
       i - IS-IS, L1 - IS-IS level-1, L2 - IS-IS level-2, ia - IS-IS inter area
       * - candidate default, U - per-user static route, o - ODR
       P - periodic downloaded static route

Gateway of last resort is not set

C    192.168.1.0/24 is directly connected, FastEthernet0/0
R    192.168.2.0/24 [120/1] via 202.201.200.58, 00:00:11, Serial0/0
R    192.168.3.0/24 [120/1] via 202.201.200.59, 00:00:09, Serial0/0
```

```
          202.201.200.0/29 is subnetted, 1 subnets
C         202.201.200.56 is directly connected, Serial0/0
```

在PC1上用ping命令验证与网络中其他主机的连通性，结果是主机间通信正常，如图22-11所示。

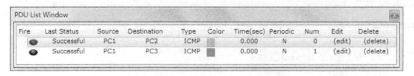

图22-11　验证PC1的连通性

但查看Router2路由表，发现少了一条192.168.3.0/24的路由：

```
Router2#show ip route
Codes: C - connected, S - static, I - IGRP, R - RIP, M - mobile, B - BGP
       D - EIGRP, EX - EIGRP external, O - OSPF, IA - OSPF inter area
       N1 - OSPF NSSA external type 1, N2 - OSPF NSSA external type 2
       E1 - OSPF external type 1, E2 - OSPF external type 2, E - EGP
       i - IS-IS, L1 - IS-IS level-1, L2 - IS-IS level-2, ia - IS-IS inter area
       * - candidate default, U - per-user static route, o - ODR
       P - periodic downloaded static route

Gateway of last resort is not set

R    192.168.1.0/24 [120/1] via 202.201.200.57, 00:00:13, Serial0/0
C    192.168.2.0/24 is directly connected, FastEthernet0/0
     202.201.200.0/29 is subnetted, 1 subnets
C       202.201.200.56 is directly connected, Serial0/0
```

查看Router3路由表，又少了一条192.168.2.0/24的路由。这是为什么？

```
Router3#show ip route
Codes: C - connected, S - static, I - IGRP, R - RIP, M - mobile, B - BGP
       D - EIGRP, EX - EIGRP external, O - OSPF, IA - OSPF inter area
       N1 - OSPF NSSA external type 1, N2 - OSPF NSSA external type 2
       E1 - OSPF external type 1, E2 - OSPF external type 2, E - EGP
       i - IS-IS, L1 - IS-IS level-1, L2 - IS-IS level-2, ia - IS-IS inter area
       * - candidate default, U - per-user static route, o - ODR
       P - periodic downloaded static route

Gateway of last resort is not set

R    192.168.1.0/24 [120/1] via 202.201.200.57, 00:00:14, Serial0/0
C    192.168.3.0/24 is directly connected, FastEthernet0/0
     202.201.200.0/29 is subnetted, 1 subnets
C       202.201.200.56 is directly connected, Serial0/0
```

从图22-1可知，Router1要和两个网段进行通信，容易产生路由环路，所以Router1上默认开启了路由水平分割功能。这就是导致Router2和Router3缺少路由的原因。

```
Router1#show ip int s0/0
Serial0/0 is up, line protocol is up (connected)
  Internet address is 202.201.200.57/29
  Broadcast address is 255.255.255.255
  Address determined by setup command
  MTU is 1500 bytes
```

```
    Helper address is not set
    Directed broadcast forwarding is disabled
    Outgoing access list is not set
    Inbound  access list is not set
    Proxy ARP is enabled
    Security level is default
    Split horizon is enabled
    ICMP redirects are always sent
    ICMP unreachables are always sent
    ICMP mask replies are never sent
```

关闭Router1上s0/0的水平分割功能：

```
Router1(config)#interface Serial0/0
Router1(config-if)#no ip split-horizon
```

注意：在关闭水平分割功能后，特权模式下运行命令show ip int s0/0仍会发现水平分割是打开的，但show run中显示该接口执行了关闭水平分割命令，而且Router2和Router3都获得了所需要的路由。

```
Router2#show ip route
Codes: C - connected, S - static, I - IGRP, R - RIP, M - mobile, B - BGP
       D - EIGRP, EX - EIGRP external, O - OSPF, IA - OSPF inter area
       N1 - OSPF NSSA external type 1, N2 - OSPF NSSA external type 2
       E1 - OSPF external type 1, E2 - OSPF external type 2, E - EGP
       i - IS-IS, L1 - IS-IS level-1, L2 - IS-IS level-2, ia - IS-IS inter area
       * - candidate default, U - per-user static route, o - ODR
       P - periodic downloaded static route

Gateway of last resort is not set

R    192.168.1.0/24 [120/1] via 202.201.200.57, 00:00:12, Serial0/0
C    192.168.2.0/24 is directly connected, FastEthernet0/0
R    192.168.3.0/24 [120/2] via 202.201.200.57, 00:00:12, Serial0/0
     202.201.200.0/29 is subnetted, 1 subnets
C       202.201.200.56 is directly connected, Serial0/0
```

如图22-12所示，此时PC2与PC3能够正常通信，但无法与Router3上的接口s0/0正常通信。这又是为什么？

查看Router1的映射。该路由器的每条DLCI地址都有映射：

```
Router1#show frame-relay map
    Serial0/0 (up): ip 202.201.200.58 dlci 102, dynamic, broadcast, CISCO, status
defined, active
    Serial0/0 (up): ip 202.201.200.59 dlci 103, dynamic, broadcast, CISCO, status
defined, active
```

而查看Router2的映射，发现无202.201.200.59的映射信息，所以ping不通：

```
Router2#show frame-relay map
    Serial0/0 (up): ip 202.201.200.57 dlci 201, dynamic, broadcast, CISCO, status
defined, active
```

则，配置Router2帧中继映射：

```
Router2(config)#int s0/0
Router2(config-if)#frame-relay map ip 202.201.200.59 201 broadcast
Router2(config-if)#end
```

Router2#show frame-relay map

    Serial0/0 (up): ip 202.201.200.57 dlci 201, dynamic, broadcast, CISCO, status
defined, active

    Serial0/0 (up): ip 202.201.200.59 dlci 201, static, broadcast, CISCO, status
defined, active

此时再进行验证，PC2便能与Router3的接口正常通信，如图22-13所示。

图22-12　验证PC2的连通性1　　　　　　　　图22-13　验证PC2的连通性2

22.5.5　查看路由器上帧中继信息

查看PVC信息，可详细了解帧中继网络相关信息。例如，从这里可得到Router1所建立的两条
PVC的DLCI号及其状态，还有物理接口和帧中继传输帧的统计信息等。

Router1#show frame-relay pvc

PVC Statistics for interface Serial0/0 (Frame Relay DCE)
DLCI = 102, DLCI USAGE = LOCAL, PVC STATUS = ACTIVE, INTERFACE = Serial0/0

  input pkts 14055   output pkts 32795   in bytes 1096228
  out bytes 6216155   dropped pkts 0   in FECN pkts 0
  in BECN pkts 0   out FECN pkts 0   out BECN pkts 0
  in DE pkts 0   out DE pkts 0
  out bcast pkts 32795   out bcast bytes 6216155

DLCI = 103, DLCI USAGE = LOCAL, PVC STATUS = ACTIVE, INTERFACE = Serial0/0

  input pkts 14055   output pkts 32795   in bytes 1096228
  out bytes 6216155   dropped pkts 0   in FECN pkts 0
  in BECN pkts 0   out FECN pkts 0   out BECN pkts 0
  in DE pkts 0   out DE pkts 0
  out bcast pkts 32795   out bcast bytes 6216155

查看LMI信息可知，Router1与帧中继交换机之间使用Cisco的信令标准：

Router1#show frame-relay lmi

LMI Statistics for interface Serial0/0 (Frame Relay DTE) LMI TYPE = CISCO
Invalid Unnumbered info 0   Invalid Prot Disc 0
Invalid dummy Call Ref 0   Invalid Msg Type 0
Invalid Status Message 0   Invalid Lock Shift 0
Invalid Information ID 0   Invalid Report IE Len 0
Invalid Report Request 0   Invalid Keep IE Len 0

Num Status Enq. Sent 326   Num Status msgs Rcvd 325
Num Update Status Rcvd 0   Num Status Timeouts 16

习　　题

1. 简述帧中继的虚电路的特点。
2. 总结帧中继配置的基本步骤。
3. 查找资料，在Packet Tracer上验证用路由器实现帧中继交换机的功能，然后用该路由器代替图22-4中的帧中继云，完成网络帧中继的配置任务。

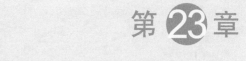

第 **23** 章

动态主机配置协议（DHCP）

学习目标

- 理解DHCP的工作原理和工作过程。
- 掌握DHCP服务器的基本配置和调试。
- 掌握多IP网段的DHCP配置步骤。
- 理解DHCP中继的原理。
- 掌握配置DHCP中继的关键命令。

23.1 DHCP基础知识

IP地址是每台计算机必须配置的参数，可以采用两种方式完成网络中主机的IP地址与相关配置，即手工输入和自动从动态主机配置协议（Dynamic Host Configuration Protocol，DHCP）服务器获取。手工设置的方式比较容易出错，而且出错时不易找出问题，因此手工配置每台计算机的IP地址成为管理员最不愿意做的一件事。与此相反，DHCP服务器能够从预先设置的IP地址池中自动给主机分配IP地址，它不仅能够保证IP地址不会重复分配，也能及时回收IP地址以提高IP地址的利用率。

本书只涉及IPv4的DHCP配置。如图23-1所示，DHCP的工作过程如下：

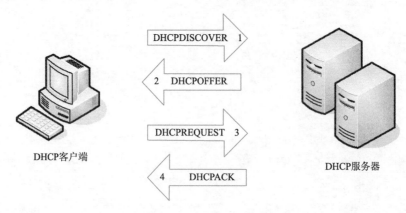

图23-1　DHCP工作原理图

DHCP客户端会先送出DHCPDISCOVER的广播信息到网络，以便寻找一台能够提供IP地址的DHCP服务器。

当网络中的DHCP服务器收到DHCP客户端的DHCPDISCOVER信息后，它就会从IP地址池中挑选一个尚未出租的IP地址，然后利用广播的方式传送给DHCP客户端。之所以用广播的方式，是因为在此时DHCP客户端还没有IP地址。在尚未与DHCP客户端完成租用IP地址的程序之前，这个IP

地址会暂时被保留起来，以避免再分配给其他的DHCP客户端。

如果网络中有多台DHCP服务器收到DHCP客户端的DHCPDISCOVER信息，并且也都响应给DHCP客户端（表示它们都可以提供IP地址给此客户端），则DHCP客户端会从中挑选第一个收到的DHCPOFFER信息。

当DHCP客户端挑选好第一个收到的DHCPOFFER信息后，它就利用广播的方式，响应一个DHCPREQUEST信息给DHCP服务器。之所以用广播的方式，是因为它不但要通知所挑选到的DHCP服务器，还必须通知没有被选上的其他DHCP服务器，以便这些DHCP服务器能够将其原本想要分配给此DHCP客户端的IP地址释放出来，供其他的DHCP客户端使用。

DHCP客户端在收到DHCPOFFER信息后，会先检查包含在DHCPOFFER包内的IP地址，以确定此地址是否已被其他的计算机使用。检查时，它会送出一个ARP（Address Resolution Protocol）请求信息，如果发现此地址已被其他计算机使用，DHCP客户端会送出一个DHCPDECLINE信息给DHCP服务器，然后重新开始送出DHCPDISCOVER信息，以便获取另一个IP地址。

DHCP服务器收到DHCP客户端要求IP地址的DHCPREQUEST信息后，就会利用广播的方式给DHCP客户端送出DHCPACK确认信息，之所以用广播的方式，是因为此时DHCP客户端还没有IP地址。此信息内包含着DHCP客户端所需的TCP/IP配置信息，如IP地址、子网掩码、默认网关、DNS服务器等。

DHCP客户端在收到DHCPACK信息后，就完成了获取IP地址的步骤，也就可以开始利用这个IP地址来跟网络中的其他计算机通信。但DHCP服务器只能将那个IP地址分配给DHCP客户端一定的时间，DHCP客户端必须在本次租用过期前对它进行更新。客户端在租借时间过去50%以后，每隔一段时间就开始请求DHCP服务器更新当前租借。如果DHCP服务器应答，则租用延期；如果DHCP服务器始终没有应答，在有效租借期的87.5%时，客户端应该与任何一个其他的DHCP服务器通信，并请求更新它的配置信息。如果客户机不能和所有的DHCP服务器取得联系，租借时间到后，它必须放弃当前的IP地址并重新发送一个DHCPDISCOVER报文开始上述的IP地址获得过程。当然，客户端可以主动向服务器发出DHCPRELEASE报文，将当前的IP地址释放。

23.2 部署路由器为DHCP服务器

23.2.1 路由器的DHCP配置常用命令

配置路由器的PHCP常用命令如下：

① 设置DHCP动态地址池名：

```
ip dhcp pool {地址池名}
```

例如，命令R2620(config)#ip dhcp pool sziit，即设置名为sziit的DHCP动态地址池。

② 设置DHCP分配IP地址网段：

```
network {IP地址} {子网掩码}
```

③ 设置网关地址：

```
default-router {IP地址}
```

例如，命令R2620(dhcp-config)#default-router 192.168.1.254，即设置被分配IP地址网段192.168.1.0/24的网关地址。

④ 设置DNS服务器地址：

```
dns-server {IP地址}
```

⑤ 设置排除DHCP所分配的IP地址范围：

```
ip dhcp excluded-address {起始IP地址} {终止IP地址}
```

⑥ 查看DHCP已分配的地址信息：

```
show ip dhcp binding
```

23.2.2　DHCP学习情境一

A公司是一家小型企业，从节省成本和网络安全考虑，决定用一台路由器为本公司的局域网内的计算机实现自动分配IP地址。图23-2所示即为A公司的网络拓扑结构图。其中的服务器Server既是DNS服务器，又是Web服务器。另外，公司的局域网没有划分VLAN。

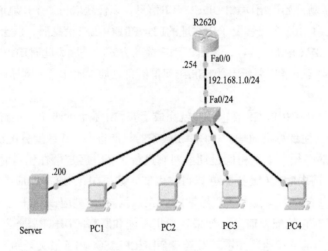

图23-2　网络拓扑结构图1

23.2.3　路由器的DHCP配置任务计划与设计

设计公司的局域网使用私有IP地址192.168.1.0/24网段，网关地址为192.168.1.254/24。Web服务器的域名为www.sina.com，IP地址为192.168.1.200/24，并在DNS服务器中添加该主机记录。

设计DHCP地址池的名称为sziit，路由器只分配192.168.1.1/24到192.168.1.199/24内的IP地址。

23.2.4　路由器的DHCP配置任务实施与验证

1. 相关准备工作

配置路由器基本信息：

```
Router(config)#hostname R2620
R2620(config)#interface f0/0
R2620(config-if)#ip address 192.168.1.254 255.255.255.0
R2620(config-if)#no shutdown
```

配置服务器IP地址，如图23-3所示。

配置DNS主机记录，如图23-4所示。

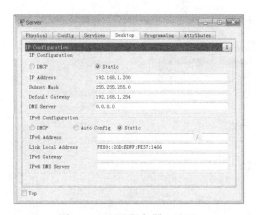

图23-3　配置服务器IP地址　　　　　　　　　　图23-4　配置DNS主机记录

2. 配置DHCP

```
R2620(config)#ip dhcp pool sziit
R2620(dhcp-config)#?
   default-router   Default routers
   dns-server       Set name server
   exit             Exit from DHCP pool configuration mode
   network          Network number and mask
   no               Negate a command or set its defaults
R2620(dhcp-config)#network 192.168.1.0 255.255.255.0
R2620(dhcp-config)#default-router 192.168.1.254
R2620(dhcp-config)#dns-server 192.168.1.200
R2620(dhcp-config)#exit
R2620(config)#ip dhcp excluded-address 192.168.1.200 192.168.1.254
R2620(config)#
```

3. 验证

如图23-5所示，选择"DHCP"单选按钮，则PC1成为DHCP客户端，它就会向网络内DHCP服务器申请IP地址。图23-5表明计算机PC1正确获取了IP地址，包括网关和DNS服务器的正确地址。网络中其他计算机也按照此方法可自动获取所需的IP地址。

图23-6说明在计算机PC3上能用域名正常浏览网页，通过DHCP获取了正确的DNS参数。

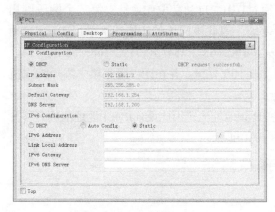

图23-5　PC1获取IP地址

图23-6　PC3浏览网页

4. 查看DHCP地址绑定

```
R2620#show ip dhcp binding
IP address        Client-ID/                Lease expiration        Type
                  Hardware address
192.168.1.1       00E0.B0D5.E911            --                      Automatic
192.168.1.2       000C.8582.2052            --                      Automatic
192.168.1.3       00D0.977A.005D            --                      Automatic
192.168.1.4       000A.4129.5E43            --                      Automatic
```

23.3　多IP网段的DHCP配置

23.3.1　DHCP学习情境二

A公司是一家中型企业，公司的局域网规模比较大，划分了3个IP网段。公司配备了三层交换机，实现了局域网的互通。从节省成本和网络安全考虑，决定用三层交换机为本公司局域网内的计算机实现自动分配IP地址。图23-7即为A公司的网络拓扑结构图。其中的服务器Server既是DNS服务器，又是Web服务器。另外，公司的局域网没有划分VLAN。

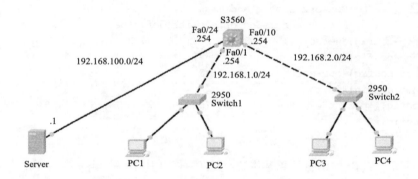

图23-7　网络拓扑结构图2

23.3.2　多IP网段的DHCP配置任务计划与设计

设计公司的局域网使用私有IP地址192.168.1.0/24、192.168.2.0/24和192.168.100.0/24网段。其中，前两个网段用于公司部门的计算机，需要通过DHCP自动获取IP地址；第三个网段则用于公司的服务器。由于服务器必须要用静态的IP地址，因此该网段的IP地址不采用DHCP自动分配。3个网段的网关地址分别为192.168.1.254/24、192.168.2.254/24和192.168.100.254/24。Web服务器的域名为www.sina.com，IP地址为192.168.100.1/24，并在DNS服务器中添加该主机记录。

由于是多IP网段，每个网段都需要一个独立的DHCP地址池，因此设计DHCP地址池的名称分别为dca_sziit和soft_sziit。每个网段都只分配1～199内的IP地址。

23.3.3　多IP网段的DHCP配置任务实施与验证

1. 相关准备工作

如图23-8所示，配置服务器IP地址。

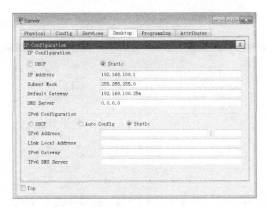

图23-8 配置Server的IP地址

参照图23-4，配置DNS主机记录。

配置三层交换机的端口：

```
Switch(config)#hostname S3560
! 配置连接DNS服务器交换机端口
S3560(config)#interface f0/24
S3560(config-if)#no switchport
! 启用交换机的三层端口功能
S3560(config-if)#ip address 192.168.100.254 255.255.255.0
S3560(config-if)#no shut
! 配置连接计算机的交换机端口
S3560(config)#int f0/1
S3560(config-if)#no switchport
S3560(config-if)#ip address 192.168.1.254 255.255.255.0
S3560(config-if)#no shut
S3560(config-if)#int f0/10
S3560(config-if)#no switchport
S3560(config-if)#ip address 192.168.2.254 255.255.255.0
S3560(config-if)#no shut
S3560(config-if)#exit
S3560(config)#ip routing
```

2. 配置DHCP

```
S3560(config)#ip dhcp pool dca_sziit
S3560(dhcp-config)#network 192.168.1.0 255.255.255.0
S3560(dhcp-config)#dns-server 192.168.100.1
S3560(dhcp-config)#default-router 192.168.1.254
S3560(dhcp-config)#exit
S3560(config)#ip dhcp pool soft_sziit
S3560(dhcp-config)#network 192.168.2.0 255.255.255.0
S3560(dhcp-config)#dns-server 192.168.100.1
S3560(dhcp-config)#default-router 192.168.2.254
S3560(dhcp-config)#end
S3560#conf t
S3560(config)#ip dhcp excluded-address 192.168.1.200 192.168.1.254
S3560(config)#ip dhcp excluded-address 192.168.2.200 192.168.2.254
```

3. 验证

图23-9和图23-10表明网段1中的计算机PC1和网段2中的计算机PC4都自动获取了正确的IP地址。

 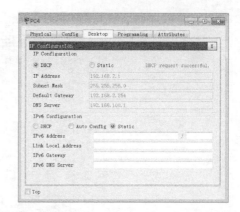

图23-9　网段1中的计算机自动获取的IP地址　　图23-10　网段2中的计算机自动获取的IP地址

图23-11表明自动获取IP地址的计算机PC3能正常用域名浏览网页。

图23-11　PC3用域名浏览网页

4. 查看DHCP地址绑定

```
S3560#show ip dhcp binding
IP address          Client-ID/                Lease expiration       Type
                    Hardware address
192.168.1.1         0002.1716.9A7A            --                     Automatic
192.168.1.2         0060.2F65.5809            --                     Automatic
192.168.2.1         000D.BD94.B3B8            --                     Automatic
192.168.2.2         00E0.A332.C012            --                     Automatic
```

23.4　DHCP中继

23.4.1　DHCP中继配置常用命令

配置中继方式的DHCP服务器地址：

```
ip helper-address {IP地址}
```

路由器是不能转发255.255.255.255广播的，但是像DHCP和TFTP这些服务的客户端请求都是用泛洪广播的方式发起的，因此不可能在网络中的每个网段都放置这样的服务器，那么使用Cisco IOS帮助地址是很好的选择。通过使用帮助地址，路由器可以被配置为接受对UDP服务的广播请求，然后以定向广播的形式向某个网段转发这些请求，这就是中继。在配置DHCP中继时，需要在DHCP客户端的网关接口中，用该命令指定DHCP服务器的地址。

23.4.2 DHCP学习情境三

A公司是一家规模比较大的中型企业，公司分部通过路由器远程连接到公司总部的局域网。从节省成本和网络安全考虑，公司在总部的局域网中为全公司配备了一台DHCP服务器。现在要实现DHCP中继功能，使公司分部的计算机能够跨越路由器实现自动获取IP地址的功能。图23-12即为A公司的网络拓扑结构图。其中的服务器DNS-Web Server既是DNS服务器，又是Web服务器；而DHCP Server即是DHCP服务器。

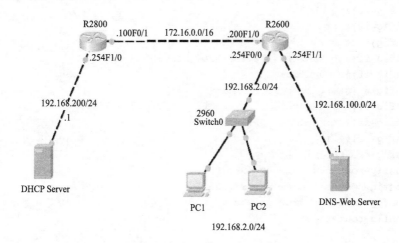

图23-12 网络拓扑结构图3

23.4.3 DHCP中继配置任务计划与设计

设计公司的局域网使用私有IP地址192.168.2.0/24、192.168.100.0/24和192.168.200.0/24网段。其中，第一个网段用于公司部门的计算机，需要通过DHCP自动获取IP地址；而后两个网段则用于公司的服务器。由于服务器必须要用静态的IP地址，因此该两个网段的IP地址不采用DHCP自动分配。3个网段的网关地址分别为192.168.2.254/24、192.168.100.254/24和192.168.200.254/24。DHCP服务器的 IP 地址为192.168.200.1。Web服务器的域名为www.sina.com，IP地址为192.168.100.1/24，并在DNS服务器中添加该主机记录。

23.4.4 DHCP中继配置任务实施与验证

1. 相关准备工作

在配置DHCP中继功能之前，必须配置好服务器和路由器相关参数。配置服务器的参数包括IP地址，Web页面内容和DNS主机记录等。可参照23.2.4节进行具体的配置操作。

要配置的路由器参数包括路由器接口的IP地址及路由。这里选择RIP动态路由协议。

配置2800路由器：

```
Router(config)#hostname R2800
R2800(config)#interface f0/0
R2800(config-if)#ip address 192.168.2.254 255.255.255.0
R2800(config-if)#no shut
R2800(config-if)#exit
R2800(config)#int f0/1
R2800(config-if)#ip address 172.16.0.100 255.255.0.0
```

```
R2800(config-if)#no shutdown
R2800(config)#router rip
R2800(config-router)#network 192.168.200.0
R2800(config-router)#network 172.16.0.0
R2800(config-router)#exit
```

配置2600路由器：

```
Router(config)#hostname R2600
R2600(config)#interface f0/0
R2600(config-if)#ip address 192.168.2.254 255.255.255.0
R2600(config-if)#no shut
R2600(config-if)#exit
R2600(config)#int f0/1
R2600(config-if)#ip address 172.16.0.200 255.255.0.0
R2600(config-if)#no shutdown
R2600(config)# interface F1/1
R2600(config-if)# ip address 192.168.100.254 255.255.255.0
R2600(config-if)#no shutdown
R2600(config-if)#exit
R2600(config)#router rip
R2600 (config-router)# network 192.168.2.0
R2600 (config-router)# network 192.168.100.0
R2600 (config-router)# network 172.16.0.0
R2600 (config-router)#exit
```

2. 配置DHCP

图23-13和图23-14是配置Packet Tracer所提供的简易DHCP服务器。在实际应用中可以是Windows 2012或Linux操作系统提供的DHCP服务器。需要说明的是，由于Packet Tracer的缺陷，要实现DHCP中继，只能用DHCP服务器，而不能用路由器或交换机提供的DHCP功能。在实际应用中，DHCP中继功能是没有这个限制的。

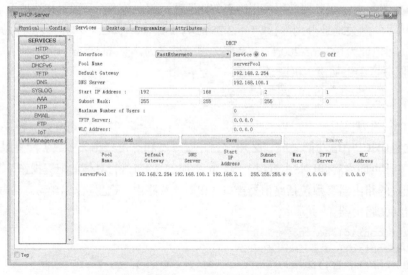

图23-13　配置DHCP服务器参数

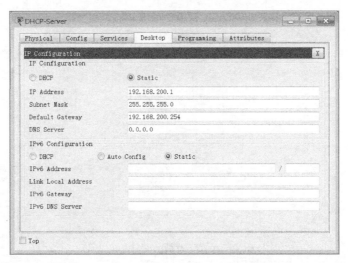

图23-14　配置服务器的IP地址

3. 配置DHCP中继

DHCP中继功能要在2600路由器上配置，配置的主要内容就是告知待分配网络地址的网关具体的DHCP服务器的IP地址。具体配置命令如下：

```
R2600(config)#interface f0/0
R2600(config-if)# ip helper-address 192.168.200.1
```

4. 验证

计算机PC2从图23-15中自动获取IP地址并能正常用域名浏览网页，出现图23-16所示的界面，表示DHCP中继功能的配置是成功的。如果DHCP获取IP地址失败，就会出现图23-17所示的界面。

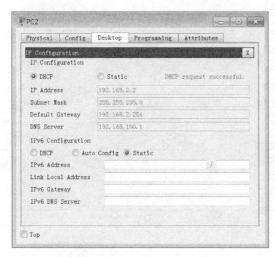

图23-15　计算机PC2自动获取IP地址

图23-16　用域名浏览网页

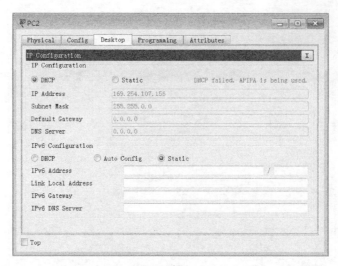

图23-17　DHCP获取IP地址失败示例

习　题

1. 把多IP网段的学习情景改为局域网划分多个VLAN，每个VLAN分配一个IP地址段，这也是一种多IP网段的DHCP学习情景，试用Packet Tracer进行练习。

2. 在学习情境一中练习子网地址的自动获取。

3. 了解有关IPv6的DHCP相关知识。

第**24**章
访问控制列表

学习目标

- 掌握路由器的标准访问控制列表的基本原理。
- 熟练掌握标准访问控制列表的配置方法与技巧。
- 掌握路由器的扩展访问控制列表的基本原理。
- 熟练掌握扩展访问控制列表的配置方法与技巧。

24.1　访问控制列表概述

路由器的主要功能是发现到达目标网络的路径，但也可用作防火墙，算是一种功能较为简单的硬件防火墙。一般路由器的防火墙功能主要是基于包过滤和网络地址转换（NAT）。

路由器的包过滤是通过配置访问列表来实现的。路由器配置访问列表可以控制网络流量，按规则过滤数据报文，提高网络的安全性。当外部数据包进或出路由器的某个端口时，路由器首先检查该数据包是否可以传送出去，该端口中定义了数据包的过滤规则，如果包过滤规则不允许该数据包通过，则路由器将丢掉该数据包；否则，该数据包通过路由器。

包过滤规则称为访问列表。对于IP、IPX或Apple Talk网络，其各自的过滤规则有所不同，IP网络的包过滤称为IP访问控制列表（ACL）。ACL是一个命令集，通过编号或名称组织在一起，用来过滤进入或离开接口的流量。ACL命令明确定义了允许哪些流量及拒绝哪些流量，而且ACL只能在全局配置模式下创建。

ACL分为两种类型：编号ACL和命名ACL。编号ACL和命名ACL定义了路由器将如何引用ACL，可以将其当作索引值来看待。编号ACL在所有ACL中分配一个唯一的号码，而命名ACL在所有ACL中分配一个唯一的名称，然后路由器使用它们来过滤流量。需要说明的是，Packet Tracer支持编号ACL，但命名ACL只支持部分命令。因此，本书只介绍编号ACL的相关内容。

编号和命名ACL都支持标准和扩展两种类型的过滤。标准和扩展的区别是：

① 标准IP访问控制列表只对数据包中的源地址进行检查，使得路由器通过对源IP地址的识别来控制来自某个或某一网段的主机数据包的过滤。

② 扩展IP访问控制列表除了能与标准访问列表一样基于源IP地址对数据包进行过滤外，还可以基于目标IP地址，基于网络层、传输层和应用层协议（如TCP、UDP、ICMP、Telnet、FTP等）或者源、目的端口号，对数据包进行控制。表24-1列出了常用的端口号信息。

表24-1　常用协议及端口号

端 口 号	协　议	应　用
20	TCP	FTP控制
21	TCP	FTP控制
23	TCP	Telnet
25	TCP	简单邮件传送协议（SMTP）
53	TCP　UDP	域名系统（DNS）
69	UDP	简单FTP（TFTP）
80	TCP	HTTP
110	TCP	邮局协议第3版（POP3）
161	UDP	SNMP
520	UDP	RIP

Cisco 路由器的IOS对标准和扩展的IP ACL使用不同的编号范围。其实，IOS支持针对每个三层可路由协议的ACL，并且对每个不同的三层协议使用不同的ACL编号范围。表24-2列出了一些ACL编号范围的参考值。

表24-2　ACL的编号范围

协议/类型	编　号　范　围
IP 标准ACL	1~99，1 300~1 999
IP 扩展ACL	100~199，2 000~2 699
AppleTalk标准	600~699
IPX 标准	800~899
IPX 扩展	900~999
IPX SAP	1 000~1 999

标准和扩展的IP ACL都允许用户指定一个特定的IP地址或者一个IP地址范围。如果数据包的地址在所配置的地址范围之内，那么数据包就符合匹配规则。ACL的通配符掩码定义了数据包地址中的哪部分需要匹配ACL中已列出的地址，以及哪些部分不需要匹配。有关通配符的相关知识可参考第16章。表24-3给出了两个特殊匹配地址。

表24-3　两个特殊匹配地址

目　的	通配符掩码	特别关键字
每个比特位必须进行比较	0.0.0.0	Host
不必关注比特位的比较	255.255.255.255	any

一个Cisco的IOS的ACL可以包括很多行，即可以用同一标识号码定义一系列access-list语句，因此访问控制列表中有list这个术语。路由器将从最先定义的条件开始依次检查，如果数据包满足某个语句的条件，则执行该语句所定义的"允许"或者"拒绝"动作，并且列表中的后续语句就不再处理；如果数据包不满足规则中的所有条件，Cisco路由器默认禁止该数据包通过，即丢掉该数据包。也可以认为，路由器在访问列表最后默认一条禁止所有数据包通过的语句。语句之间的排列顺序很重要，因为第一次匹配后，剩下的语句就不再处理。

为了在Cisco路由器上配置和使用IP ACL，需要实施两个步骤：

步骤1：使用access-list全局配置命令配置ACL。

步骤2：通过如下命令激活ACL。

a. 通过interface配置命令选择接口。

b. 通过ip access-group接口子命令启动ACL并选择方向。这里的接口既可以是物理接口（如Fa0/0或Serial0/0），也可以是逻辑接口（如Fa0/0.1或Serial0.1），方向有入站和出站。

入站表示流量从外源进入接口，出站表示在流量出接口之前。对于入站ACL，在IOS将分组转发到其他接口之前，ISO将分组和接口的ACL进行比较。对于出站ACL，在接口上接收分组，然后将分组转发到出站接口，此时IOS才将分组和ACL进行比较。

ACL的一个局限是，它不能过滤路由器自己生成的流量。例如，从路由器上执行ping或者traceroute命令，或者从路由器上telnet到其他设备时，应用到此路由器接口的ACL无法对这些连接的出站流量进行过滤。如果外围设备要ping、traceroute或telnet到此路由器，或者通过此路由器到达远程接收站，那么路由器可以过滤这些分组。

Cisco有两个多年未变的ACL设计建议。第一个建议是如何排列ACL陈述的顺序，Cisco建议将比较精确的陈述放在前面，而比较概括的陈述放在后面。例如，如果想匹配来自主机172.16.1.1的数据包并拒绝它，同时匹配来自子网172.16.1.0/24的主机并允许通过，就需要将更加精确匹配172.16.1.1的陈述放在前面，更加概括匹配子网内其他主机的陈述放在后面。另外，一个Cisco的建议和在网络中的什么位置放置ACL有关。对于标准ACL，Cisco建议将ACL尽可能地靠近目的主机；对于扩展ACL，应尽可能地靠近源主机。

24.2　标准访问控制列表

24.2.1　标准访问控制列表配置常用命令

配置标准访问控制列表的常用命令如下：

① 在全局配置模式下，标准IP访问列表的命令格式为：

```
access-list {access-list-number}  {deny | permit} {source-ip-address} {wildcard-mask}
```

其中，access-list-number为列表号，取值如表24-2所示；deny | permit的意思是"拒绝|允许"，必选其一；source-ip-address为源IP地址或网络地址；wildcard-mask为通配符掩码。

② 在端口配置模式下，绑定端口的命令格式为：

```
ip access-group   {access -list-number} {out|in}
```

其中，access-list-number为访问列表号；out表示在数据包出去的端口上进行检查；in则表示在数据包进去的端口上进行检查。Cisco路由器默认的是在出口上进行检查。

24.2.2　标准访问控制列表配置学习情境

如图24-1所示，A公司的局域网192.168.1.0/24有两个子网，分别是子网192.168.1.0/25和子网192.168.1.128/25。前一个子网是由公司的计算机组成的局域网，后一个子网是公司的网络资源子网，包括WWW和DNS网络资源。为保证公司信息安全，公司不允许合作伙伴公司的局域网192.168.2.0/24的主机访问本公司的网络资源，但允许与本公司的主机通信。此外，还要求只允许局域网192.168.2.0/24的主机PCB可以使用Telnet方式登录路由器RTC。

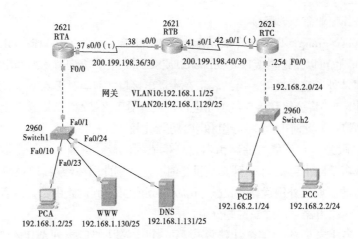

图24-1　网络拓扑结构图1

24.2.3　标准访问控制列表配置任务计划与设计

如上所述，局域网192.168.1.0/24划分为子网192.168.1.0/25和子网192.168.1.128/25，网关分别为192.168.1.1/25和192.168.1.129/25。这里采用VLAN技术，分别把上述两个子网分配到VLAN10和 VLAN20中，由路由器RTA实现单臂路由，保证局域网内设备间的正常通信。

VLAN10的名字是clients，VLAN20的名字是servers。

Web服务器的地址是192.168.1.130/25，域名为www.sina.com。DNS服务器的地址是192.168.1.131/25。

图24-2是把网络200.199.198.0/24划分成64个子网，从其中选择第10和第11号子网的有效地址应用于广域网路由器的接口。

分析用户需求，主要是对源地址的设备实施访问控制，因

图24-2　划分子网设计

此，拟采用标准访问控制列表技术实现网络设备间的访问控制目标。访问控制列表号分别为10和16。

24.2.4　标准访问控制列表配置任务实施与验证

1. 相关准备工作

图24-3是配置计算机PCA的IP地址示例，按照同样的方法，给图24-1中的其他计算机配置IP地址。配置时特别注意子网掩码的长度为25，用点分十进制表示就是255.255.255.128。

配置Web服务器的IP地址时，一定要配置正确的网关地址，如图24-4所示。

图24-3　配置计算机PCA的IP地址

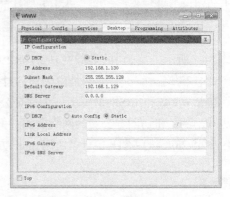

图24-4　配置Web服务器地址

由于DNS服务器上默认是开启Web服务的,为防止误用DNS上的Web服务,如图24-5所示,应先关闭该服务。此外,由于DNS服务器上默认是关闭DNS服务的,所以,如图24-6所示,设置"DNS Service"为On,然后添加主机记录,最后配置图24-7所示的IP地址。

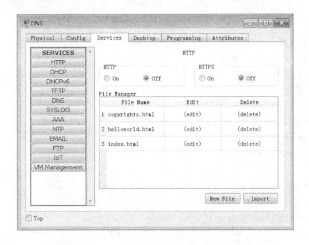

图24-5 关闭DNS服务器上的Web服务

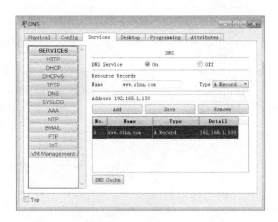

图24-6 添加主机记录

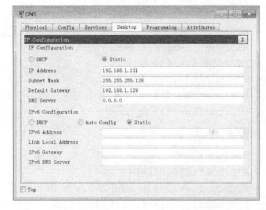

图24-7 配置DNS服务器的IP地址

2. 配置交换机VLAN

```
Switch1#conf t
Switch1(config-vlan)#vlan 10
Switch1(config-vlan)#name clients
Switch1(config-vlan)#vlan 20
Switch1(config-vlan)#name servers
Switch1(config-vlan)#exit
Switch1(config)#int f0/10
Switch1(config-if)#switchport mode access
Switch1(config-if)#switchport access vlan 10
Switch1(config-if)#int range f0/23 - 24
Switch1(config-if-range)#switchport mode access
Switch1(config-if-range)#switchport access vlan 20
Switch1(config-if-range)# exit
Switch1(config)#int f0/1
Switch1(config-if)#switchport mode trunk
```

3. 配置路由器的IP

配置RTA的IP：

```
RTA>ena
RTA#conf t
RTA(config)#int s0/0
RTA(config-if)#ip add 200.199.198.37 255.255.255.252
RTA(config-if)#clock rate 64000
RTA(config-if)#no shut
RTA(config-if)#int f0/0
RTA(config-if)#no shut
! 一定要打开主端口
RTA(config-if)#int f0/0.1
RTA(config-subif)#encapsulation dot1q 10
! 配置VLAN中继
RTA(config-subif)#ip add 192.168.1.1 255.255.255.128
RTA(config-subif)#int f0/0.2
RTA(config-subif)#encapsulation dot1q 20
RTA(config-subif)#ip add 192.168.1.129 255.255.255.128
RTA(config-subif)#end
```

配置RTB的IP：

```
RTB#conf t
RTB(config)#int s0/0
RTB(config-if)#ip add 200.199.198.38 255.255.255.252
RTB(config-if)#no shut
RTB(config-if)#int s0/1
RTB(config-if)#ip add 200.199.198.41 255.255.255.252
RTB(config-if)#no shut
```

配置RTC的IP：

```
RTC#conf t
RTC(config)#int s0/1
RTC(config-if)#ip add 200.199.198.42 255.255.255.252
RTC(config-if)#clock rate 64000
RTC(config-if)#no shut
RTC(config-if)#int f0/0
RTC(config-if)#ip add 192.168.2.254 255.255.255.0
RTC(config-if)#no shut
```

4. 配置路由器的路由

配置RTA的路由：

```
RTA(config)#route rip
RTA(config-router)#ver 2
RTA(config-router)#network 200.199.198.0
RTA(config-router)#network 192.168.1.0
```

配置RTB的路由：

```
RTB(config)#route rip
RTB(config-router)#ver 2
RTB(config-router)#network 200.199.198.0
```

配置RTC的路由：

```
RTC(config)#route rip
RTC(config-router)#ver 2
```

```
RTC(config-router)#network 200.199.198.0
RTC(config-router)#network 192.168.2.0
```

5. 验证

图24-8表明局域网192.168.2.0/24的主机可正常访问局域网192.168.1.0/25中的主机，图24-9验证了局域网192.168.2.0/24的主机能访问局域网192.168.1.128/25中的网络资源。这两方面的验证说明网络服务功能配置正确。下面通过配置ACL，实施用户所需要的设备访问控制。

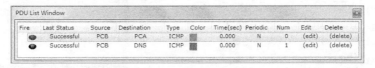

图24-8 测试网络连通性1

图24-9 测试Web服务

6. 配置ACL

```
RTA>ena
RTA#conf t
RTA(config)#access-list 10 deny 192.168.2.0 0.0.0.255
RTA(config)#access-list 10 permit any
RTA(config)#int f0/0.2
RTA(config-subif)#ip access-group 10 out
```

配置ACL之后，再验证网络功能。图24-10表明局域网192.168.2.0/24的主机可正常访问局域网192.168.1.0/25中的主机，但不能与局域网192.168.1.128/25中的设备通信。因此，PCB无法浏览局域网192.168.1.128/25中的网页，如图24-11所示。实现了用户的第一个访问控制目标。

图24-10 测试网络连通性2

图24-11 测试访问Web服务功能

7. Telnet访问控制

在未配置ACL之前，测试计算机PCB能否telnet到路由器RTC上，图24-12表明RTC拒绝了PCB的telnet登录，但网络是连通的，原因是什么？

原因是路由器RTC没有配置telnet登录的密码，下面的命令就是专门解决这个问题的：

```
RTC(config)#line vty 0 4
RTC(config-line)#exec-timeout 0 0
! 设置Telnet登录成功后，永不超时退出
RTC(config-line)#password cisco
RTC(config-line)#login
```

在RTC上配置ACL：

```
RTC(config)#access-list 16 permit host
192.168.2.1
```

! 建立16号访问列表，只允许主机192.168.2.1实现访问控制

```
RTC(config)#line vty 0 4
```

! 建立0~4号共5个虚拟终端端口

```
RTC(config-line)#access-class 16 in
```

! 把16号访问列表绑定在虚拟端口上，注意此处是access-class，而不是access-group

图24-12 测试路由器的远程登录功能

图24-13表明，局域网192.168.2.0/24的主机PCB可以正常Telnet到RTC上，而图24-14则清楚地说明同一个局域网的其他主机如PCC能与RTC通信，但不能Telnet到RTC上。实现了用户的第二个访问控制目标。

图24-13 PCB远程登录成功　　　　　　　图24-14 拒绝PCC远程登录

24.3　扩展访问控制列表

24.3.1　扩展访问控制列表配置常用命令

配置扩展访问控制列表的常用命令如下：

① 配置扩展访问控制列表命令：

```
access-list {access-list-number} {deny|permit} {protocol|protocol-keyword}
{source-ip} {wildcard mask} {destination-ip} {wildcard mask} [{other parameter}]
```

在其他可选参数（other parameter）中，最常用的是

```
eq protocol-name | port-number
```

含义为对协议或其端口进行匹配。例如，要允许或拒绝文件传输，则该项配置就写成

```
eq ftp 或eq 21
```

② 把ACL应用到特定端口的命令：

```
ip access-group    {access-list-number} {out|in}
```

具体意义与标准访问控制列表一样。

24.3.2　扩展访问控制列表配置学习情境

A公司组建了局域网，该局域网划分了两个VLAN，分别是VLAN10和VLAN20，VLAN10用于公司的管理部门，而VLAN20用于公司普通员工。为了提高公司普通员工的工作效率，公司规定VLAN20中的主机不能访问公司外部的WWW资源。图24-15模拟了两个WWW资源，分别是BBS服务和WWW服务。整个网络统一用一台DNS服务器实现域名解析功能。

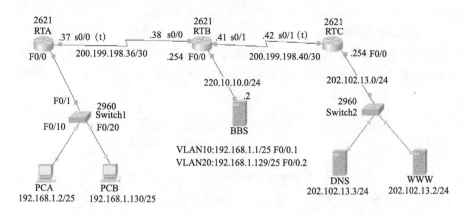

图24-15　网络拓扑结构图2

24.3.3　扩展访问控制列表配置任务计划与设计

如上所述，公司的局域网划分了两个VLAN，按照一般的设计方法，可以为每个VLAN分配一个C类网络地址。但为了节省IP地址，同时强化访问控制列表的通配符的使用，这里把192.168.1.0/24划分为两个子网，分别是子网192.168.1.0/25和192.168.1.128/25，网关分别为192.168.1.1/25和192.168.1.129/25。VLAN10的名字为manager，使用子网192.168.1.0/25的地址；VLAN20的名字为employer，使用子网192.168.1.128/25的地址。由路由器RTA实现单臂路由，保证局域网内设备间正常通信。

BBS服务器的地址是220.10.10.2/24，域名为bbs.sina.com。WWW服务器的地址是202.102.13.2/24，域名为www.sina.com。DNS服务器的地址是202.102.13.3/24。

有关广域网路由器的接口的IP地址设计已经体现在图24-2中。

分析用户的需求，主要是对网络特定资源实施访问控制，因此，拟采用扩展访问控制列表技术实现访问控制目标。这里设计访问控制列表号100。

24.3.4　扩展访问控制列表配置任务实施与验证

1. 相关准备工作

图24-16是配置PCA的IP地址示例，按照同样的方法，给图24-15中的其他计算机配置IP地

址。配置时要注意子网掩码的长度为25，并且不要忘记配置正确的DNS服务器地址。

在配置DNS服务器时，参照图24-5和图24-7，关闭WWW服务和配置服务器IP地址。由于图24-15中有两个服务器需要进行域名解析，因此图24-17要添加两条主机记录。

图24-16　配置PCA的IP地址

图24-17　添加DNS主机记录

BBS本质也是一个Web服务器，因此，如同配置Web服务一样，图24-18对BBS主页的标题内容及字体的大小和颜色做了适当修改，以便把它和Web网页区分开。参照图24-7，配置好BBS服务器IP地址。

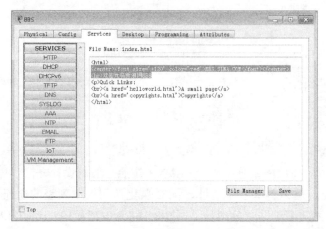

图24-18　配置BBS

为了区分网页内容，图24-19也修改了Web网页的显示内容。参照图24-7，配置好WWW服务器的IP地址。

2. 配置VLAN

```
Switch1>ena
Switch1#conf t
Switch1(config)#vlan 10
Switch1(config-vlan)#name manager
Switch1(config-vlan)#vlan 20
Switch1(config-vlan)#name employer
Switch1(config-vlan)#exit
Switch1(config)#int f0/10
Switch1(config-if)#switch mode access
Switch1(config-if)#switch access vlan 10
```

```
Switch1(config-if)#int f0/20
Switch1(config-if)#switch mode access
Switch1(config-if)#switch access vlan 20
Switch1(config-if)#int f0/1
Switch1(config-if)#switch mode trunk
```

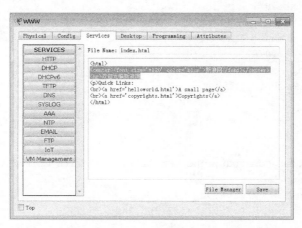

图24-19 配置Web网页

查看VLAN信息可知，局域网已按照图24-15划分好了VLAN：

```
Switch1#show vlan
```

VLAN	Name	Status	Ports
1	default	active	Fa0/1, Fa0/2, Fa0/3, Fa0/4
			Fa0/5, Fa0/6, Fa0/7, Fa0/8
			Fa0/9, Fa0/11, Fa0/12, Fa0/13
			Fa0/14, Fa0/15, Fa0/16, Fa0/17
			Fa0/18, Fa0/19, Fa0/21, Fa0/22
			Fa0/23, Fa0/24, Gig1/1, Gig1/2
10	manager	active	Fa0/10
20	employer	active	Fa0/20

3. 配置路由器的IP地址

配置RTA的IP地址：

```
RTA#conf t
RTA(config)#int s0/0
RTA(config-if)#clock rate 64000
RTA(config-if)#ip add 200.199.198.37 255.255.255.252
RTA(config-if)#no shut
RTA(config-if)#int f0/0
RTA(config-if)#no shut
RTA(config-if)#int f0/0.1
RTA(config-subif)#encapsulation dot1q 10
RTA(config-subif)#ip add 192.168.1.1 255.255.255.128
RTA(config-subif)#int f0/0.2
RTA(config-subif)#encapsulation dot1q 20
RTA(config-subif)#ip add 192.168.1.129 255.255.255.128
```

配置RTB的IP地址：

```
RTB>ena
RTB#conf t
RTB(config)#int s0/0
RTB(config-if)#ip add 200.199.198.38 255.255.255.252
RTB(config-if)#no shut
RTB(config-if)#int s0/1
RTB(config-if)#ip add 200.199.198.41 255.255.255.252
RTB(config-if)#no shut
RTB(config-if)#int f0/0
RTB(config-if)#ip add 220.10.10.254 255.255.255.0
RTB(config-if)#no shut
```

配置RTC的IP地址：

```
RTC>ena
RTC#conf t
Enter configuration commands, one per line.  End with CNTL/Z.
RTC(config)#int s0/1
RTC(config-if)#clock rate 64000
RTC(config-if)#ip add 200.199.198.42 255.255.255.252
RTC(config-if)#no shut
RTC(config-if)#int f0/0
RTC(config-if)#ip add 202.102.13.254 255.255.255.0
RTC(config-if)#no shut
```

4. 配置路由

配置RTA的路由：

```
RTA>ena
RTA#conf t
RTA(config)#ip route 200.199.198.40 255.255.255.252 200.199.198.38
RTA(config)#ip route 220.10.10.0 255.255.255.0 200.199.198.38
RTA(config)#ip route 202.102.13.0 255.255.255.0 200.199.198.38
```

配置RTB的路由：

```
RTB#conf t
RTB(config)#ip route 202.102.13.0 255.255.255.0 200.199.198.42
RTB(config)#ip route 192.168.1.0 255.255.255.0 200.199.198.37
```

配置RTC的路由：

```
RTC(config)#ip route 200.199.198.36 255.255.255.252 200.199.198.41
RTC(config)#ip route 192.168.1.0 255.255.255.128 200.199.198.41
RTC(config)#ip route 192.168.1.128 255.255.255.128 200.199.198.41
```

完成上述配置后，进行简单的网络功能测试。图24-20表明，PCA可以和外部WWW资源主机进行正常通信，图24-21和图24-22说明公司的普通员工能正常访问外部WWW资源。

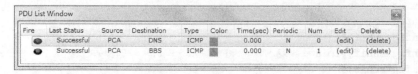

图24-20　测试网络连通性3

图24-21 PCB成功访问BBS服务

图24-22 PCB成功访问Web服务

5. 配置ACL

RTA>ena
RTA#conf t
RTA(config)#access-list 100 deny tcp 192.168.1.128 0.0.0.127 any eq 80
RTA(config)#access-list 100 permit ip any any
RTA(config)#int f0/0.2
RTA(config-subif)#ip access-group 100 in

图24-23表明，ACL发挥作用后，PCA可以正常访问外部WWW资源，但普通员工访问外部WWW资源时，却遭到了拒绝，如图24-24所示。

图24-23 PCA访问Web网页成功

图24-24 PCB访问Web网页失败

命令show access-lists清晰地给出了每条访问控制列表的匹配情况，即匹配的次数。应用该命令，可有助于调试和验证访问控制列表的使用状况。

RTA#show access-lists
Extended IP access list 100
    deny tcp 192.168.1.128 0.0.0.127 any eq www (11 match(es))
    permit ip any any (1 match(es))

习　题

1. 路由器防火墙功能的实现方式有哪些？

2. 仔细分析两个访问列表实例实现的工作原理。

3. 针对扩展访问控制列表学习情景，请在Packet Tracer中练习如果只允许192.168.1.128/25用域名访问WWW，该如何配置ACL？

4. Cisco 两个ACL设计建议是什么？

第**25**章

网络地址转换

学习目标

- 理解并掌握路由器静态网络地址转换的原理。
- 掌握静态网络地址转换的基本操作及命令。
- 理解并掌握路由器动态网络地址转换的原理。
- 掌握动态网络地址转换的基本操作及命令。
- 理解并掌握路由器端口映射的工作原理。
- 掌握端口映射的基本操作及命令。

25.1　网络地址转换基础知识

现在Internet 面临的最大的问题之一就是地址不够用，而网络地址转换（Network Address Translation，NAT）可以在一定程度上缓解这方面的压力。通过某些特定方式能将内部保留地址翻译成外部合法的全局地址，使得不具有合法IP地址的用户可以访问到外部Internet。这些特定方式有3种，分别是静态地址转换、动态地址转换和端口映射。当然，地址资源紧张问题最为根本的解决办法就是采用IPv6 解决方案。

如果用户组网时，不想让外部网络用户知道网络的内部结构，可以通过路由器的NAT将内部网络与外部Internet隔离开，使外部用户根本不知道内部IP地址。IETF建议，企业组网时不必申请公有地址，可以采用下列私有IP地址，在需要访问公网（Internet）时采用NAT 网关来掩蔽私有地址：

① 10.0.0.0/8（1 个A 类地址）。

② 172.16.0.0/12（16 个B 类地址）。

③ 192.168.0.0/16（256 个C 类地址，通常也简称为1 个B 类地址）。

也就是说，这三个网络的地址不会在因特网上被分配，但可以在一个企业局域网内部使用。各个企业根据在可预见的将来主机数量的多少，来选择一个合适的网络地址。不同的企业，其内部网络地址可以相同。

静态地址转换将内部本地地址与内部合法地址进行一对一的转换，且需要指定和哪个合法地址进行转换。例如如果内部网络有E-mail服务器或FTP服务器等可以为外部用户公用的服务，这些服务器的IP地址必须采用静态地址转换，以便外部用户可以使用这些服务。

动态地址转换是将内部本地地址与内部合法地址进行一对一的转换。转换时，从内部合法地址范围中动态地选择一个未使用的地址与内部本地地址进行转换。当地址池内的内部IP地址全部使用完毕，后续的NAT申请将失败。这种方式适用于申请得到较多合法地址的场合。

端口映射首先是一种动态地址转换，但是它可以允许多个内部本地地址共用一个或少数内部合法地址。当只申请到少量IP地址，却经常同时有多个用户上外部网络（如Internet）时，这种转换是很有用的。由于是通过端口号来区分不同的内部连接，因而名为端口映射。

设置NAT功能的路由器至少有一个Inside（内部）端口及一个Outside（外部）端口。内部端口连接内部网络用户，使用内部本地IP地址。外部端口连接的是外部的网络，如Internet。内外部端口可以是路由器上的任意端口。

在典型的应用中，NAT设置在内部网与外部公用网的连接处的路由器上。

需要提醒的是，尽管地址转换解决了很多问题并且具有很多优点，但它也有缺陷。例如，由于地址转换要更改分组内容，还要计算任何必要的新校验和值，这种额外的处理会影响连接的吞吐量和速度，从而增加每条连接的延迟。进行故障排除时，记录连接的真实源和目的地址变得更加困难，必须登录到地址转换设备区查看转换表。虽然地址转换的一个优点是隐藏内部寻址方案，但该优点也同时带来间接的安全问题，外部黑客可以使分组经过地址转换设备或多台转换设备隐藏它们的真实IP地址，通过这种方式更容易隐藏其身份，所以并非所有应用都能使用地址转换。

地址转换最困难的问题之一在于它并不能与所有应用一起工作。一些应用把IP地址或端口信息嵌入到实际数据有效载荷中，希望目的设备使用该有效载荷中的寻址信息取代分组和数据段报头的寻址信息。由于默认情况下，地址转换只转换报头信息，不转换数据有效载荷信息，这样则会带来地址转换的安全问题，不过该问题已经有了一些好的解决方案。

25.2 静态地址转换

25.2.1 静态地址转换配置常用命令

定义静态地址转换，命令格式为

```
ip nat inside source static {内部局部地址} {内部全局地址}
```

25.2.2 静态地址转换配置学习情境

如图25-1所示，A公司是一家中小型企业，企业出口路由器RTA通过串口连接到电信运营商，电信运营商ISP给企业出口路由器接口分配的地址是1.1.1.1/30，分配给企业用于地址翻译的地址段是61.139.10.32/28。A公司内部有WWW、BBS两台服务器需要对外提供服务。

25.2.3 静态地址转换配置任务计划与设计

根据A公司应用需要，公司内部的WWW和BBS两台服务器需要有固定且合法的IP地址时，才能对外提供服务，所以本案例应采用静态地址转换方式。

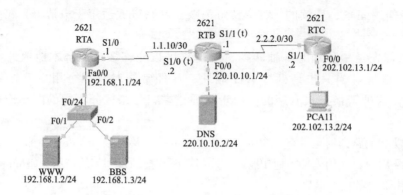

图25-1　A公司网络拓扑结构图1

如图25-1所示，A 公司内部的WWW和BBS 两台服务器配置为私有IP地址。从ISP 分配给公司用于NAT 的地址段中拿出两个地址61.139.10.33/28和61.139.10.34/28，分别用于WWW和BBS 两台服务器对外服务的地址。具体的静态地址转换信息如表25-1所示。

表25-1　静态地址转换信息表

序　　号	服　务　器	内部私有地址	外部合法地址
1	WWW	192.168.1.2/24	61.139.10.33/28
2	BBS	192.168.1.3/24	61.139.10.34/28

WWW和BBS服务器的域名分别为www.sziit.com.cn和bbs.sziit.com.cn。

注意：切记公司内网的IP地址为私有地址，因此内网的IP地址段不能在因特网上的路由器RTB和RTC上路由。也就是说，RTB和RTC中不应该有寻址到公司内部IP地址的路由，否则就失去了应用NAT的意义。

25.2.4　静态地址转换配置任务实施与验证

1. 相关准备工作

图25-2所示是配置计算机PCA11的IP地址示例，按照同样的方法，给图25-1中其他计算机配置IP地址。

图25-3所示是配置Web服务器的IP地址，并参照图25-4修改Web页面显示内容，以区分BBS的Web页面。

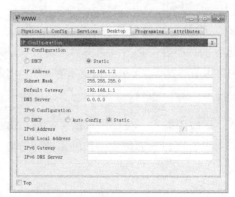

图25-2　配置计算机IP地址　　　　　　图25-3　配置Web服务器IP地址

与配置Web服务器一样，图25-5和图25-6分别完成配置BBS的相关任务。

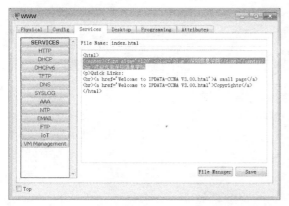

图25-4 配置Web服务器

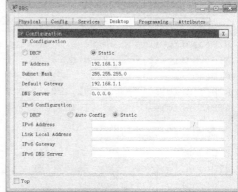

图25-5 配置BBS服务器IP地址

配置DNS时建议关闭HTTP，减少在网络参数配置错误时，网络工程师对网络故障的漏判。图25-7只给出了必须要添加的主机记录。

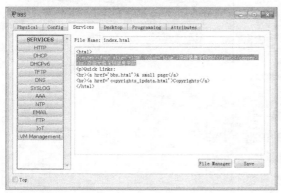

图25-6 配置BBS

图25-7 添加DNS主机记录

配置RTA的IP地址与路由：

```
RTA>ena
RTA#conf t
RTA(config)#interface FastEthernet0/0
RTA(config-if)#ip address 192.168.1.1 255.255.255.0
RTA(config-if)#no shut
RTA(config-if)#interface Serial1/0
RTA(config-if)#ip address 1.1.1.1 255.255.255.252
RTA(config-if)#no shut
! 配置默认路由
RTA(config)#ip route 0.0.0.0 0.0.0.0 1.1.1.2
```

配置RTB的IP地址与路由时，根据设计要求，在RTB上没有配置寻址到内网私有IP地址的路由。

```
RTB#conf t
RTB(config)#interface FastEthernet0/0
RTB(config-if)#ip address 220.10.10.1 255.255.255.0
RTB(config-if)#no shut
RTB(config-if)#interface Serial1/0
```

```
RTB(config-if)#ip address 1.1.1.2 255.255.255.252
RTB(config-if)#clock rate 128000
RTB(config-if)#no shut
RTB(config-if)#interface Serial1/1
RTB(config-if)#ip address 2.2.2.1 255.255.255.252
RTB(config-if)#clock rate 64000
RTB(config-if)#no shut
RTB(config)#ip route 202.102.13.0 255.255.255.0 2.2.2.2
RTB(config)#ip route 61.139.10.32 255.255.255.240 1.1.1.1
```

配置RTC的IP地址与路由：

```
RTC#conf t
RTC(config)#interface FastEthernet0/0
RTC(config-if)#ip address 202.102.13.1 255.255.255.0
RTB(config-if)#no shut
RTC(config-if)#interface Serial1/1
RTC(config-if)#ip address 2.2.2.2 255.255.255.252
RTC(config-if)#no shut
RTC(config)#ip route 220.10.10.0 255.255.255.0 2.2.2.1
RTC(config)#ip route 1.1.1.0 255.255.255.252 2.2.2.1
RTC(config)# ip route 61.139.10.32 255.255.255.240 2.2.2.1
```

图25-8 PCA11无法解析域名

图25-8显示请求超时，表示能进行域名解析，但解析到地址无法访问。这是由于DNS服务器解析的IP地址为61.139.10.33。虽然这时外网有61.139.10.32/28网段的路由，但RTA上没有配置NAT，网络中此时找不到地址为61.139.10.33的Web服务器，所以，Web访问请求超时。

2. 配置静态地址转换

```
RTA>en
RTA#conf t
RTA(config)#ip nat inside source static 192.168.1.2 61.139.10.33
！把内部本地地址192.168.1.2 转换为内部全局地址 61.139.10.33
RTA(config)#ip nat inside source static 192.168.1.3 61.139.10.34
！把内部本地地址192.168.1.3 转换为内部全局地址 61.139.10.34
RTA(config)#int s1/0
RTA(config-if)#ip nat outside
！定义s1/0 为NAT 外部接口
RTA(config)#int fa0/0
RTA(config-if)#ip nat inside
！定义fa0/0 为NAT 内部接口
```

3. 测试

图25-9和图25-10的测试表明，外部主机能够正常访问内网网络资源，所以上述静态地址转换功能配置正确且工作正常。

图25-9　PCA11成功浏览Web网页　　　　　图25-10　PCA11成功访问BBS

25.3　动态地址转换

25.3.1　动态地址转换配置常用命令

配置动态地址转换的常用命令如下：

① 定义IP地址池，命令格式为：

ip nat pool {地址池名称} {起始IP地址} {终止IP地址} netmask{子网掩码}

② 基于ACL指定被转换的源地址，命令格式为：

access-list {标号} permit {源地址} {通配符}

③ 定义动态地址转换，命令格式为：

ip nat inside source list {访问列表号} pool {内部全局地址池名称}

25.3.2　动态地址转换配置学习情境

如图25-11所示，A公司是一家中小型企业，企业出口路由器RTA通过串口连接到电信运营商，电信运营商ISP给企业出口路由器接口分配的地址是1.1.1.1/30，分配给企业用于地址翻译的地址段是61.139.10.32/28。

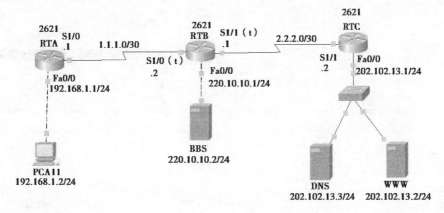

图25-11　A公司网络拓扑结构2

25.3.3 动态地址转换配置任务计划与设计

有关A公司网络的IP地址的设计已经体现在图25-11中，根据A公司的应用需要，本案例应采用动态地址转换方式。有关动态地址转换的设计内容主要是动态地址池的名称和被转换的地址范围，这里设计地址池的名称为sziit-nat-pool。

用子网分析工具可确定企业用于地址翻译的地址段61.139.10.32/28的有效地址范围。图25-12给出的结果是从61.139.10.33/28到61.139.10.46/28，共有14个有效IP地址。A公司内部所有主机地址在访问因特网时，都将会转换成这14个地址之一。

WWW和BBS服务器的域名分别为www.sziit.edu.cn和bbs.sziit.edu.cn。

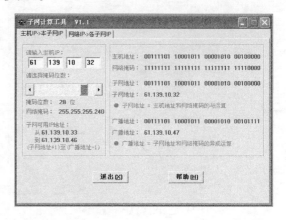

图25-12 子网信息

25.3.4 动态地址转换配置任务实施与验证

1. 相关准备工作

图25-13是配置计算机PCA11的IP地址示例，按照同样的方法，给图25-11中其他计算机配置IP地址。

参照图25-3～图25-6，分别配置Web服务器和BBS服务器。图25-14是在DNS服务器中添加所需要的主机记录。

由于图25-11中的路由器的IP地址及路由信息与图25-1中的一样，因此，参照静态地址转换中路由器的相关配置内容配置好本案例中路由器的IP地址及路由。

由于这时外部路由器上没有内网的寻址路由，RTA上又没有配置NAT，因此内部的计算机无法访问外部的因特网资源。如果在PCA11上浏览Web网页，会得到图25-8所示的结果。

图25-13 配置计算机PCA11的IP地址

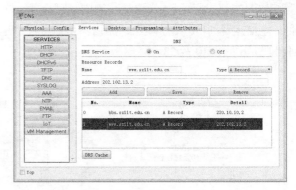

图25-14 在DNS服务器中添加主机记录

2. 配置动态地址转换

```
RTA>en
RTA#conf t
RTA(config)#ip nat pool sziit-nat-pool 61.139.10.33 61.139.10.46 netmask
255.255.255.240
！定义转换地址池为 61.139.10.32/28
```

RTA(config)#ip nat inside source list 1 pool sziit-nat-pool
! 配置动态NAT映射
RTA(config)#access-list 1 permit host 192.168.1.2
! 定义标准访问控制列表1允许 主机 **192.168.1.2**
RTA(config)#int s1/0
RTA(config-if)#ip nat outside
! 定义**s1/0** 为NAT 外部接口
RTA(config)#int fa0/0
RTA(config-if)#ip nat inside
! 定义**fa0/0** 为NAT 内部接口

3. 测试

图25-15的测试表明，公司内部主机能够正常访问因特网资源，所以上述动态地址转换功能配置正确，且工作正常。

图25-15　PCA11成功访问Web网页

图25-16用命令查看地址转换信息，可知公司内部主机192.168.1.2/24访问因特网资源，被转换成外部地址61.139.10.33。而主机192.168.1.3/24发ping bbs.sziit.com.cn命令后，被转换成外部地址61.139.10.34。

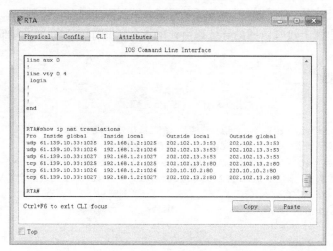

图25-16　查看转换地址信息

25.4　端　口　映　射

25.4.1　端口映射配置常用命令

定义端口映射，命令格式为

```
ip nat inside source list {访问列表号} pool {内部全局地址池名称} overload
```

25.4.2　端口映射配置学习情境

如图25-11所示，A公司是一家中小型企业，企业出口路由器RTA 通过串口连接到电信运营商，电信运营商ISP 给企业分配的地址是1.1.1.1/30，因为考虑到企业的规模不是非常大，所以企业网络管理员决定采用端口映射的地址转换方式实现企业员工访问互联网。

25.4.3　端口映射配置任务计划与设计

根据A公司应用需要，本案例采用基于端口映射的NAT。

由于采用与动态地址映射相同的网络拓扑结构，所以这里的主要设计内容与动态地址映射基本不变，唯一的差别是没有动态地址转换池，外部地址只有一个对外的合法地址1.1.1.1/30。端口映射时，要把公司内部局域网的IP地址映射为IP地址1.1.1.1/30并加端口号，以区分不同的网络应用。

25.4.4　端口映射配置任务实施与验证

1.　相关准备工作

由于采用与动态地址转换相同的计算机网络拓扑结构，因此在进行端口映射配置之前，需要按照25.3.4节的操作步骤完成计算机、服务器和路由器IP地址的配置，并给路由器配置正确的路由。与动态地址转换不同的是，在端口映射配置中，RTB和RTC上没有61.139.10.32/28的路由。可用如下命令分别删除RTB和RTC上的路由。

```
RTB(config)#no ip route 61.139.10.32 255.255.255.240 1.1.1.1
RTC(config)#no ip route 61.139.10.32 255.255.255.240 2.2.2.1
```

如果在动态地址映射的基础上完成端口映射实验，需要参照上述方法先删除动态地址转换的内容。为了提高效率，方便排查网络故障，建议在新的网络环境中开始端口映射的配置。

在完成上述操作之后，在计算机PCA11上用域名访问Web网页，得到图25-8所示的结果。这是因为此时外部路由器上没有内网的寻址路由，RTA上又没有配置NAT，内部的计算机无法访问外部的因特网资源。

2.　配置端口映射

```
RTA>en
RTA#conf t
RTA(config)#access-list 1 permit 192.168.1.0 0.0.0.255
！定义标准访问控制列表1允许 192.168.1.0网段所有主机
RTA(config)#ip nat inside source list 1 interface s1/0 overload
！采用端口映射方式把内部本地地址192.168.1.0 转换为接口s1/0 上的内部全局地址
RTA(config)#int s1/0
RTA(config-if)#ip nat outside
！定义s1/0 为NAT 外部接口
RTA(config)#int fa0/0
RTA(config-if)#ip nat inside
！定义fa0/0 为NAT 内部接口
```

3. 验证

在PCA11上发命令ping www.sziit.com.cn，PCA12上用浏览器浏览bbs.sziit.com.cn。然后，如图25–17所示，在RTA上用命令show ip nat translation可查看端口映射状况，所有内部计算机的IP地址都被映射为外部端口的IP地址1.1.1.1，但用端口号来区分不同的网络连接。

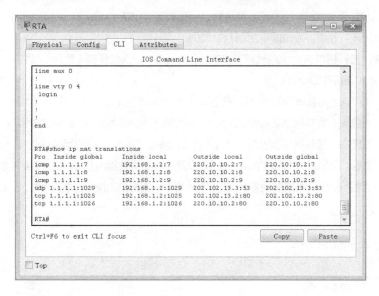

图25–17　端口映射结果

图25–17中的几个概念解释如下：

Inside local：指在一个网络内部分配给一台主机的IP地址。这个地址可能不是网络信息中心（NIC）或服务提供商分配的IP地址。

Inside global：用来代替一个或者多个本地IP地址的、对外的、NIC注册过的IP地址。

Outside local：一个外部主机相对于内部网所用的IP地址。不一定是合法的地址，但可从内部网进入路由的地址空间中进行分配。

Outside global：主机拥有者分配给在外部网络的一个IP地址。它是从一个全局可路由地址或网络空间中分配的。

习　　题

1. 网络地址转换有什么作用？它分为哪几种类型？

2. 总结配置NAT的步骤。

3. 总结动态地址转换与端口映射的特点。

4. 在不改变网络拓扑结构的情况下，试在Packet Tracer中验证在路由器上配置RIP动态路由协议，如何实现NAT功能？

5. 把图25–1和图25–11综合起来搭建一个网络，既要进行静态映射，又要进行端口映射，使得局域网用户通过端口映射访问外部资源，外部计算机能通过静态映射访问局域网的WWW资源。

参 考 文 献

[1] ODOM W，MCDONALD R. 思科网络技术学院教程 CCNA2 路由器与路由基础[M]. 北京邮电大学思科网络技术学院，译. 北京：人民邮电出版社，2008.

[2] GRAZIANI R，JOHNSON A. 思科网络技术学院教程 CCNA Exploration：路由协议和概念[M]. 思科系统公司，译. 北京：人民邮电出版社，2009.

[3] LEWIS W. 思科网络技术学院教程 CCNAExploration：LAN交换和无线[M]. 思科系统公司，译. 北京：人民邮电出版社，2009.

[4] DEAL R. CCNA学习指南[M]. 张波，胡颖琼，译. 北京：人民邮电出版社，2009.

[5] 梁广民，王隆杰. 思科网络实验室路由、交换实验指南[M]. 北京：电子工业出版社，2008.

[6] 梁广民，王隆杰. 思科网络实验室CCNA实验指南[M]. 北京：电子工业出版社，2009.

[7] 杨功元，窦琨，马国泰. Packet Tracer使用指南及实验实训教程[M]. 北京：电子工业出版社，2012.

[8] 梁广民，王隆杰. 思科网络实验室CCNP（路由技术）实验指南[M]. 北京：电子工业出版社，2015.